国家职业教育工程造价专业
教学资源库配套教材

高等职业教育新形态一体化教材

浙江省普通高校新形态教材项目

水利工程造价

▶主　编　曾　瑜　厉　莎
▶副主编　姚悦铃　彭晓兰
　　　　　潘迎春　谢秀帆
▶主　审　楼洪瑞

高等教育出版社·北京

内容提要

本书主要介绍了现行浙江省水利水电工程各类造价文件编制原理、方法与步骤，全书共10个项目，包括水利水电工程概论、水利水电工程项目划分与费用构成，水利水电工程定额、水利水电工程基础单价、建筑与安装工程单价、设计工程概算，其他阶段工程造价文件、水利工程工程量清单、水利水电工程招标与投标、软件编制水利水电工程造价。

本书是为适应国家高等职业技术教育的发展而编写的，可作为高等职业院校、高等专科学校水利水电建筑工程、水利工程、水利工程施工、工程造价与管理等专业的教材，也可供水利水电工程行业从事施工、设计、监理、造价咨询等工作的工程技术人员参考。

图书在版编目（CIP）数据

水利工程造价/曾瑜，厉莎主编. --北京：高等教育出版社，2020.6（2024.1重印）
ISBN 978-7-04-054081-9

Ⅰ. ①水… Ⅱ. ①曾… ②厉… Ⅲ. ①水利工程-工程造价-高等职业教育-教材 Ⅳ. ①TV512

中国版本图书馆CIP数据核字（2020）第083361号

水利工程造价
SHUILI GONGCHENG ZAOJIA

策划编辑 温鹏飞　责任编辑 温鹏飞　特约编辑 李 立　封面设计 赵 阳
版式设计 徐艳妮　插图绘制 黄云燕　责任校对 胡美萍　责任印制 高 峰

出版发行 高等教育出版社
社　　址 北京市西城区德外大街4号
邮政编码 100120
印　　刷 固安县铭成印刷有限公司
开　　本 850mm×1168mm 1/16
印　　张 16.5
字　　数 360千字
购书热线 010-58581118
咨询电话 400-810-0598
网　　址 http://www.hep.edu.cn
　　　　 http://www.hep.com.cn
网上订购 http://www.hepmall.com.cn
　　　　 http://www.hepmall.com
　　　　 http://www.hepmall.cn
版　　次 2020年6月第1版
印　　次 2024年1月第2次印刷
定　　价 43.80元

本书如有缺页、倒页、脱页等质量问题，请到所购图书销售部门联系调换
版权所有 侵权必究
物 料 号 54081-00

智慧职教服务指南

基于“智慧职教”开发和应用的新形态一体化教材，素材丰富、资源立体，教师在备课中不断创造，学生在学习中享受过程，新旧媒体的融合生动演绎了教学内容，线上线下的平台支撑创新了教学方法，可完美打造优化教学流程、提高教学效果的“智慧课堂”。

“智慧职教”是由高等教育出版社建设和运营的职业教育数字教学资源共建共享平台和在线教学服务平台，包括职业教育数字化学习中心（www. icve. com. cn）、职教云（zjy2. icve. com. cn）和云课堂（APP）三个组件。其中：

- 职业教育数字化学习中心为学习者提供了包括“职业教育专业教学资源库”项目建设成果在内的大规模在线开放课程的展示学习。
- 职教云实现学习中心资源的共享，可构建适合学校和班级的小规模专属在线课程（SPOC）教学平台。
- 云课堂是对职教云的教学应用，可开展混合式教学，是以课堂互动性、参与感为重点贯穿课前、课中、课后的移动学习 APP 工具。

“智慧课堂”具体实现路径如下：

1. 基本教学资源的便捷获取

职业教育数字化学习中心为教师提供了丰富的数字化课程教学资源，包括与本书配套的微课、动画、教学课件等。未在 www. icve. com. cn 网站注册的用户，请先注册。用户登录后，在首页或“课程”频道搜索本书对应课程“水利工程造价”，即可进入课程进行在线学习或资源下载。

2. 个性化 SPOC 的重构

教师可通过开通职教云 SPOC 空间，根据本校的教学需求，通过示范课程调用及个性化改造，快捷构建自己的 SPOC，也可灵活调用资源库资源和自有资源新建课程。

3. 云课堂 APP 的移动应用

云课堂 APP 无缝对接职教云，是“互联网+”时代的课堂互动教学工具，支持无线投屏、手势签到、随堂测验、课堂提问、讨论答疑、头脑风暴、电子白板、课业分享等，帮助激活课堂，教学相长。

配套二维码资源索引

国家职业教育工程造价专业教学资源库
配套教材编写委员会

主 任 委 员：何　辉

副主任委员：吴明军　田恒久　银　花　沙　玲

委　　　员：（按汉语拼音排序）

贺攀明　侯　兰　侯　玲　黄丽华　李剑心　李　茜　林　昕　刘鉴秾　刘晓敏
马行耀　马永军　汪晨武　文桂萍　吴耀伟　徐蓁珞　徐锡权　杨　锐　袁建新
袁　媛　曾　瑜　张文英　赵　巍　朱　晴

主 持 学 校：浙江建设职业技术学院　四川建筑职业技术学院

联合建设学校：（排名不分先后）

内蒙古建筑职业技术学院　广西建设职业技术学院
江苏建筑职业技术学院　日照职业技术学院
黑龙江建筑职业技术学院　山西建筑职业技术学院
黄冈职业技术学院　宁夏建设职业技术学院
湖南城建职业技术学院　江西建设职业技术学院
上海思博职业技术学院　重庆工商职业学院
上海城建职业学院　浙江同济科技职业学院
广东建设职业技术学院　浙江广厦建设职业技术学院
台州职业技术学院　泉州理工职业学院
江苏城市职业学院　湖北城市建设职业技术学院
浙江工业职业技术学院

行 业 企 业：（排名不分先后）

广联达科技股份有限公司　杭州信达投资咨询估价监理有限公司
浙江信望工程咨询有限公司　建经投资咨询有限公司
浙江金诚工程造价咨询事务所有限公司　万邦工程管理咨询有限公司
四川华信工程造价咨询事务所有限责任公司　四川同方建设咨询有限公司
杭州万霆科技有限公司　福建泉大建设有限公司

顾 问 单 位：中国建设工程造价管理协会

中国建筑学会建筑经济分会项目管理类专业教指委

序

职业教育工程造价专业教学资源库项目于2016年12月获教育部正式立项(教职成函〔2016〕17号),项目编号2016-16,属于土木建筑大类建设工程管理类。依据《关于做好职业教育专业教学资源库2017年度相关工作的通知》,浙江建设职业技术学院和四川建筑职业技术学院,联合国内21家高职院校和10家企业单位,在中国建设工程造价管理协会、中国建筑学会建筑经济分会项目管理类专业教学指导委员会的指导下,完成了资源库建设工作,并于2019年11月正式通过了验收。验收后,根据要求做到了资源的实时更新和完善。

资源库基于"能学、辅教、助训、促服"的功能定位,针对教师、学生、企业员工、社会学习者4类主要用户设置学习入口,遵循易查、易学、易用、易操、易组原则,打造了门户网站。资源库建设中,坚持标准引领,构建了课程、微课、素材、评测、创业等5大资源中心;破解实践教学痛点,开发了建筑工程互动攻关实训系统、工程造价综合实务训练系统、建筑模型深度开发系统、工程造价技能竞赛系统4大实训系统;校企深度合作,打造了特色定额库、特色指标库、可拆卸建筑模型教学库、工程造价实训库4大特色库;引领专业发展,提供了专业发展联盟、专业学习园地、专业大讲堂、开讲吧课程4大学习载体。工程造价资源库构建了全方位、数字化、模块化、个性化、动态化的专业教学资源生态组织体系。

本套教材是基于"国家职业教育工程造价专业教学资源库"开发编撰的系列教材,是在资源库课程和项目开发成果的基础上,融入现代信息技术、助力新型混合教学方式,实现了线上、线下两种教育形式,课上、课下两种教育时空,自学、导学两种教学模式,具有以下鲜明特色:

第一,体现了工学交替的课程体系。新教材紧紧抓住专业教学改革和教学实施这一主线,围绕培养模式、专业课程、课堂教学内容等,充分体现专业最具代表性的教学成果、最合适的教学手段、最职业性的教学环境,充分助力工学交替的课程体系。

第二,结构化的教材内容。根据工程造价行业发展对人才培养的需求、课堂教学需求、学生自主学习需求、中高职衔接需求及造价行业在职培训需求等,按照结构化的单元设计,典型工作的任务驱动,从能力培养目标出发,进行教材内容编写,符合学习者的认知规律和学习实践规律,体现了任务驱动、理实结合的情境化学习内涵,实现了职业能力培养的递进衔接。

第三,创新教材形式。有效整合教材内容与教学资源,实现纸质教材与数字资源的互通。通过嵌入资源标识和二维码,链接视频、微课、作业、试卷等资源,方便学习者随扫随学相关微课、动画,即可分享到专业(真实或虚拟)场景、任务的操作演示、案例的示范解析,增强学习的趣味性和学习效果,弥补传统课堂形式对授课时间和教学环境的制约,并辅以要点提示、笔记栏等,具有新颖、实用的特点。

国家职业教育工程造价专业教学资源库项目组

2020年5月

前言

水利工程造价是高等职业教育水利工程、水利水电工程、工程造价等专业的一门重要课程。通过本课程的学习，使学生了解水利工程项目的建设程序和组成内容，并引导学生使用最新的水利工程概(预)算编制规定计算水利工程费用；掌握建筑、安装工程单价的编制方法；熟悉工程量清单，掌握工程预算、投标报价和初步设计概(预)算编制等一些非常实用的专业技能，为后续的工程造价相关职业发展奠定专业基础。

水利工程造价课程是国家职业教育工程造价专业教学资源库中的一门专业课程，于2019年底顺利通过教育部验收，已面向社会免费使用。教师可使用该资源库平台开展备课、授课、讨论、批改作业、答疑等教学活动，实现了教学资源库“能学、辅教”的功能定位。为更好且充分地实现优质教学资源共享，使教与学更加便捷、高效，特编写《水利工程造价》新形态一体化教材。

本书以项目形式编制，共设10个项目，包括水利水电工程概论、水利水电工程项目划分与费用构成、水利水电工程定额、水利水电工程基础单价、建筑及安装工程单价、设计工程概算、其他阶段工程造价文件、水利工程工程量清单、水利水电工程招标与投标、软件编制水利水电工程造价。每个项目下设若干任务点，并辅以微课讲授和案例分析，项目后附练习题，内容丰富，结构合理。

本书由浙江同济科技职业学院曾瑜、厉莎、姚悦铃、彭晓兰、何琦和浙江水利水电学院潘迎春、温州科技职业技术学院谢秀帆共同完成。曾瑜、厉莎担任主编，姚悦铃、彭晓兰、潘迎春、谢秀帆担任副主编。由浙江省水利水电技术咨询中心楼洪瑞教授级高工担任主审。感谢杭州品茗安控信息技术股份有限公司陈石磊高工和金华市水务集团有限公司葛永明高工的大力协助。

本书的出版得到了高等教育出版社的大力支持和帮助，浙江水利水电咨询中心楼洪瑞教授级高工审阅了书稿，提出了很多有益的意见和建议，浙江中水工程技术有限公司胡煜彬高工、浙江中际项目管理有限公司周雄杰高工、浙江省第一水电建设集团股份有限公司潘永明高工提供大量工程素材，在此一并表示感谢。

此外，由于作者水平有限，书中难免有不足之处，敬请广大读者批评指正。

编　者

2020年1月

目录

项目一

水利水电工程概论

学习要求

了解水利水电工程的分类、建设程序、建筑安装工程造价的预测方法。掌握水利水电工程不同阶段造价文件的作用。

学习目标

1. 了解水利水电工程的分类及建设程序。
2. 了解水利水电工程建筑安装工程造价的预测方法。
3. 掌握水利水电工程不同阶段造价文件的类型及作用。

技能目标

能根据工程建设程序确定工程造价文件的类型。

微课
水利水电工程

任务一　水利水电工程

一、水利水电工程概述

水是人类赖以生存的基础，是经济发展和社会进步的生命线，是实现可持续发展的重要物质条件。水利是现代农业建设不可或缺的首要条件，是经济社会发展不可替代的基础支撑，是生态环境改善不可分割的保障系统。

水利水电工程是指为消除水害和开发利用水资源而修建的工程。按其服务对象分为防洪工程、农田水利工程、水力发电工程、航道和港口工程、城镇供水和排水工程、环境水利工程、海涂围垦工程等。

防洪工程是防止洪水灾害的水利工程，如城市防洪工程、江河湖防洪大堤工程（图 1-1）。

图 1-1 长江大堤鄂州段

农田水利工程是防止旱、涝、渍灾并为农业生产服务的水利工程，如排洪渠、灌水渠等（图 1-2）。

图 1-2 农田排灌渠

水力发电工程是指将水能转化为电能的水利工程，如长江三峡水利枢纽工程、雅砻江二滩水电站工程（图 1-3）。

图 1-3 长江三峡水利枢纽工程

航道和港口工程是为改善和创建航运条件的水利工程，如京杭大运河、杭州三堡船闸工程等（图 1–4）。

图 1–4　京杭大运河杭州段

城镇供水和排水工程是为工业和生活用水服务，并处理和排除污水和雨水的水利工程，如永嘉楠溪江供水工程、温州西向排洪工程（图 1–5）。

图 1–5　永嘉楠溪江供水工程

环境水利工程是指为防止水土流失和水质污染，维护生态平衡的水利工程（图 1–6）。

图 1–6　水土保持工程

海涂围垦工程是指围海造田，满足工农业生产或交通运输需要的水利工程(图1-7)。

图1-7　平阳中期围垦工程

二、水利水电工程建设程序

工程建设是人们将货币通过建筑、采购、安装等手段转化为固定资产的过程。建设的根本目的是促进国民经济发展和社会进步，改善和提高人民群众的物质和文化生活水平。由于工程建设对国民经济发展影响重大，所以国家对工程建设建立了一套严格的程序，以保证建设的顺利进行。

建设程序是指建设项目从策划、评估、决策、设计、施工到竣工验收、投入生产等的整个建设过程中，各项工作必须遵循的先后次序。这些严格的先后次序，是由建设项目发展的内在联系和发展过程决定的，不能任意颠倒。

根据我国基本建设实践，水利水电工程建设程序一般包括国民经济长远规划和流域规划、项目建议书、可行性研究、初步设计、施工准备(包括招标设计)、建设实施、生产准备、竣工验收、项目后评价等阶段。

水利水电工程建设程序的具体工作内容如下。

1. 流域规划

流域规划是以江河流域为范围，研究水资源的合理开发和综合利用为中心的长远规划。查明河流的自然特性，确定治理开发的方针和任务，提出梯级布置方案、开发程序和近期工程项目，协调有关社会经济各方面的关系。

2. 项目建议书

项目建议书应根据国民经济和社会发展规划、江河流域(区域)综合规划，按照国家产业政策和投资建设方针进行编制。在对项目的建设条件进行调查后，择优选定建设项目和项目的建设规模、地点、建设时间，论证工程项目建设的必要性，初步分析项目建设的可行性和合理性。

项目建议书编制单位应由具有相应资格的设计单位承担，并按国家现行规定权限向主管部门申报审批。

3. 可行性研究阶段

可行性研究应对建设项目进行方案比较，其目的是研究和论证兴建本工程技术上是否可行，经济上是否合理。

可行性研究报告应按照《水利水电工程可行性研究报告编制规程》(SL 618—2013)编制。

可行性研究报告,按国家现行规定的审批权限报批。审批部门要委托相应资质的工程咨询机构对可行性研究报告进行评估,并综合行业归口主管部门、投资机构、项目法人等方面的意见进行审批。

项目建设书及可行性研究这两阶段也称项目决策阶段,是工程项目实现过程的第一阶段。

4. 初步设计阶段

初步设计是在已批准的可行性研究的基础上进行,要解决可行性研究阶段没有解决的主要问题。编制初步设计报告时,应认真进行调查、勘察、试验、研究,取得可靠的设计基本资料,确定项目的各项基本技术参数和编制项目的总概算。项目法人应通过招标择优选择有相应资质的设计单位承担勘测设计工作。

初步设计报告应按照《水利水电工程初步设计报告编制规程》(SL 619—2013)编制。

初步设计文件报批前,一般由项目法人委托有相应资质的工程咨询机构或组织有关专家,对初步设计中的重大问题进行咨询论证。设计单位根据咨询论证意见,对初步设计文件进行修改和优化。初步设计按国家现行规定权限向主管部门申报审批。

设计单位必须严格保证设计质量,承担初步设计的合同责任。初步设计文件经批准后,主要内容不得随意修改、变更。如有重要修改、变更,须经原审批机关复审同意。

5. 施工准备阶段

水利工程项目在主体工程开工之前,必须完成各项施工准备工作,其主要内容包括:

(1) 施工现场的征地、拆迁。

(2) 完成施工用水、电、通信、路和场地平整等工程。

(3) 必需的生产、生活临时建筑工程。

(4) 组织招标设计、咨询、设备和物资采购等服务。

(5) 组织建设监理和工程施工招标投标。

水利工程建设项目,除某些不适应招标的特殊工程项目外(须经水行政主管部门批准),均须实行招标投标。

6. 建设实施阶段

建设实施阶段是指主体工程的建设实施,项目法人应按照批准的建设文件,组织工程建设,保证项目建设目标的实现。

项目法人或其代理机构必须按审批权限,向主管部门提出主体工程开工申请报告,经批准后,主体工程方能正式开工。

7. 生产准备阶段

生产准备是项目投产前所要进行的一项重要工作,是建设阶段转入生产经营的必要条件。项目法人应按照建管结合和项目法人责任制的要求,适时做好有关生产准备工作。

生产准备应根据不同类型的工程要求确定,一般应包括组建运行管理组织机构、招收和培训人员、生产技术准备、生产物资准备和正常的生活福利设施准备等内容。

8. 竣工验收阶段

竣工验收是工程完成建设目标的标志,是全面考核基本建设成果、检验设计和工程质量的重要步骤。竣工验收合格的项目即从基本建设转入生产或使用。

当建设项目的建设内容全部完成，并通过单位工程验收和工程档案等专项验收、完成竣工报告、竣工决算等必需文件的编制后，项目法人按《水利工程建设项目管理规定》，向验收主管部门提出申请，根据国家和部颁验收规程，组织验收。

竣工决算编制完成后，须由审计机关组织竣工审计，其审计报告作为竣工验收的基本资料。

9. 项目后评价阶段

建设项目竣工投产后，一般经过 1 ~ 2 年生产运营后，要进行一次系统的项目后评价，主要包括以下内容。

（1）影响评价。影响评价指项目投产后对各方面的影响进行评价。

（2）经济效益评价。经济效益评价指对项目投资、国民经济效益、财务效益、技术进步和规模效益、可行性研究深度等进行评价。

（3）过程评价。过程评价指对项目的立项、设计施工、建设管理、竣工投产、生产运营等全过程进行评价。

项目后评价的目的是肯定成绩、总结经验、研究问题、吸取教训、提出建议、改进工作、不断提高项目决策水平和投资效果。

微课
水利水电工程造价文件

任务二　水利水电工程造价文件

一、工程造价的概念

工程造价就是工程的建设价格，是指为完成一个工程的建设，预期或实际所需的全部费用总和。一般分两层含义，即项目的建设成本和工程承发包价格。从业主（投资者）的角度来定义，工程造价是指工程的建设成本，即为建设一项工程预期支付或实际支付的全部固定资产投资费用。从工程发包方和承发包角度来定义，工程造价是指工程价格，即为建成一项工程，预计或实际在土地、设备、技术劳务以及承包等市场上，通过招投标等交易方式所形成的建筑安装工程的价格和建设工程总价格。

建设工程造价遵循“投资估算控制设计概算、设计概算控制施工图预算、施工图预算控制工程结算”的原则，实施全过程管理。

二、水利水电工程造价文件

水利水电工程建设过程各阶段由于工作深度不同、要求不同，其工程造价文件类型也不同。现行的工程造价文件类型主要有投资估算、设计概算、标底与报价、施工图预算、施工预算、竣工结算和竣工决算等。

1. 投资估算

投资估算是项目建议书及可行性研究阶段对建设工程造价的预测，应充分考虑各种可能的需要、风险、价格上涨等因素，要打足投资，不留缺口，适当留余地。投资估算是项目建议书及可行性研究报告的重要组成部分，是项目法人为选定近期开发项目做出科学决算和进行初步设计的重要依据。投资估算是工程造价全过程管理的“龙头”，抓好这个“龙头”有着十分重要的意义。

2. 设计概算

设计概算是初步设计阶段对建设工程造价的预测，是初步设计文件的重要组成部分。初步设计概算静态总投资原则上不得突破已批准的可行性研究投资估算静态总投资。由于工程项目基本条件变化，引起工程规模、标准、设计方案、工程量改变，其静态总投资超过可行性研究相应估算静态总投资一定标准时，必须重新编制可行性研究报告并按原程序报批。

根据《浙江省政府投资项目管理办法》（浙江省政府令第 363 号，2018 年）第 18 条，有下列情形之一的，项目可行性研究报告应当重新报请原审批机关批准。

（1）项目概算与投资估算不符，差额在 10% 以上的。

（2）项目概算与投资估算不符，差额在 2 000 万元以上的，其中投资额 50 亿元以上的基础设施建设项目，差额在 5 000 万元以上的。

（3）项目单位、建设性质、建设地点、建设规模、技术方案等发生重大变更的。

（4）用地规划选址、用地预审重新报批的。

由于初步设计阶段对建筑物的布置、结构形式、主要尺寸以及机电设备的型号、规格等均已确定，所以概算对建设工程造价不是一般的测算，而是带有定位性质的测算。经批准的设计概算是国家确定和控制工程建设投资规模、政府有关部门对工程项目造价进行审计和监督、项目法人筹措工程建设资金和管理工程项目价的依据，也是编制建设计划，编制项目管理预算和标底，考核工程造价和竣工结算、竣工决算以及项目法人向银行贷款的依据。概算经批准后，相隔 2 年及 2 年以上工程未开工的，工程项目法人应委托设计单位对概算进行重编，并报原审查单位审批。

根据《浙江省政府投资项目管理办法》（浙江省政府令第 363 号，2018 年）第 34 条，有下列情形之一的，项目概算应当报原批准机关重新审批。

（1）项目概算与投资估算不符，差额在 10% 以上的。

（2）项目概算与投资估算不符，差额在 2 000 万元以上的，其中投资额 50 亿元以上的基础设施建设项目，差额在 5 000 万元以上的。

3. 标底与报价

标底是招标人对发包工程项目投资的预期价格，标底要反映社会平均先进水平，符合工程市场经济环境，它可用来测算和科学评价投标报价的合理性，作为评标的重要参考。标底一般是由项目法人委托具有相应资质的水利工程造价咨询单位，根据招标文件、图纸，按有关规定，结合该工程的具体情况，计算出的合理工程价格。标底的主要作用是招标单位对招标工程所需投资的自我测算，明确自己在发包工程应承担的财务义务。标底也是衡量投标单位标价的准绳和评标的重要参考尺度。

报价（即投标报价）是施工企业（或厂家）对建安工程施工产品（或机电、金属结构设备）的自主定价。相对国家定价、标准价而言，它反映的是企业平均先进水平，体现了企业的经营管理和技术、装备水平，不得低于企业成本价。

4. 施工图预算

施工图预算是由设计单位在施工图设计阶段编制的，通常也称为设计预算。其作用主要是建设单位落实安排设备、材料采购、订货，安排施工进度，组织施工力量，进行现场施工技术管理等项工作的依据。

5. 施工预算

施工预算是承担项目施工的单位根据施工工序而自行编制的人工、材料、机械台班消耗量及其费用总额，即单位工程成本，它主要用于施工企业内部人、材、机的计划管理，是控制成本和班组经济核算的依据。

6. 竣工结算

竣工结算是施工单位与建设单位对承建工程项目的最终结算（施工过程中的结算属中间结算），竣工结算与竣工决算的主要区别有两点：一是范围，竣工结算的范围只是承包工程项目，是基本建设项目的局部，而竣工决算的范围是基本建设项目的整体；二是成本内容，竣工结算只是承包合同内的预算成本，而竣工决算是完整的预算成本，它还要计入工程建设其他费用开支、水库淹没处理、水土保持及环境保护工程费用和建设期还贷利息等工程成本和费用。由此可见，竣工结算是竣工决算的基础，只有先做好竣工结算，才有条件编制竣工决算。

7. 竣工决算

竣工决算是建设单位向国家（或项目法人）汇报建设成果和财务状况的总结性文件，是竣工验收报告的重要组成部分，它反映了工程的实际造价。竣工决算由建设单位负责编制。

竣工决算是建设单位向管理单位移交财产，考核工程项目投资，分析投资效果的依据。编好竣工决算对促进竣工投产，积累技术经济资料有重要意义。

水利水电工程项目各阶段的造价文件见图 1-8。

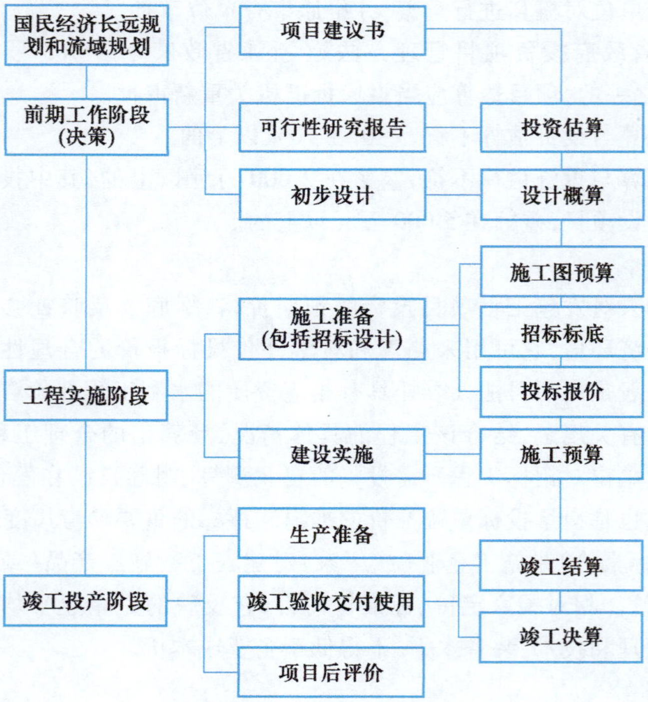

图 1-8　水利水电工程各阶段造价文件

任务三　预测建筑安装工程造价的方法

基本建设项目主要由建筑和安装工程构成，准确、合理地进行建筑和安装工程造价的编制，对预测整个建设项目的工程造价具有重要意义。目前，国内外预测建筑和安装工程造价的基本方法有综合指标法、单价法、实物量法。

一、综合指标法

在流域规划、项目建议书编制阶段，由于设计深度不足，只能提出概括性的项目，不能提供具体项目的工程量。在这种条件下，编制投资估算往往采用综合指标法。综合指标法具有概括性强的特点，不需要做具体分析，如水闸综合指标，包括水工建筑费用、电气设备费及安装费、金属结构设备费及安装费。综合指标中包括人工费、材料费、机械使用费及其他费用，往往根据以往类似工程造价推测出单位造价。在编制设计概算时，一些项目如铁路、公路、桥梁、供电线路、房屋建筑工程等也可采用综合指标法编制造价。

二、单价法

单价法是我国自新中国成立后一直沿用的编制建筑安装工程造价的方法，由于此方法多采用套定额计算工程单价，又称为定额法。单价法是将建筑安装工程按工程性质、部位等划分为分部工程，其划分一般与采用的定额相适应，根据定额给定的单位分部分项工程所需人工、材料、机械台班的数量乘以人、材、机的价格，求得人工费、材料费、机械使用费，再根据有关规定的其他费用（措施费、间接费、利润、税金）的取费标准，计算出工程单价。

三、实物量法

实物量法是根据确定的工程项目、施工方案及劳动组合，计算出人、材、机的总消耗量，再与工程所在地的各种基础（或人、材、机）预算单价相乘，计算出完成项目的基本直接费用，其他费用与单价法的计算类似。一般编制程序包括直接费分析、间接费分析、承包商加价分析、工程风险分析、工程建设总成本汇总。大多数欧美国家采用实物量法。

思考与计算题

1. 水利水电工程有哪些？
2. 简述水利水电工程的建设程序。
3. 水利水电工程不同阶段的造价文件有哪些？
4. 预测建筑工程与安装工程造价的方法有哪些？

项目二

水利水电工程项目划分与费用构成

学习要求

掌握水利水电工程的项目划分、费用的组成。

学习目标

1. 掌握水利水电工程的项目划分。
2. 掌握水利水电工程的费用组成。

技能目标

能根据工程资料，进行项目划分，并掌握项目的费用组成。

任务一　水利水电工程项目划分

现代化的各类基本建设，是一个个规模庞大、内容繁杂的系统工程。为适应科学管理的需要，满足建设工程设计、计划、统计、财务、质监等工作的要求，必须有一个可供各方面共同遵循的统一的工程项目划分办法。

浙江省水利工程的项目划分，执行《浙江省水利水电工程设计概（预）算编制规定》（2018 年）。本规定项目划分主要用于投资估算和初步设计概算，而项目管理预算可对初设概算的项目进行合理调整。

一、两大类型

水利水电工程建设项目按工程性质分为两大类型：枢纽工程，引水、河道及围垦工程。

二、四项投资

按水利水电工程特点分为工程部分投资、专项部分投资、征地移民补偿部分投资、动态投资4项投资，详见图2-1。

微课
项目划分

水利水电工程概算
- 工程部分投资
  - 1.建筑工程
  - 2.机电设备及安装工程
  - 3.金属结构设备及安装工程
  - 4.施工临时工程
  - 5.独立费用
  - 6.基本预备费
- 专项部分投资
  - 1.环境保护工程
  - 2.水土保持工程
  - 3.送出工程
  - 4.交通专项工程
  - 5.专项提升工程
- 征地移民补偿部分投资
  - 1.农村部分
  - 2.城(镇)部分
  - 3.企(事)业单位
  - 4.专业项目
  - 5.防护工程
  - 6.库底清理
  - 7.其他费用
  - 8.基本预备费
  - 9.有关税费
  - 10.其他专项费用
- 动态投资
  - 1.价差预备费
  - 2.建设期融资利息

图2-1 水利水电工程概算组成

(1) 工程部分投资。工程部分投资包括建筑工程、机电设备及安装工程、金属结构设备及安装工程、施工临时工程投资，独立费用，基本预备费。

建筑工程、机电设备及安装工程、金属结构设备及安装工程属永久工程，是指竣工投入运行后承担设计所确定的功能并发挥效益，构成生产运行单位固定资产的一部分。凡永久与临时工程相结合的项目，列入相应永久工程项目内。

施工临时工程是指在工程准备和建设阶段，为保证永久建筑和安装工程正常而修建的临时工程或采取的临时措施。临时工程投资扣除回收价值后，摊入永久工程并构成固定资产的一部分。

独立费用是根据国家和浙江省有关规定应在工程总投资中支出但又不宜列入建筑、安装工程费和设备购置费而需独立立项的费用。独立费用摊入永久工程中，构成固定资产的一部分。

基本预备费是为解决在施工过程中，经上级批准的设计概算变更和国家政策性调整所增加的投资以及为解决意外事故而采取措施所增加的工程项目和费用。

(2) 专项部分投资。专项部分投资包括环境保护工程、水土保持工程、送出工程、交通专项工程、专项提升工程投资。

① 环境保护工程投资指由于兴建水库(含其他水利工程)对环境等造成不利影响进行补偿及环境保护措施而需要的费用,它由环境保护措施、环境监测措施、仪器设备及安装、环境保护临时设施等费用,独立费用,基本预备费等组成。概算投资按水利部《水利水电工程环境保护概估算编制规程》(SL 359—2006)进行编制。

② 水土保持工程投资由工程措施、植物措施、临时措施、监测措施费用,独立费用,基本预备费,水土保持补偿费等组成。概算投资按《水土保持工程概(估)算编制规定》(水总[2003]67 号)进行编制。

③ 送出工程投资指水电站工程中,从电站厂房至电网变电站系统的高压输电线路费用。

④ 交通专项工程指引水、河道及围垦工程中的等级公路、桥梁等专业项目,按照交通或市政等专业计价依据计算项目投资。

⑤ 专项提升工程包括河湖整治工程,结合城市发展规划要求,为提升管理范围内的水环境,而采取的苗木栽植、园路铺装、绿道工程、景观构筑物、水生态修复等工程措施,按照相应专业计价依据计算项目投资,包括工程费用、工程建设其他费用、基本预备费。

(3) 征地移民补偿部分投资。征地移民补偿部分投资包括农村部分、城(集)镇部分、企(事)业单位、专业项目、防护工程投资,库底清理费用,其他费用,基本预备费,有关税费,其他专项费用。

(4) 动态投资。动态投资包括价差预备费、建设期融资利息。

三、五个部分

工程部分投资又划分为五个部分:建筑工程、机电设备及安装工程、金属结构设备及安装工程、施工临时工程投资和独立费用。

1. 建筑工程

(1) 枢纽工程。建筑工程中的枢纽工程指水利枢纽建筑物、大型泵站、大型拦河水闸和其他大型独立建筑物(含引水工程中的水源工程)。一般为多目标开发项目,其建筑物种类较多,布置相对集中,施工条件较复杂。枢纽工程包括挡水工程、泄洪工程、引水工程、发电厂工程、升压变电站工程、航运工程、鱼道工程、交通工程、供电设施工程、管理工程、其他建筑工程。

(2) 引水、河道及围垦工程。建筑工程中的引水、河道及围垦工程指引供水、灌溉、河湖整治、围垦、堤防等工程。建筑物种类相对较少,一般呈线性布置,施工条件相对简单,包括渠(管)道、清淤疏浚、海堤工程、堤防修建与加固工程、建筑物工程、交通工程、供电设施工程、管理工程、其他建筑工程。

2. 机电设备及安装工程

(1) 枢纽工程。机电设备及安装工程中的枢纽工程指构成枢纽工程固定资产的全部机电设备及安装工程,包括发电设备及安装工程、升压变电设备及安装工程、管理设备及安装工程、其他设备及安装工程 4 项。

(2) 引水、河道及围垦工程。 机电设备及安装工程中的引水、河道及围垦工程指构成该工程固定资产的全部机电设备及安装工程。一般由泵站设备及安装工程、水闸设备及安装工程、供变电工程、管理设备及安装工程和其他设备及安装工程 5 项组成。

3. 金属结构设备及安装工程

金属结构设备及安装工程指构成枢纽工程和其他水利工程固定资产的全部金属结构设备及安装工程，包括闸门、启闭机、拦污设备、升船机等设备及安装工程，压力钢管制作及安装工程和其他金属结构设备及安装工程。

金属结构设备及安装工程的一级项目要与建筑工程一级项目相对应。

4. 施工临时工程

施工临时工程指为辅助主体工程施工所必须修建的生产和生活用临时性工程，包括施工导流工程、施工交通工程、施工场外供电工程、施工房屋建筑工程、其他施工临时工程。

5. 独立费用

独立费用由建设管理费、生产准备费、科研勘察设计费和其他 4 项组成。

四、工程部分的三级项目

根据工程实际条件，工程部分的项目下设一、二、三级项目分类。一级项目相当于单项工程，二级项目相当于单位工程，三级项目相当于分部分项工程。

(1) 一级项目。一级项目是指建成后可以独立发挥生产能力或工程效益并具有独立存在意义的工程，如枢纽工程中的挡水工程、泄洪工程、引水工程、发电厂工程等。

(2) 二级项目。二级项目是单项工程的组成部分，是指具有单独设计、可以独立组织施工的工程，如一级项目引水工程中的引水明渠进(取)水口、引水隧洞、调压井、高压管道等工程。

(3) 三级项目。三级项目是指通过较为简单的施工过程就能完成的结构更小的工程，它是单位工程的组成部分，可采用适当的计量单位进行计算，是确定工程造价的最基本的工程单位，如二级项目调压井工程中的土方开挖、石方开挖、混凝土、钢筋、喷浆、灌浆等工程。

第二、三级项目，在项目划分表中仅列示了代表性子目，编制概算时，可根据初步设计的工作深度要求和工程实际情况增减或再划分。例如，三级项目石方开挖工程，应将明挖与暗挖、平洞与斜(竖)井分列，混凝土工程应将不同工程部位、不同标号、不同级配的混凝土分开等。

建筑工程中挡水工程中的混凝土坝(闸)工程三级项目划分如表 2-1 所示。

表 2-1　挡水工程三级项目划分

一级项目	二级项目	三级项目	技术经济指标
挡水工程	混凝土坝(闸)工程	土方开挖	元/m^3
		石方开挖	元/m^3
		土石方回填	元/m^3
		混凝土	元/m^3

续表

一级项目	二级项目	三级项目	技术经济指标
挡水工程	混凝土坝(闸)工程	防渗墙	元/m^2
		灌浆孔	元/m
		灌浆	元/m、元/m^2
		排水孔	元/m
		砌石	元/m^3
		钢筋	元/t
		锚杆	元/根
		锚索	元/束
		启闭机室	元/m^2
		温控措施	元/m^3
		细部结构工程	元/m^3

五、工程部分项目划分应注意的几个问题

(1) 现行的项目划分用于投资估算、概算,对于招标文件中的工程量清单和项目管理预算要根据工程量清单计价规范和合同管理的需要来调整项目划分。

(2) 建安工程三级项目的设置除深度应满足“水利水电工程项目划分”的规定外,还必须与采用的定额相适当。

(3) 对有关部门提供的工程量和预算资料,应按项目划分和费用构成正确处理。例如:设计部门提供的内外部观测工程不能一概列入第一部分(建筑工程)第十一项(其他建筑工程)中的“内外部观测工程”二级项目内,对其中属于永久性外部观测设备的购置及安装,应列入第二部分(机电设备及安装)中的第三项(管理设备及安装工程)的“外部观测设备及安装”二级项目内;对环保设计提供的施工期施工现场的环保费用,按费用构成应属直接费中措施费内开支,故不能在概、预算中重复计列。

(4) 临时工程,按其规模、性质,有的应在第四部分(施工临时工程)第一～四项(施工导流工程、施工交通工程、施工场外供电工程、施工房屋临时工程)中单独列项,有的包括在第四部分(施工临时工程)第五项“其他临时工程”中,不单独列项,还有的包括在各个建安工程直接费中的措施费内。以供电线路为例,只有电压等级在 10 kV 及以上的场外供电线路可以在第四部分(施工临时工程)第三项“施工场外供电线路工程”中单独列项。供电支线应包括在措施费的“小型临时设施费”中。介于以上两者之间的所有供电线路均包括在“其他临时工程”中,不单独列项。

(5) 注意设计单位的习惯与概算项目划分的差异。概算项目划分与设计单位的习惯并不完全一致,有一定的差异。例如,动力、通信线路、照明设施及线路、厂坝区供水、供热、排水等公用设施(水泵、锅炉、管路等)等项大多由机电设计人员提供,但这些项目都应列入建筑工程内,而不是机电设备及安装工程内。又如,施工导流用的闸门及启闭机设备大多由金属结构设计人员提供,但应列在施工临时工程内,而不是金属结构设备及安装工程内。

任务二　水利水电工程费用构成

微课
工程费用构成

建设项目费用是指工程从筹建到竣工验收、交付使用所需的费用总和。水利水电工程项目一般投资多、规模大、涉及广，为合理确定与预测水利水电工程造价，根据《浙江省水利水电工程设计概(预)算编制规定》(2018年)的规定，水利水电工程建设项目工程部分由工程费(建筑工程和安装工程费、设备费)、独立费用、预备费和建设期融资利息组成。

一、建筑工程和安装工程费

建筑工程和安装工程费由直接费、间接费、利润、人工补差、材料补差和税金组成。

(一) 直接费

直接费指建筑安装工程施工过程中直接消耗在工程项目上的活劳动和物化劳动，由直接工程费和措施费组成。

1. 直接工程费

直接工程费指施工过程中直接消耗的构成工程实体和有助于工程实体形成的各项费用，包括人工费、材料费、施工机械使用费。

(1) 人工费。人工费指直接从事建筑安装工程施工的生产工人开支的各项费用，包括基本工资、辅助工资、工资附加费。

(2) 材料费。材料费指用于建筑安装工程项目上的消耗性材料、装置性材料和周转性材料的摊销费，包括定额工作内容规定的应计入的计价和未计价材料费。

(3) 施工机械使用费。施工机械使用费指消耗在建筑安装工程项目上的机械磨损费、维修和动力燃料费及其他有关费用等，包括基本折旧费、大修理费、经常性修理费、安装拆卸费、机上人工费、动力燃料费等。

直接工程费的计算方法：采用“单位估价表”的形式，以定额实物量乘以单价的形式计算。

2. 措施费

措施费指为完成工程项目施工，发生于该工程施工前和施工过程中非工程实体项目的费用，包括施工环境保护费、冬雨季施工增加费、夜间施工增加费、小型临时设施费、进退场费和其他。

(1) 施工环境保护费。施工环境保护费指施工现场为达到环境保护部门要求所需要的各项施工期环保费用，一般包括施工现场生活、生产污水处理费用，粉尘噪声处理费用等。

(2) 冬雨季施工增加费。冬雨季施工增加费指在冬雨季施工期间为保证工程质量所需增加的费用，包括增加施工工序，增设防雨、保温、排水等设施，增耗的动力、燃料、材料以及因人工、机械效率降低而增加的费用。

(3) 夜间施工增加费。夜间施工增加费指施工场地和公用施工道路的照明费用，包括照明设备摊销及照明能源费用。

地下工程照明费已列入定额内；照明线路工程费用包括在“其他临时工程费”中；施工辅助企业系统、加工厂、车间的照明费，列入相应的产品成本中，均不包括在本项费用之内。

(4) 小型临时设施费。小型临时设施费指为进行建筑安装工程施工所必需的现场临时建筑物、构筑物和各种临时设施的建设、维修、拆除、摊销等费用，一般包括施工现场供风、供水、供电、供热、通信等的支管支线，土石料场，简易砂石料加工场，小型混凝土拌和站，木工、钢筋、机修等辅助加工场，一般施工排水，预制场地，场地平整，道路养护，工作面上的脚手架搭拆运输摊销费以及其他小型临时设施费。

(5) 进退场费。进退场费指施工作业人员、机械设备等进退施工现场(大型疏浚机械除外)发生的调遣、运输等费用。

(6) 其他。其他包括施工工具用具使用费，检验试验费，工程定位复测、工程点交、竣工场地清理、工程项目及设备仪表移交生产前的维护观察费等费用。

其中：施工工具用具使用费指施工生产所需，但不属于固定资产的生产工具，检验、试验用具等的购置、摊销和维护费，以及支付工人自备工具的补贴费。检验试验费指对建筑材料、构件和建筑安装物进行一般鉴定、检查所发生的费用，包括自设试验室进行试验所耗用的材料和化学药品费用，以及技术革新和研究试验费，不包括新结构、新材料的试验费和建设单位要求对构件进行破坏性试验，以及其他特殊要求检验试验的费用。

措施费的计算：以直接工程费为计算基数，按表2-2取合计百分率计算。

表2-2　措施费费率

序号	费用名称	计算基数	费率/%
1	施工环境保护费	直接工程费	0.2
2	冬雨季施工增加费	直接工程费	0.3
3	夜间施工增加费	直接工程费	0.5
4	小型临时设施费	直接工程费	1～3
5	进退场费	直接工程费	0.5
6	其他	直接工程费	0.5
	合计	直接工程费	3～5

注：根据工程项目工期及临时设施的复杂程度等情况，按合计综合取值。一般枢纽工程按4%～5%计算，其他水利工程按3%～4%计算。

(二) 间接费

间接费是指建筑安装工程施工过程中构成建筑安装产品成本，但又无法直接计量的消耗在工程项目中的有关费用，由规费和企业管理费组成。

1. 规费

规费指政府和有关政府行政主管部门规定必须缴纳的费用。

(1) 养老保险费。养老保险费指企业按规定标准为职工缴纳的基本养老保险费。

(2) 失业保险费。失业保险费指企业按规定标准为职工缴纳的失业保险费。

(3) 医疗保险费。医疗保险费指企业按规定标准为职工缴纳的基本医疗保险费。

(4) 工伤保险费。工伤保险费指企业按规定标准为职工缴纳的工伤保险费。

(5) 住房公积金。住房公积金指企业按规定标准为职工缴纳的住房公积金。

2. 企业管理费

企业管理费指企业为组织施工生产和经营活动所发生的管理费用。

(1) 管理人员工资。管理人员工资指管理人员的基本工资、辅助工资、工资附加费、劳动保护费及按规定标准计提的职工福利费等。

(2) 差旅交通费。差旅交通费是指企业职工因公出差、工作调动的差旅费,住勤补助费,市内交通及误餐补助费,职工探亲路费,劳动力招募费,离退休职工一次性路费及管理部门的交通工具使用费等。

(3) 办公费。办公费是指企业办公用文具、纸张、账表、印刷、邮电、书报、会议、水、电、燃煤(气)等费用。

(4) 固定资产折旧、修理费。固定资产折旧、修理费是指企业管理和试验部门及附属生产单位使用的属于固定资产的房屋、设备、仪器等折旧及维修等费用。

(5) 工具用具使用费。工具用具使用费是指管理使用的不属于固定资产的工具、用具、家具、交通工具,检验、试验、消防用具等的摊销及维修费用。

(6) 职工教育经费。职工教育经费是指企业为职工学习先进技术和提高文化水平按职工工资总额计提的费用。

(7) 劳动保护费。劳动保护费指企业按照国家规定标准发放给职工的劳动保护用品的购置费、修理费、保健费、防暑降温费、高空作业及进洞津贴等费用。

(8) 人员和财产保险费。人员和财产保险费是指企业管理人员、财产、管理用车辆等保险费用。

(9) 劳动保险费。劳动保险费指由企业支付的离退休职工的安家补助费、职工退职金、六个月以上的长病假人员的工资、职工死亡丧葬补助费、抚恤费等。

(10) 财务费。财务费指企业为筹集资金而发生的各项费用,包括企业经营期间发生的利息支出、金融机构手续费、投标和承包工程发生的保函手续费等。

(11) 税金。税金是指企业按规定交纳的房产税、车船使用税、印花税等。

(12) 城市维护建设税、教育费附加以及地方教育费附加。

(13) 其他。其他包括技术转让费、设计收费标准中未包括的应由施工企业承担的部分临时工程设计费、投标报价费、工程图纸资料费及工程摄影费、技术开发费、业务招待费、广告费、绿化费、公证费、法律顾问费、审计费、咨询费等。

间接费费率见表2-3。

表2-3 间接费费率 %

工程类别	项目名称	计算基数	间接费费率合计	其中	
				规费	管理费
一类工程	土方工程	直接费	10.5	4.0	6.5
	石方工程	直接费	13.0	4.0	9.0
	混凝土工程	直接费	12.5	4.0	8.5
	基础处理工程	直接费	12.0	4.0	8.0
	安装工程	人工费	75.0	25.0	50.0

续表

工程类别	项目名称	计算基数	间接费费率合计	其中	
				规费	管理费
二类工程	土方工程	直接费	9.5	4.0	5.5
	石方工程	直接费	12.0	4.0	8.0
	混凝土工程	直接费	11.5	4.0	7.5
	基础处理工程	直接费	11.0	4.0	7.0
	疏浚工程	直接费	9.5	4.0	5.5
	安装工程	人工费	65.0	25.0	40.0
三类工程	土方工程	直接费	8.5	3.5	5.0
	石方工程	直接费	10.5	3.5	7.0
	混凝土工程	直接费	10.5	3.5	7.0
	基础处理工程	直接费	10.0	3.5	6.5
	疏浚工程	直接费	8.5	3.5	5.0
	水土保持防护工程	直接费	8.5	3.5	5.0
	安装工程	人工费	60.0	25.0	35.0

注：1. 工程类别按照工程取费类别划分表确定。

2. 钢筋制安间接费费率按相应工程类别混凝土工程的60%计算。

3. 单独土石方工程的开挖、运输，以及工程量3万 m^3 以上的围垦、堤防工程土石方开挖、运输及抛填，其间接费费率按相应工程类别土石方工程的75%计算。

（三）利润

利润指按规定应计入建筑安装工程造价中的企业平均利润，按不同工程类别实行差别利率。长期以来，建筑安装施工企业与其他行业的利润水平存在较大差距，但由于目前建筑安装施工队伍的生产能力大于市场需求，这个差距仍将存在。

浙江省规定，利润率不分建筑工程和安装工程，均以直接费与间接费之和为计算基数，一类工程取7%，二类工程取6%，三类工程取5%。

（四）税金

建筑安装工程单价可采用一般计税法和简易计税法计价。一般情况下，应采用一般计税法计价。

一般计税法的增值税税率为9%。

简易计税法：对于符合税务部门简易计税法的项目，在工程招投标阶段和实施阶段，可采用简易计税法计价。增值税征收率为3%，以下为税金计算方式。

税金=（直接费+间接费+利润+人工补差+材料补差+装置性材料）×征收率

对于采用简易计税法的项目，其相关规定调整如下。

（1）人工、材料、机械台班等基础价格均应含增值税进项税额的价格，主要材料预算限价不做调整。

（2）措施费费率不做调整。

（3）间接费费率减少0.4%（安装工程间接费费率不做调整）。

（4）利润率不做调整。

二、设备费

设备费一般由设备原价、运杂费、运输保险费、采购及保管费组成。

(一) 设备原价

(1) 国产设备。国产设备原价指设备现行出厂价格。对非定型和非标准产品,采用厂家签订的合同价或询价,结合当时的市场价格水平,经分析论证以后,确定设备原价。

(2) 进口设备。进口设备原价指设备到岸价加进口征收的税金(关税、增值税等)、手续费、商检费及港口费等各项费用之和。到岸价采用与厂家签订的合同价或询价计算,税金和手续费等按国家现行规定计算。

(3) 大型机组分瓣运至工地后的拼装费应包括在设备价格内。由于设备运输条件限制及其他原因需要在施工现场,且属于制造厂内组装的工作有水轮机水涡轮分瓣组焊,座环及基础环现场加工,定子机壳组焊,定子硅钢片现场叠装,定子线圈现场整体下线及铁损试验工作转子中心体现场组焊等。其费用包括在设备原价内。

(4) 由工地自行加工制造的设备,如闸门、拦污栅、埋件等,制造费为原价。

(5) 设备必需的备品备件费用,计入设备原价。

(二) 运杂费

运杂费指设备由厂家运至工地安装现场所发生的一切运费及运输过程中的各项杂费,如运输费、调车费、装卸费、包装绑扎费、变压器充氮费以及其他可能发生的杂费。

(三) 运输保险费

运输保险费指设备在运输过程中的保险费用。

(四) 采购及保管费

采购及保管费指建设单位或施工企业在负责设备的采购、保管过程中发生的各项费用,主要包括采购保管部门工作人员的基本工资、辅助工资、职工福利费、劳动保护费、养老保险费、失业保险费、医疗保险费、住房公积金、工伤及生育保险费、教育经费、办公费、差旅交通费、工具用具使用费等。仓库、转运站等设施的运行费、检修费、固定资产折旧费、技术安全措施费和设备的检验、试验费等。

三、独立费用

独立费用是指在生产准备和施工过程中与工程建设有关联而又难以直接摊入某个单位工程的独立的其他工程和费用,包括建设管理费、生产准备费、科研勘测设计费和其他4项。

(一) 建设管理费

建设管理费指建设单位在工程建设项目筹建和建设期间进行管理工作所需的费用,包括建设单位开办费、建设单位人员费、建设管理经常费、建设监理费、经济技术服务费5项。

1. 建设单位开办费

建设单位开办费指新组建的建设单位,为开展工作所必须购置的办公及生活设施、交通工具等，以及其他用于开办工作的费用。

2. 建设单位人员费

建设单位人员费指建设单位从批准组建之日起至完成该工程建设管理任务之日止，需开支的建设单位人员费用，主要包括工作人员的基本工资、辅助工资、施工现场津贴、职工福利费、工会经费、劳动保护费、养老保险费、失业保险费、医疗保险费、住房公积金、工伤及生育保险费等。

3. 建设管理经常费

建设管理经常费指建设单位从筹建到竣工期间所发生的各种管理费用。

(1) 工程建设过程中用于资金筹措、召开董事(股东)会议、视察工程建设所发生的会议和差旅等费用。

(2) 工程宣传费。

(3) 土地使用税、房产税、印花税、合同公证费。

(4) 施工期间所需的水情、水文、泥沙、气象监测费和报汛费。

(5) 工程验收费。

(6) 公安、消防部门派驻工地补贴费及其他工程管理费用。

(7) 建设单位人员的教育经费、办公费、差旅交通费、会议费、交通车辆使用费、技术图书资料费、固定资产折旧费、零星固定资产购置费、低值易耗品摊销费、工具用具使用费、修理费、水电费、采暖费等。

(8) 水电站、泵站工程的联合试运转费。

4. 建设监理费

建设监理费包括工程建设监理费和爆破安全监理费。

(1) 工程建设监理费。工程建设监理费指在工程建设过程中聘任监理单位，对工程的质量、进度、安全和投资进行监理所发生的全部费用，包括监理单位为保证监理工作正常开展而需要购置的交通工具、办公及生活设备、检验试验设备以及监理人员的基本工资、辅助工资、工资附加费、劳动保护费、教育经费、劳动保险基金、办公费、差旅交通费、会议费、技术图书资料费、固定资产相应的利润和税金等。

(2) 爆破安全监理费。爆破安全监理费指由具有相应资质要求的安全监理企业，对爆破工作进行监理所发生的全部费用。爆破安全监理的主要工作内容包括：爆破作业单位是否按照设计方案施工；爆破有害效应是否控制在设计范围内；审验爆破作业人员的资格，制止无资格人员从事爆破作业；监督民用爆破物品领取、清退制度的落实情况；监督爆破作业单位遵守国家有关标准和规范的落实情况，发现违章指挥和违章作业，有权停止其爆破作业，并向委托单位和公安机关报告。

5. 经济技术服务费

经济技术服务费包括技术咨询费、招标业务费、工程审价费等。

(1) 技术咨询费。技术咨询费指建设单位根据国家有关规定和项目建设管理的需要，委托具备资质的机构或聘请专家对项目建设的安全性、可靠性、先进性和经济性等有关工程技术、经济和法律等方面的专题进行咨询、评审和评估所发生的费用。技术咨询费包括勘测设计成果专项咨询、工程安全和技术鉴定、劳动安全和工业卫生测试与评审、竣工决算及项目后评估报告等咨询工作费用。

(2) 招标业务费。招标业务费包括工程招标代理费和招标服务费。

工程招标代理费指建设单位对工程的勘察设计、监理、施工等招标业务委托招标代理机构进行招标工作的全部服务费用,包括招标代理机构编制招标文件(含资格预审文件和标底),审查投标人资格,组织投标人踏勘现场并答疑,组织开标、评标、定标,以及提供招标前期咨询、协调合同的签订等工作。

招标服务费指建设单位在对工程进行招标过程中,除工程招标代理费以外发生的其他招标工作服务费用,包括招投标交易中心服务费等。

(3) 工程审价费。工程完工后,建设单位、施工单位双方依据合同在正式办理结算之前委托具有资质的机构所进行的工程结算审查工作所发生的费用。

(二) 生产准备费

生产准备费指水利水电建设项目的生产、管理单位为准备正常的生产运行或管理发生的费用,包括生产及管理单位提前进厂费、生产职工培训费、管理用具购置费、工器具及生产家具购置费。

1. 生产及管理单位提前进厂费

生产及管理单位提前进厂费指在工程完工之前,生产、管理单位有一部分工人、技术人员和管理人员提前进厂进行生产筹备工作所需的各项费用,包括提前进厂人员的基本工资、辅助工资、职工福利费、劳动保护费、养老保险费、失业保险费、医疗保险费、住房公积金、工伤及生育保险费、教育经费、办公费、差旅交通费、会议费、技术图书资料费、零星固定资产购置费、低值易耗品摊销费、工具用具使用费、修理费、水电费、采暖费等,以及其他属于生产筹建期间应开支的费用。

2. 生产职工培训费

生产职工培训费指工程在竣工验收之前,生产及管理单位为保证生产、管理工作能顺利进行,需对工人、技术人员和管理人员进行培训所发生的费用,包括基本工资、辅助工资、职工福利费、劳动保护费、养老保险费、失业保险费、医疗保险费、住房公积金、工伤及生育保险费、差旅交通费、实习费,以及其他属于职工培训应开支的费用。

3. 管理用具购置费

管理用具购置费指为保证新建项目的正常生产和管理所必须购置的办公和生活用具等费用,包括办公室、会议室、资料档案室、阅览室、文娱室、医务室等公用设施需要配置的家具和器具。

4. 工器具及生产家具购置费

工器具及生产家具购置费指按设计规定,为保证初期生产正常运行所必须购置的不属于固定资产标准的生产工具、器具、仪表、生产家具等的购置费,不包括设备价格中已包括的专用工具费用。

(三) 科研勘测设计费

科研勘测设计费指为工程建设所需的科研、勘测和设计等费用,包括科学研究试验费、前期勘察设计费和工程勘察设计费。

1. 科学研究试验费

科学研究试验费指在工程建设过程中,为解决工程的技术问题,而进行必要的科学研究试验所需的费用。

2. 前期勘察设计费

前期勘察设计费指项目建议书、可行性研究等前期阶段发生的勘察费、设计费、除险加固工程安全鉴定费等前期工作费用。

3. 工程勘察设计费

工程勘察设计费指工程初步设计、招标设计和施工图设计阶段发生的勘察费、设计费、施工图审查费和为勘察设计服务的科研试验费用，不包括工程建设征地移民安置规划设计、专项设计各设计阶段发生的勘测设计费。

（四）其他

其他包括工程质量检测费、安全文明施工费、工程保险费及其他税费等。

1. 工程质量检测费

工程质量检测费指工程建设期间，为检验工程质量，在施工单位自检的基础上，由建设单位委托具有相应资质的检测机构进行质量检测的费用。

2. 安全文明施工费

安全文明施工费指按设计提供的本工程文明施工措施和标准化工地建设内容、施工安全作业环境和安全防护措施等列项计算费用，并不小于按费率计算的安全文明施工费。

3. 工程保险费

工程保险费指工程建设期间，为使工程能在遭受火灾、水灾等自然灾害和意外事故造成损失后得到经济补偿，而对建筑、设备及安装工程保险所发生的保险费用。

4. 其他税费

其他税费指按国家规定应缴纳的与工程建设有关的税费。

四、预备费

预备费是指在初级阶段难以预料而在施工过程中又可能发生的规定范围内的工程和费用，以及工程建设内发生的价差，包括基本预备费和价差预备费两项。

1. 基本预备费

基本预备费主要指为解决在施工过程中，经上级批准的设计变更和国家政策性调整所增加的投资以及为解决意外事故而采取措施所增加的工程项目和费用。

2. 价差预备费

价差预备费主要为解决在工程建设过程中，因人工工资、材料和设备价格上涨以及费用标准调整而增加的投资。价差预备费应从编制概算所采用的价格水平年的次年开始计算。

五、建设期融资利息

根据国家财政金融政策规定，工程在建设期间需偿还并应计入工程总投资的融资利息。

水利水电工程工程部分费用组成如图 2-2 所示。

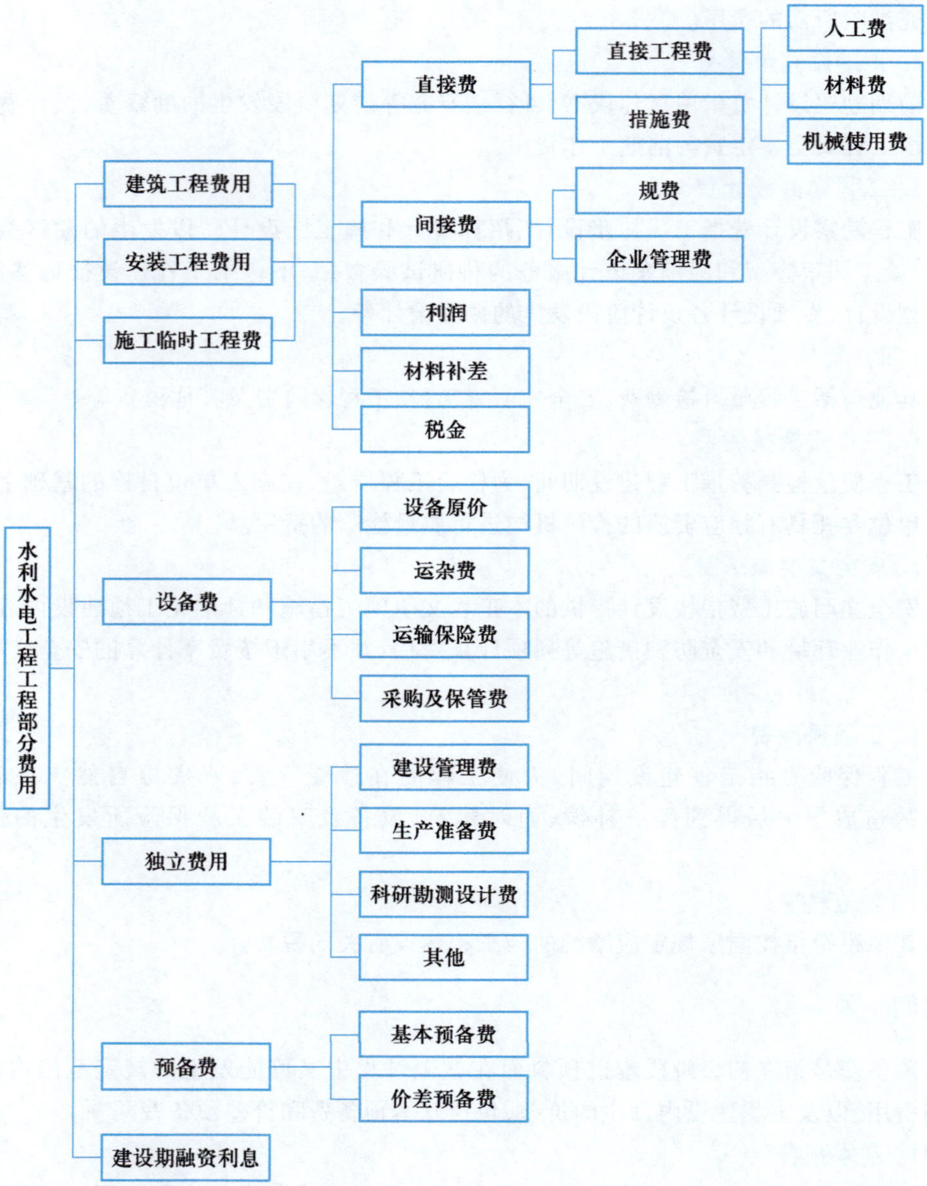

图 2-2　水利水电工程工程部分费用组成

思考与计算题

一、思考题

1. 何谓水利水电工程项目划分的两大类型、四项投资、五个部分。
2. 水利水电工程项目三级项目是什么？
3. 水利水电工程工程部分项目划分的注意事项是什么？
4. 建筑工程与安装工程费用的组成是什么？

二、选择题

某水利项目投资构成中，机电设备购置费 600 万元，金属结构设备购置费 300 万元，建筑工程费 800 万元，安装工程费 200 万元，独立费用 200 万元，基本预备费 110 万元，价差预备费 150 万元，专项提升 400 万元，有关税费 100 万元，建设期贷款 2 000 万元，应计利息 120 万元，则该水利项目的工程部分投资为（　　）万元，水利水电工程概算为（　　）万元。

A. 2 210　　B. 2 310　　C. 2 980　　D. 4 970　　E. 4 980

项目三

水利水电工程定额

学习要求

了解工程定额的分类和定额的编制。掌握工程定额的使用。

学习目标

1. 了解工程定额的分类。
2. 了解工程定额的编制方法,各类定额的作用。
3. 掌握水利水电工程定额的使用。

技能目标

能根据资料进行定额量的换算及计算。

微课
定额概述

任务一 工 程 定 额

一、概述

所谓“定额”,是指在一定的外部条件下,预先规定完成某项合格产品的所需要素(人力、物力、财力、时间等)的标准额度,它反映了一定时间的社会生产水平。

定额的产生和发展,是与社会生产力的发展分不开的,人类与大自然斗争过程中就逐步形成定额的概念。我国唐宋年间就有明确的记载,如“皆量出以为入,定额以给资”“诸路上供,岁有定额”。

定额作为一门科学,它伴随资本主义企业管理而产生。19 世纪末,美国工程师弗雷德里克·泰罗推出的制定工时定额、实行标准操作、采用计件工资，以提高劳动生产效率的这套称为“泰罗制”的方法，使资本主义企业管理发生了根本变革。

新中国成立以来，我国国民经济各部门，广泛制定和采用了各种定额，为我国的建设事业发挥了重要作用。

二、工程定额的分类

工程定额种类繁多，一般按其内容、建设编制程序和用途、费用性质、管理体制和执行范围等的不同进行划分。

（一）按定额的内容划分

（1）劳动定额。劳动定额是指具有某种专长和规定的技术水平的工人，在一定的施工组织条件下，在单位时间内应当完成合格产品的数量或完成单位合格产品所需劳动时间。

（2）材料消耗定额。材料消耗定额指完成合格的单位产品所需材料、成品、半成品的合理数量。

（3）机械作业定额。某种机械在一定的施工组织条件下，在单位时间内应当完成合格产品的数量称为机械产量定额。完成单位合格产品所需时间称为机械时间定额。

（4）综合定额。综合定额指在一定的施工组织条件下，完成单位合格产品所需人工、材料、机械台班数量。

（5）机械台班费定额。机械台班费定额指施工过程中使用施工机械一个台班所需相应人工、动力、燃料、折旧、修理、替换配件、安装拆卸以及牌照税、车船使用税、养路费的定额。

（6）费用定额。费用定额指除以上定额以外的其他直接费定额、间接费定额、其他费用定额等。

（二）按建设编制程序和用途划分

（1）投资估算指标。投资估算指标主要用于项目建议书及可行性研究阶段技术经济比较和预测（估算）工程造价。浙江省水利工程目前无估算定额，而用《浙江省水利水电建筑工程预算定额》（2010 年）乘以 1.05 扩大系数代之。

（2）概算定额。概算定额主要用于初步设计阶段预测工程造价。浙江省水利工程目前无概算定额，而用《浙江省水利水电建筑工程预算定额》（2010 年）乘以 1.03 扩大系数代之。

（3）预算定额。预算定额主要用于编制施工图预算或招标阶段编制标底、报价。

（4）施工定额。施工定额主要用于施工企业编制施工预算。

（三）按费用性质划分

（1）直接费定额。直接费定额指直接用于施工生产的人工、材料、成品、半成品、机械消耗的定额。

（2）间接费定额。间接费定额指施工企业经营管理所需费用定额。

（3）其他基本建设费用定额。其他基本建设费用定额指不属于建筑安装工作量的独立费用定额，如勘测设计费定额等。

（四）按管理体制和执行范围划分

（1）全国统一定额。全国统一定额指工程建设中，各行业、部门普遍使用，需要全国统一执行的定额，一般由国家建设行政主管部门或授权某主管部门组织编制颁发，如送电线路工程预算定额、电气工程预算定额、通信设备安装预算定额、通风及空调工程预算定额等。

（2）全国行业定额。全国行业定额指工程建设中，部分专业工程在某一个部门或几个部门使用的专业定额。经国家建设行政主管部门批准由一个主管部门或几个主管部门编制颁发，在有关行业中执行，如水利水电建筑工程预算定额、公路工程预算定额、铁路工程预算定额等。

（3）地方定额。地方定额一般指省、自治区、直辖市根据地方工程特点编制的地方通用定额和地方专业定额，在本地区执行。浙江省水利部门先后颁发的（1983 年）、（1998 年）及（2010 年）预算定额就属于地方定额。

（4）企业定额。企业定额指建筑、安装企业在其生产经营过程中用自己积累的资料，结合本企业的具体情况自行编制的定额，供本企业内部管理和企业投标报价使用。

微课

施工定额

任务二　工程定额的编制

一、施工定额

（一）施工定额的概念

施工定额是直接应用于工程施工管理的定额，是编制施工预算、实行施工企业内部经济核算的依据，它是以施工过程为研究对象，根据本施工企业生产力水平和管理水平制定的内部定额。

施工定额是规定建筑安装工人或班组在正常施工条件下，完成单位合格产品的人工、机械和材料消耗的数量标准，它是国家、地区、行业部分或施工企业以技术要求为根据制定的，是基本建设中最重要的定额之一，它既体现国家对建筑安装施工企业管理水平和经营成果的要求，也体现国家和施工企业对操作工人的具体目标要求。

（二）施工定额的编制原则

施工定额能否得到广泛的使用，主要取决于定额的质量和水平及项目的划分是否简明适用。因此，在编制工程定额的过程中应该贯彻以下原则。

1. 平均先进

施工定额的水平应是平均先进水平，因为只有平均先进水平的定额，才能促进企业生产力水平的提高。所谓平均先进水平，是指在正常施工条件下，多数班组或生产者经过努力才能达到的水平。一般来说，该水平应低于先进水平而略高于平均水平。它使先进生产者感到有一定的压力，能鼓励他们进一步提高技术水平；使大多数处于中间水平的生产者感到可望而可及，能增强达到定额的信心；使少数落后者通过努力学习技术和端正劳动态度，尽快缩短差距，达到定额水平。所以，平均先进水平是一种鼓励先进、激励中间、鞭策落后的定额水平。

定额水平有一定的时限性，随着生产力水平的发展，定额水平必须做相应的修订，使其保持平均先进的性质。但是，定额水平作为生产力发展水平的标准，又必须具有相对稳定性。定额水平如果频繁调整，会挫伤生产者的劳动积极性，因此不能朝令夕改。

2. 基本准确

定额是相对的“准”，绝对的“不准”。定额不可能完全与实际相符，而只能要求基本准确。定额是对千差万别的各个实践的概括，抽象出一般的数量标准。

3. 简明适用

定额的简明适用是就施工定额的内容和形式而言的。它要求施工定额内容丰富、充实，具有多方面的适用性，同时又要简单明了，容易为工人所掌握，便于查阅，便于计算，便于携带，便于执行。

4. 专群结合，以专为主

编制施工定额是一项专业性、技术经济性、政策性很强的工作。因此，在编制定额的过程中必须深入调查研究，广泛征求群众的意见，在取得它们的配合和支持下，通过专门技术机械的专业人员进行技术测定、分析整理，才能使编制出来的施工定额具有科学性、代表性、权威性和群众性。

（三）施工定额的作用

（1）供施工企业编制施工预算。

（2）施工定额是安排施工作业进度计划、编制施工组织设计的依据。

（3）施工定额是施工企业内部经济核算的依据。

（4）施工定额是实行定额包干，签发施工任务单的依据。

（5）施工定额是计件工资和超额奖励计算的依据。

（6）施工定额是限额领料和节约材料奖励的依据。

（7）施工定额是编制预算定额的依据。

（四）施工定额的内容

1. 劳动定额

劳动定额按其表现形式不同分为时间定额和产量定额。

（1）时间定额。时间定额是指某些专业技术等级的工人班组或个人，在合理的劳动组织与一定的生产技术条件下，为生产单位合格产品所必须消耗的工作时间。定额时间包括准备时间与结束时间、基本生产时间、辅助生产时间、不可避免的中断时间及工人必需的休息时间。时间定额以工时为单位，其计算方法如下：

$$\text{单位产品时间定额(工时)}=\frac{1}{\text{每工时产量}}$$

（2）产量定额。产量定额是指在一定的劳动组织与生产技术条件下某种专业技术等级的工人班组或个人，在单位工时中所应完成的合格产品数量。其计算方法如下：

$$\text{每工时产量}=\frac{1}{\text{每位产品时间定额(工时)}}$$

产量定额的计量单位视具体产品的性质分别选用 m、m^2、m^3、t、根、块等表示。时间定额与产量定额互为倒数。

2. 材料消耗定额

材料消耗定额包括生产合格产品的消耗量与损耗量两部分。其中，消耗量是产品本身所必须占有的材料数量，材料损耗量包括操作损耗和场内运输损耗。建筑工程材料可分为直接性消耗材料和周转性消耗材料两类。直接性消耗材料是指直接构成工程实体的材料，如砂石料、钢筋、水泥等材料的消耗量，包括材料的净用量及施工过程中不可避免的合理损耗量。周转性消耗材料是指在工程施工过程中，能多次使用、反复周转并 不断补充的工具性材料、配件和用具等，如脚手架、模板等。

$$\text{损耗率}=\frac{\text{损耗量}}{\text{消耗量}}\times 100\% \tag{3-1}$$

式中，损耗量是指合理损耗量，亦即在合理使用材料情况下的不可避免损耗量，其多少常用损耗率来表示。

$$\text{材料消耗量}=\frac{\text{净耗量}}{1-\text{损耗量}}$$

因此，材料消耗量可用下式计算：

$$\text{材料消耗量}=\text{净耗量}+\text{损耗量}$$

材料消耗定额是加强企业管理和经济核算的重要工具，是确定材料需要量和储备量的依据，是施工企业对施工班组实施限额领料的依据，是减少材料积压、浪费、促进合理使用材料的重要手段。

3. 机械台时定额

机械台时定额是施工机械生产率的反映，单位一般用“台时”表示。可分为机械时间定额和机械台时产量定额，两者互为倒数。

（1）机械时间定额。在正常的施工条件和劳动组织条件下，使用某种规格型号的机械，完成单位合格产品所必须消耗的台时数量。

$$\text{机械时间定额}=\frac{1}{\text{机械台时产量定额}}$$

（2）机械台时产量定额。在正常的施工条件和劳动组织条件下，某种机械在一个台时内生产合格产品的数量。

$$\text{机械台时产量定额}=\frac{1}{\text{机械时间定额}}$$

微课
预算定额

二、预算定额

（一）预算定额的概念

预算定额是完成单位分部分项工程所需的人工、材料和机械台时消耗的数量标准。它是将完成单位分部分项工程项目所需的各个工序综合在一起的综合定额。预算定额由国家或地方有关部门组织编制、审批并颁发执行。

（二）预算定额的作用

（1）预算定额是编制建筑安装工程施工图预算和确定工程造价的依据。

（2）预算定额是对设计的结构方案进行技术经济比较，对新结构、新材料进行技术经济分析的依据。

（3）预算定额是编制施工组织设计时，确定劳动力、材料和施工机械需用量的依据。

(4) 预算定额是工程竣工结算的依据。

(5) 预算定额是施工企业贯彻经济核算、进行经济活动分析的依据。

(6) 预算定额是编制概算定额的基础。

(7) 预算定额是编制标底和报价的参考。

(三) 预算定额与施工定额的关系

预算定额的编制必须以施工定额的水平为基础。预算定额不是简单套用施工定额的水平,还考虑了更多的可变因素,如工序搭接的停歇时间;常用工具如施工机械的维修、保养、加油、加水等所发生的不可避免的停工损失;工程检查所需的时间;在施工中不可避免的细小的工序和零星用工所需的时间;机械在与手工操作的工作配合中不可避免的停歇时间;在工作班内机械变换位置所引起的难以避免的停歇时间和配套机械相互影响的损失时间;不可避免的中断、必要的休息、交接班以及班内工作干扰等。所以,确定预算定额水平时,要相对降低一些。根据我国的实践经验,一般预算定额应低于施工定额水平的5%~7%。

预算定额是施工定额的人工、机械消耗量综合扩大后的数量标准。以混凝土工程为例,施工定额混凝土工程按配运骨料、水泥运输、施工缝处理、清仓、混凝土拌和、混凝土运输、浇筑、养护等工序分别设列子目。而预算定额是将完成100 m^3 混凝土浇筑所需的各工序综合在一起,按其部位、结构类型分别设列子目。

三、概算定额

(一) 概算定额的概念

建筑工程概算定额也叫扩大结构定额,它规定了完成一定计量单位的扩大结构构件或扩大分项工程所需的人工、材料和机械台时的数量标准。

概算定额是以预算定额为基础,根据通用图和标准图等资料,经过适当综合扩大编制而成的。概算定额与预算定额之间允许有5%以内的幅度差。在水利工程中,从预算定额过渡到概算定额,一般采用1.03~1.05的扩大系数。

(二) 概算定额的作用

(1) 概算定额是编制初步设计概算的依据。

(2) 概算定额是编制机械和材料需用计划的依据。

(3) 概算定额是设计方案进行经济比较的依据。

(4) 概算定额是编制估算指标的基础。

四、估算指标

估算指标是在概算定额的基础上考虑投资估算工作深度和精度,扩大1%~3%。

五、定额编制的方法

定额编制的方法较多,常用的有以下几种。

(一) 技术测定法

技术测定法是深入施工现场,采用计时观察和材料消耗测定的方法,对各个工序进行实测、查定、取得数据,然后对这些资料进行科学的整理分析,拟定成的定额。这种方法有较充分的科学依据,有较强的说服力,但工作量较大,它适用于产品品种少、经济价值大的定额项目。

(二)统计分析法

统计分析法是根据施工实际中的工、料、机械台班消耗和产品完成数量的统计资料,经科学的分析、整理,剔去其中不合理的部分后,拟定成的定额。

(三)调查研究法

调查研究法是和参加施工实践的老工人、班组长、技术人员座谈讨论,利用他们在施工实践中积累的经验和资料,加以分析整理而成的定额。

(四)计算分析法

计算分析法大多用于材料消耗定额和一些机械(如开挖、运输机械)的作业定额的编制。其步骤为拟定施工条件、选择典型施工图、计算工程量、拟定定额参数,最终计算定额数量。

任务三 工程定额的使用

一、工程定额的组成内容

现行水利水电工程定额一般由总说明、分册分章说明、目录、定额表和有关附录组成,其中定额表是定额的主要组成部分。

《浙江省水利水电建筑工程预算定额》(2010 年)中的定额表是以实物量的形式表示的,如表 3-1 所示。

表 3-1 74kW 推土机推土定额表 100 m^3

项目	单位	土质类别	推运距离/m						
			10	20	30	40	50	60	70
人工	工日		0.2	0.3	0.3	0.4	0.4	0.5	0.6
推土机(74 kW)	台班	Ⅰ、Ⅱ	0.18	0.22	0.26	0.32	0.37	0.43	0.50
推土机(74 kW)	台班	Ⅲ	0.20	0.24	0.29	0.35	0.41	0.48	0.56
推土机(74 kW)	台班	Ⅳ	0.22	0.26	0.32	0.39	0.45	0.53	0.62
其他机材费	%		5	5	5	5	5	5	5
定额编号			10280	10281	10282	10283	10284	10285	10286

二、工程定额的使用

定额在水利水电工程建设经济管理工作中起着重要作用,工程造价管理人员必须熟练准确地使用定额。因此,必须做到以下几点。

(一)专业专用

水利水电工程除水工建筑物和水利水电设备安装外,一般还有房屋建筑、公路、铁路、输电线路、通信线路等永久性设施。水工建筑物和水利水电设备安装应采用水利、电力主管部门颁发的定额。其他永久性工程应分别采用所属主管部门颁发的定额，如铁路工程应采用交通运输部颁发铁路工程定额，公路工程采用交通运输部颁发的公路工程定额。

（二）工程定额与费用定额配套使用

在计算各类永久性设施工程投资时，采用的工程定额应执行专业专用的原则，其费用定额也应遵照专业专用的原则，与工程定额相配套。如采用公路工程定额计算永久性公路投资时，应相应采用交通运输部颁发的费用定额。

（三）定额的种类应与设计阶段相适应

可行性研究阶段编制投资估算应采用估算指标；初设阶段编制概算应采用概算定额；施工招标阶段编制标底及报价应采用预算定额。如因本阶段定额缺项，需采用下一阶段定额时，应按规定乘以过渡系数。按《浙江省水利水电工程设计概（预）算编制规定》（2018 年）规定，采用《浙江省水利水电建筑工程预算定额》（2010 年）编制投资估算时，应乘以 1.05 的扩大系数；采用《浙江省水利水电建筑工程预算定额》（2010 年）编制概算时，应乘以 1.03 的扩大系数。

微课
材料消耗量计算

（四）熟悉定额的有关规定

由于各系统之间的标准、习惯有差异，故使用定额前应先阅读并熟悉总说明和有关章节说明、工作内容、适用范围，切忌按自己的习惯“想当然”。

三、定额使用举例

【例 3-1】 某渠道工程，采用浆砌石平面护坡，设计砂浆强度等级为 M10，砌石等料就近堆放。

问题：试求每立方米浆砌石所需人工、材料预算用量。

解：（1）选用定额。

查《浙江省水利水电建筑工程预算定额》（2010 年），定额编号为 30028，每 100 m^3 砌体需消耗合计 100.7 工日、块石 113 m^3 码方、砂浆 35.3 m^3。由于砌石工程定额已综合包含了拌浆、砌筑、勾缝和场内的运料用工，故不需另计其他用工。

（2）确定砂浆材料预算用量。

根据设计砂浆强度等级，查《浙江省水利水电建筑工程预算定额》（2010 年）附录 9 表 22 水泥砂浆材料用量表，每立方米砂浆主要材料预算量：水泥 256 kg，砂 1.10 m^3，水 0.154 m^3。

（3）计算每立方米浆砌石所需人工和材料用量。

人工：$100.7\div100=1.007$（工日）。

块石：$113\div100=1.13$ m^3 码方。

水泥：$256\times35.3\ m^3\div100=90.37$（kg）。

砂：$1.10\times35.3\ m^3\div100=0.388$（$m^3$）。

水：$0.154\times35.3\ m^3\div100=0.054$（$m^3$）。

微课
台班消耗量计算

【例 3-2】 某河道堤防工程施工采用 1 m^3 挖掘机挖装（Ⅲ类土），10 t 自卸汽车运输，平均运距 3 km，74 kW 拖拉机碾压，土料压实设计干密度 16.66 kN/m^3，天然干密度 15.19 kN/m^3，堤防填筑工程量 50 万 m^3，每天三班作业（$A=4.93\%$）。

问题：试求（1）用 5 台拖拉机碾压，需用多少天完工？

(2) 按以上施工天数，分别需用多少台挖掘机和自卸汽车？

解：(1) 计算施工工期。

查《浙江省水利水电建筑工程预算定额》(2010 年)拖拉机压实一节，定额编号为 10684，压实 100 m^3 土方需要拖拉机 0.40 台班，则拖拉机生产率为

$$100 \div 0.40 = 250(m^3/台班压实方)$$

即：$250 \times 3 = 750[m^3/(台 \cdot 天压实方)]$。

5 台拖拉机每天的生产强度：$750 \times 5 = 3\ 750(m^3/天压实方)$。

需要施工时间：$50 \times 10^4 \div 3\ 750 \approx 133.33$(天)。

(2) 计算挖掘机和自卸汽车数量。

查《浙江省水利水电建筑工程预算定额》(2010 年)自卸汽车运输一节，定额编号为 10 474，1 m^3 挖掘机挖装(Ⅲ类土)，10 t 自卸汽车运 100 m^3 自然方土需挖掘机和自卸汽车的台班数量分别为 0.20 台班和 1.96 台班。

1 m^3 挖掘机生产率：$100 \div 0.2 = 500(m^3/台班自然方)$。

10 t 自卸汽车生产率：$100 \div 1.96 = 51.02(m^3/台班自然方)$。

挖运施工强度：$(50 \times 10^4) \div (133 \times 3) \times 16.66 \div 15.19 \times (1+4.93\%) = 1\ 442.16(m^3/台班自然方)$。

挖掘机数量：$1\ 442.16 \div 500 \approx 3$(台)。

自卸汽车数量：$1\ 442.16 \div 51.02 \approx 29$(台)。

思考与计算题

一、思考题

1. 施工定额和预算定额分别以何水平来编制？为什么？
2. 施工定额、预算定额、概算定额的区别与联系？
3. 怎样正确使用定额？

二、计算题

1. 某浆砌石拱圈工程，设计砂浆强度等级为 M_{15}，砌石等材料已运至工地就近堆放，求每立方米浆砌石所需人工、材料预算耗用量。

2. 某心墙土石坝工程，坝壳采用砂砾料填筑，Ⅳ类土。要求日上坝强度 6 000 m^3，3 班作业，采用 2 m^3 挖掘机挖装土 15 t 自卸汽车运输上坝，运距 2 km，挖运填筑施工综合系数为 2.2%，压实干密度 19.6 kN/m^3，天然干密度 18.62 kN/m^3，求需用挖掘机与自卸汽车数量(不包括备用量)。

项目四

水利水电工程基础单价

学习要求

了解人工预算单价的组成，掌握其他基础单价的组成及计算。掌握各类基础单价的编制。

学习目标

1. 了解人工预算单价的组成。
2. 掌握材料预算价格的计算。
3. 掌握风、水、电价格的计算。
4. 掌握施工机械台班费的计算。
5. 掌握砂石料单价的计算。

技能目标

能根据工程资料，分析主要材料限价并进行各类基础单价的计算。

水利工程造价基础单价包括人工预算单价，材料预算价格，施工用电、风、水价格，施工机械台班费，砂石料单价，混凝土和砂浆半成品价格预算单价。

人工、材料和施工机械使用费构成建筑安装工程费的主体，在水利水电工程总投资中占有很大的比重，所以合理确定基础单价对预测工程造价、选择合理的设计方案、控制工程投资有重要的意义。

任务一　人工预算单价

人工预算单价是指在编制概算过程中，用于计算生产工人人工费用所采用的人工费标准。

人工预算单价的组成内容和标准，在不同的时期、不同的部门、不同的地区，都是不相同的。因此，人工预算单价的计算应根据工程性质和隶属关系，采用相应主管部门的规定进行。

根据《浙江省水利水电工程设计概（预）算编制规定》（2018 年），浙江省不分工程类别和工资等级，采用统一人工预算单价。

一、人工预算单价组成

（一）基本工资

基本工资由岗位工资和生产工人年应工作天数以内非作业天工资组成。

（1）岗位工资。岗位工资指按照职工所在岗位各项劳动要素测评结果确定的工资。

（2）生产工人年应工作天数以内非作业天工资。生产工人年应工作天数以内非作业天工资包括生产工人开会学习、培训期间的工资，调动工作、探亲、休假期间的工资，因气候影响的停工工资，女工哺乳期间的工资，病假在六个月以内的工资及产、婚、丧假期的工资。

$$\text{年应工作天数以内非作业天工资系数}=\frac{\text{年应工作天数以内年非作业天数(17 天)}}{\text{年应工作天数(250 天)}}\approx 0.068$$

$$\text{基本工资(元/工日)}=\frac{\text{基本工资标准(元/月)}\times 12\text{ 月}}{\text{年应工作天数}\times 1.068}$$

（二）辅助工资

辅助工资指在基本工资之外，以其他形式支付给生产工人的工资性收入，包括根据国家有关规定属于工资性质的各种津贴，主要包括艰苦边远地区津贴、施工津贴、夜餐津贴、节假日加班津贴等。

$$\text{辅助工资(元/工日)}=\frac{\text{各种津贴标准(元/月)}\times 12\text{ 月}}{\text{年应工作天数}\times 1.068}$$

（三）职工福利费

职工福利费指按照国家规定标准计算的职工福利费。

$$\text{职工福利费(元/工日)}=[\text{基本工资(元/工日)}+\text{辅助工资(元/工日)}]\times\text{费率标准(\%)}$$

（四）工会经费

工会经费指按照国家规定标准计算的工会经费。

$$\text{工会经费(元/工日)}=[\text{基本工资(元/工日)}+\text{辅助工资(元/工日)}]\times\text{费率标准(\%)}$$

二、人工预算单价取值

根据浙江省工资标准和年应工作天数（250 天），项目取费类别为一、二类工程的人工预算单价，一般为 72.6 元/工日（含机上人工），项目取费类别为三类工程的人工预算单价，一般为 69.6 元/工日（含机上人工）。人工预算单价限价为 48.76 元/工日，超过限价部分作为人工预算价差，计取税金后列入相应单价内。

任务二　材料预算价格

材料是指用于建筑安装工程中，直接消耗在工程上的消耗性材料、构成工程实体的装置性材料和施工中重复使用的周转性材料。材料费是建筑安装工程投资的重要组成部分，所占比重一般在30%以上。因此，正确计算材料预算价格对于准确地确定工程投资具有重要意义。

材料预算价格是指材料自购买地运至工地分仓库（或相当于工地分仓库的材料堆放场地）的出库价格。材料从工地分仓库至施工现场用料点的场内运杂费已计入定额内。材料预算价格计算示意图如图4-1所示。材料预算单价不含增值税进项税额。

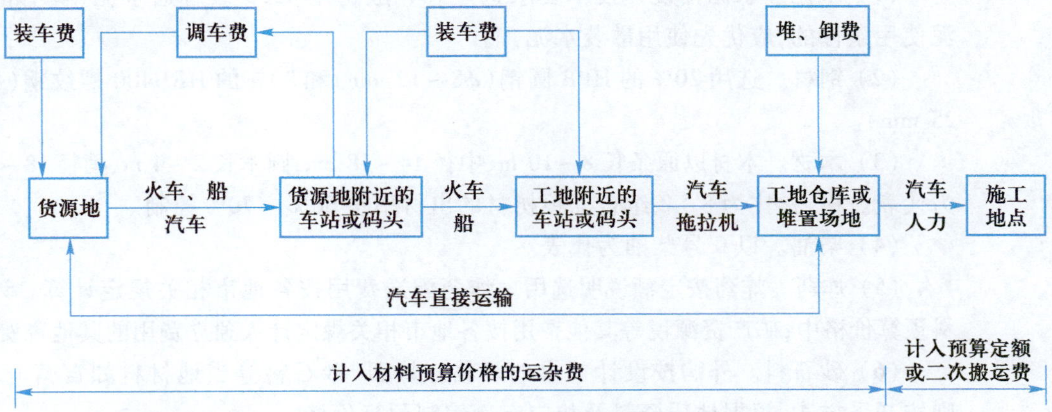

图4-1　材料预算价格计算示意图

一、材料分类

（1）按其对工程投资的影响程度，可分为主要材料和其他材料。

① 主要材料。主要材料指在施工中用量大或用量虽小但价值很高，对工程造价影响较大的材料。这类材料的价格应按品种进行详细计算。

水利水电工程常用的主要材料通常指水泥、钢材、木材、柴油、炸药、砂石料等六项，但可根据工程具体情况进行增减。例如：大体积混凝土掺用粉煤灰，或大量采用沥青混凝土防渗的工程，可将粉煤灰、沥青视为主要材料；而对石方开挖量很小的工程，则炸药可不作为主要材料。

② 其他材料。其他材料又称次要材料，指施工中用量少，对工程造价影响较小的除主要材料外的其他材料。这部分材料价格不需要逐一计算。

（2）按采购方式划分，可分为外购材料和自产材料。

（3）按材料性质划分，可分为消耗性材料（如水泥、炸药、电焊条、油料等）、周转性材料（如模板、支撑件等）和装置性材料（如管道、轨道、电缆等）。

二、主要材料预算价格的组成及计算

主要材料预算价格一般包括材料原价、包装费、运杂费、运输保险费、材料采购及

保管费五项。其计算公式为

材料预算价格=(材料原价+包装费+运杂费)×(1+采购及保管费率) +运输保险费

(一) 材料原价

材料原价指材料在供应地点的交货价格，是计算材料预算价格的基值。在市场经济条件下，材料的采购，均通过公开招标确定供货厂家。由于初设时，采购招标尚未进行，因此材料原价按当时当地市场调查价计算。

编制概(预)算时，对影响工程投资较大的主要外购材料(如水泥、钢材、木材、柴油、炸药、砂石料等)需要进行预算单价编制。其材料原价按工程所在地区就近大的物资供应公司、材料交易中心的市场成交价或设计选定的生产厂家的出厂价计算。其代表品种或规格如下。

(1) 水泥。水泥按设计技术要求选定。一般选用42.5级普通水泥(具有散装水泥使用条件的，应优先使用散装水泥)。

(2) 钢材。选用20%的HPB圆钢(ϕ8~12 mm)和80%的HRB400螺纹钢(Φ14~25 mm)。

(3) 木材。木材以原条长8~10 m、中径14~18 cm;圆木长2~4 m、梢径18~28 cm为代表。松、杉比为8∶2组合。板枋材的出材率按60%~70%控制。

(4) 柴油。以0号柴油为代表。

(5) 炸药。炸药按定额说明选用。炸药配送费用按各地市相关规定计算。计入材料预算价格中;矿产资源税等其他费用按各地市相关规定计入独立费用的其他税费中。

(6) 砂石料。外购按设计要求的规格。块石、砂石料等当地材料如自营开采的，则按开采方式，根据地质资料及相应定额编制预算价格。

(二) 包装费

包装费指为便于材料的运输或为保护材料而进行包装所需的费用，其费用按照包装材料的品种、价格、包装费用和正常的折旧摊销计算。一般材料的包装费均已包括在材料原价内，不再单独计算。

(三) 运杂费

运杂费指材料从指定交货地点至工地分仓库或相当于工地分仓库的材料堆放场地所发生的各种运载工具的运输费、调车费、装卸费和其他杂费等全部费用。由工地分仓库至各施工点的运输费用，已包括在定额内，在材料预算价格中不予计算。

浙江省水利工程以中小型为主，其外购材料的原价基本上取用当时当地市场调查价。因此，材料运杂费仅指工程所在地附近城市运至工地所发生的运杂费，基本上以公路运输为主。在《浙江省水利水电工程设计概(预)算编制规定》(2018年)中对运价不做统一规定。根据运输方式，按当地交通运输部门的现行规定或市场价格计算。

运杂费计算中应注意的几个问题:

(1) 材料运输流程指材料由交货地点(即工程所在地区城市)至工地分仓库的运输方式和转运环节。在制订材料采购计划时，可根据工地实际情况选取合理的运输方案，以提高运输效益，节约成本，降低工程造价。编制材料预算价格时，最好先绘出运输流程示意图，以免计算运杂费时发生遗漏和重复。

(2) 运量比例。一个工程有两种以上的对外交通方式时，就需要确定在各种运输方式中所占的比例。

(3) 整车与零担比例。整车与零担比例是指火车运输中整车和零担货物的比例,又称“整零比”。其比例主要视工程规模大小而定。工程规模大,批量就大,整车比例就高。

(4) 装载系数。在实际运输过程中,由于材料批量原因,可能装不满一整车而不能满载;或虽已满载,但因材料容重小,其运输重量不能达到标记吨位;或为保证行车安全,对炸药类危险品也不允许满载。这样,就存在实际运输重量与运输车辆标记载质量不同的问题,而交通运输部门是按标记载质量收取费用的(整车运输)。

$$装载系数=\frac{实际运输重量}{运输车辆标记载质量}$$

装载系数应根据运输方式确定。考虑装载系数后的实际运价计算为

$$实际运价=\frac{规定运价}{装载系数}$$

(5) 毛重系数。材料毛重指包括包装品重量的材料运输重量。单位毛重则指单位材料的运输重量。

运输部门不是以物资的实际重量计算运费,而是按毛重计算运费,故材料运输费中还要考虑材料的毛重系数。

$$毛重系数=\frac{毛重}{净重}=\frac{物资实际重量+包装品重量}{物资实际重量}$$

$$单位毛重=材料单位重量\times毛重系数$$

建筑材料中,水泥、钢材、汽油、柴油的单位毛重量与材料单位重量基本一致;木材的单位重量与材质有关,一般为 0.6 ~ 0.8 t/m^3,毛重系数为 1.0;炸药毛重系数为 1.17;汽油、柴油采用自备油桶运输时,其毛重系数,汽油为 1.15,柴油为 1.14。

但由于目前浙江省市场运价中,运输部门在进行运价报价时均已包含了上述各类因素,其运价已经是一个综合性的价格。因此,在编制材料预算价格的运输费时,均不需要另行考虑以上因素。

(四) 材料采购及保管费

材料采购及保管费指在材料采购、供应和保管过程中所发生的各项费用。其主要内容包括以下几点。

(1) 材料的采购、供应及保管部门工作人员的工资、办公费、差旅交通费及工具用具使用费等各项费用。

(2) 仓库、转运站等设施的检修费、固定资产折旧费、技术安全措施费,以及材料的检验、试验费等。

(3) 材料在运输、保管过程中发生的损耗。

其计算公式为

$$材料采购及保管费=(材料原价+包装费+运杂费)\times采购及保管费费率$$

采购及保管费费率按规定计算。浙江省现行标准为 3.0%(其中工地仓库保管费费率为 1.5%)。

外购砂石料由于用量较大,且为当地就近采购,因此浙江省一般不计采购及保管费,但可以另行计取运输、保管过程中发生的损耗。

（五）运输保险费

运输保险费是指在材料运输途中的保险费。按工程所在地或中国人民保险公司的有关规定计算。其计算公式为

材料运输费=材料原价×材料运输保险费费率

三、其他材料预算价格计算

其他材料预算价格一般不做具体计算，可以参照工程所在地区就近市、县政府有关部门颁发的建设工程造价信息中的价格。信息价格中没有的材料，可参照同地区水利水电工程实际价格确定。

四、取费基价及预算价限价

为了避免材料市场价格起伏变化，造成间接费、利润相应的变化，浙江省对进入工程直接费的主要材料规定了统一的预算价格（即预算价限价），按此价格进入工程单价计取有关费用（措施费、间接费、利润）。这种预算价格由主管部门发布，在一定时间内固定不变，称为取费基价。

为了避免因按市场价偏高的材料预算价格影响造价预测的合理性，《浙江省水利水电工程设计概（预）算编制规定》（2018 年）规定：进入工程直接费的主要材料（水泥、钢材、柴油、炸药、外购砂石料等）预算价限价按表 4-1 计算（计算电、风、水、自营开采砂石料等基础价格时除外）。外购砂石料 1 指混凝土骨料（砂、碎石或卵石）、砌筑块（片）石；外购砂石料 2 指用作垫层或回填料的砂、碎（卵）石、塘渣、石渣、毛块石、抛石等。外购由专业厂家制作的成品构件限价按预算价格的 25% 计算。超过限价部分作为材料预算价差，计取税金后列入相应单价内。实际材料预算价格低于限价的按实价计算。

表 4-1 主要材料预算限价

序号	材料名称	单位	限价/元
1	水泥	t	300
2	钢材	t	3 000
3	柴油	t	3 000
4	炸药	t	6 000
5	外购砂石料 1	m^3	60
6	外购砂石料 2	m^3	30
7	外购条石	m^3	300
8	商品混凝土	m^3	150
9	外购沥青混凝土	m^3	450

微课
水泥预算（1）

五、材料预算价格计算示例

【例 4-1】 某水利工地使用强度等级为 42.5 的普通散装水泥，由浙江省境内甲厂和乙厂供应。

已知：水泥交货价均为 350 元/t，供货比例为甲厂：乙厂=60：40，厂家运至工地水泥贮料罐的运杂费（含上罐费）分别为甲厂 110 元/t、乙厂 150 元/t，水泥运输保险费

的计算是按当地有关规定取材料原价的0.2%。

问题:计算该种水泥的预算价格。

解:甲厂水泥预算价格:(350+110)×(1+3%)+350×0.2%=474.50(元/t)。

乙厂水泥预算价格:(350+150)×(1+3%)+350×0.2%=515.70(元/t)。

水泥综合预算价格:474.50×60%+515.70×40%=490.98(元/t)。

【例4-2】 某水泥厂供应水泥,袋装30%,散装70%。水泥运输流程如图4-2所示。

微课
水泥预算(2)

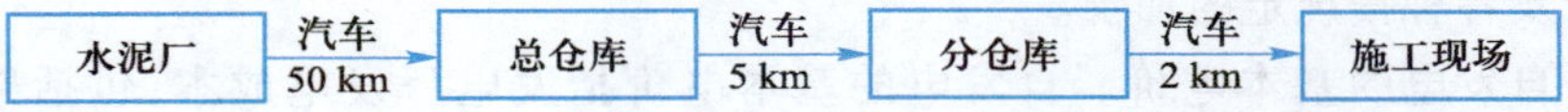

图4-2　水泥运输示意图

(1) 水泥出厂价:袋装330元/t,散装300元/t。交货方式为车上交货(厂家交货价格含装车费)。

(2) 袋装水泥汽车运价0.55元/(t·km),散装水泥在袋装水泥运价基础上上浮20%。袋装水泥装车费为6.00元/t,卸车费5.00元/t。散装水泥装车费为5.00元/t,卸车费4.00元/t。

(3) 运输保险费费率为1‰。

问题:计算水泥预算价格。

解题思路:本题考查学生对袋装、散装水泥的分权计算及车上交货概念的理解。

解:具体计算如下。

(1) 水泥综合原价:330×30%+300×70%=309(元/t)。

(2) 运杂费:[0.55×(50+5)+5+6+5]×30%+[0.55×(1+20%)×(50+5)+4+5+4]×70%=48.39(元/t)。

(3) 运输保险费:309×1‰=0.31(元/t)。

(4) 采购及保管费:(309+48.39)×3%=10.72(元/t)。

(5) 水泥预算价格=原价+运杂费+采购及保管费+运输保险费=309+48.39+10.72+0.31=368.42(元/t)。

任务三　施工用电、风、水预算价格

电、风、水在水利水电工程施工中耗用量大,其价格将直接影响到施工机械台班费的高低。因此,编制电、风、水预算价格时,应根据施工组织设计确定的电、风、水的供应方式、布置形式、设备配置情况等资料分别计算。

一、施工用电价格

水利水电工程施工用电,一般有两种供电方式:由国家或地区电网及其他电厂供电的外购电和由施工企业自建发电厂供电的自发电。

施工用电的分类,按用途可分为生产用电和生活用电两部分。生产用电是直接计入工程成本的生产用电,包括施工机械用电、施工照明用电和其他生产用电。生活用电是指生活文化福利建筑的室内、外照明和其他生活用电。概算中的电价计算范围仅指生产用电。生活用电不直接用于生产，应在间接费内开支或由职工负担，不在施工用电电价计算范围内。

（一）电价的组成

施工用电价格由基本电价、电能损耗摊销费和供电设施维修摊销费组成。

1. 基本电价

（1）外购电的基本电价。外购电的基本电价指按规定所需支付的供电价格，包括电网电价及各种按规定的加价。

（2）自发电的基本电价。自发电的基本电价指发电厂发电成本，包括柴油发电厂、燃煤发电厂和水力发电厂等。

2. 电能损耗摊销费

（1）外购电的电能损耗摊销费。外购电的电能损耗摊销费指从施工企业与供电部门的产权分界处起到现场各施工点最后一级降压变压器低压侧止，所有变配电设备和输配电线路上所发生的电能损耗摊销费，包括由高压电网到施工主变压器高压侧之间的高压输电线路损耗和由主变压器高压侧至现场各施工点最后一级降压变压器低压侧之间的变配电设备及输配电线路损耗两部分。

从最后一级降压变压器低压侧至施工用电点的施工设备和低压配电线路损耗，已包括在各用电施工设备、工器具的台班耗电定额内，电价中不再考虑。

（2）自发电的电能损耗摊销费。自发电的电能损耗摊销费指施工企业自建发电厂的出线侧至现场各施工点最后一级降压变压器低压侧止，所有变配电设备和输配电线路上发生的电能损耗费用。

3. 供电设施维修摊销费

供电设施维修摊销费指摊入电价的变配电设备的基本折旧费、修理费、安装拆卸费、设备及输配电线路的运行维修费。

各等级电压变配电线路电能损耗计算示意图见图 4-3。

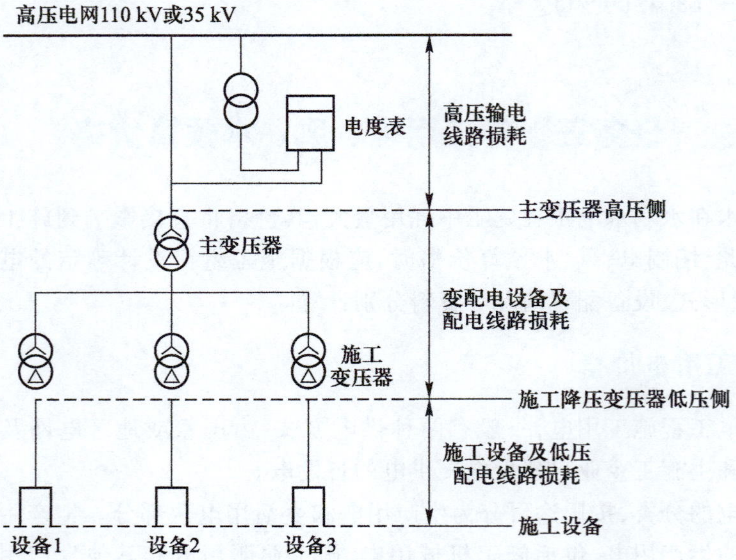

图 4-3 电压变配电线路电能损耗计算示意图

（二）电价计算

（1）外购电电价。外购电的电价计算公式：

$$外购电价=\frac{基本电价}{(1-高压输变电线路损耗率)(1-场内输变电损耗率)}+场内输变电维护摊销费 \quad (4-1)$$

式中：外购电价，电网供应电价，元/(kW·h)；

基本电价，按国家及各省、市、自治区物价主管部门规定的电价确定，元/(kW·h)；

高压输变电线路损耗率，取3%～5%；

场内输变电损耗率，取4%～7%（线路短、用电负荷集中的取小值，反之取大值）；

场内输变电维护摊销费，取0.03～0.05元/(kW·h)。

在预算阶段，应根据实际工程中用电计量的位置来确定是否计算高压输变电线路损耗和场内输变电损耗。如用电计量在施工主变压器高压侧，则对施工企业而言，不存在高压输变电线路损耗。如用电计量在最后一级降压变压器低压侧，则对施工企业而言，不存在高压输变电线路损耗和场内输变电损耗。

为供电所架设的线路，建造的发电厂房、变电站等费用，按现行规定列入临时工程相应项目内，不能直接摊入电价成本。

（2）自备柴油发电厂电价。自备柴油发电厂电价的计算，根据冷却水的供水和循环方式可分别采用下述公式计算。

① 专用水泵供给冷却水。

$$电价=\frac{柴油发电机组班总费用+水泵组班总费用}{柴油发电机额定容量之和\times 8\ h\times K\times(1-厂用电率)}\div(1-场内输变电损耗率)+场内输变电维护摊销率 \quad (4-2)$$

② 采用循环冷却水。

$$电价=\frac{柴油发电机组班总费用}{柴油发电机额定容量之和\times 8\ h\times K\times(1-厂用电率)}\div(1-场内输变电损耗率)+循环冷却水费+场内输变电维护摊销费 \quad (4-3)$$

式中：K——能量利用系数，取0.8～0.85；

厂用电率，取3%～5%；

场内输变电损耗率，取4%～7%；

场内输变电维护摊销费，取0.03～0.05元/(kW·h)；

循环冷却水费，取0.05元/(kW·h)。

这里需要注意的是，一般柴油发电只做备用，占供电比例甚小。按上述方法计算，往往远远不敷设备折旧和运行值班人员开支，采用年柴油发电成本（不包括厂房、线路等费用）的方法可能更为合理。

（3）综合电价。外购电与自发电的电量比例按施工组织设计确定。采用两种或两种以上供电方式供电时，综合电价根据供电比例加权平均计算。

（4）经验公式。仅在方案比较阶段使用。

$$电价=\frac{0.35\ kg/(kW\cdot h)\times 柴油单价}{(1-场内输变电损耗率)}+0.35\ 元/(kW\cdot h) \quad (4-4)$$

式中:0.35——单位油耗量,kg/(kW·h);

0.35——不变费用(包括机械台班中第一类费用及机上人工工资),元/(kW·h)。

(三)施工电价的计算示例

【例 4-3】 某三类水利水电工程施工用电,95%采用电网供电,5%采用自备柴油发电机供电。

问题:试根据下列数据计算其综合施工电价。

微课 施工电价计算

已知:电网基本电价 0.65 元/(kW·h);高压变电损耗率 3%;厂用电率 3%;场内输变电损耗率 5%;160 kW 固定式柴油发电机一台(发电工作时间占 80%),台班费为 1 566.5 元/台班;40 kW 移动式柴油发电机一台(发电工作时间占 20%),台班费为 609.41 元/台班;场内输变电维护摊销费 0.03 元/度;发电机冷却水费 0.05 元/度;能量利用系数 0.8;增值税税率 13%。

解:(1)外购电电价 A_1。

$$外购电价=\frac{基本电价}{(1-高压输变电线路损耗率)(1-场内输变电损耗率)}+场内输变电维护摊销费$$

$$A_1=\frac{0.65\div1.13}{(1-3\%)(1-5\%)}+0.03=0.65(元/度)$$

(2)自发电电价 A_2。

$$电价=\frac{柴油发电机组班总费用}{柴油发电机额定容量之和\times8\ \mathrm{h}\times K\times(1-厂用电率)}\div(1-场内输变电损耗率)+循环冷却水费+场内输变电维护摊销费$$

$$A_2=\frac{1566.50\times0.8+609.41\times0.2}{(160\times0.8+40\times0.2)\times8\times0.8\times(1-3\%)}\div(1-5\%)+0.05+0.03=1.79(元/度)$$

(3)综合单价 A。

$$A=0.65\times95\%+1.79\times5\%=0.71(元/度)$$

二、施工用水

水利水电基本建设工程的施工用水包括生产用水和生活用水两部分。生产用水指直接进入工程成本的施工用水,包括施工机械用水、砂石料筛洗用水、混凝土拌制养护用水、钻孔灌浆生产用水等。生活用水主要指用于职工、家属的饮用和洗涤的用水。概算中施工用水的水价,仅指生产用水的水价。生活用水应由间接费用开支和职工自行负担,不属于水价计算范畴。例如,生产、生活用水采用同一系统供水,凡为生活用水而增加的费用(如净化药品费等),均不应摊入生产用水的单价内。生产用水如需分别设置几个供水系统,则可按各系统供水量的比例加权平均计算综合水价。

(一)水价的组成

施工用水价格由基本水价、供水损耗摊销费和供水设施维修摊销费组成。

(1)基本水价。基本水价是根据施工组织设计确定的高峰用水量所配备的供水系统设备,按台班产量分析计算的单位水量的价格。该价格是构成水价的基本组成部分,其高低与生产用水的工艺要求及施工布置有关,如扬程高、水质需做沉淀处理等时，水价就高；反之就低。

（2）供水损耗摊销费。损耗是指施工用水在储存、输送、处理过程中的水量损失。在计算水价时，损耗通常以损耗率的形式表示：

$$损耗率(\%)=\frac{损失水量}{水泵总流量}\times100\%$$

贮水池、供水管路的施工质量，以及运行中维修管理的好坏，对损耗率的大小影响较大。供水范围大、扬程高，采用二级以上泵站供水系统的取大值，反之取小值。

（3）供水设施维修摊销费。供水设施维修摊销费是指摊入水价的水池、供水管路等供水设施的维护修理费用。一般情况下，该项费用难以准确计算，可按经验指标摊入水价。

（二）水价计算

（1）施工用水价格，根据施工组织设计所配置的供水系统设备组班总费用和组班总有效供水量计算。计算公式：

$$水价=\frac{水泵组班总费用}{水泵额定容量之和\times8\ \text{h}\times K\times(1-损耗率)}+供水设施维修摊销费+水质净化处理摊销费 \tag{4-5}$$

式中：K——能量利用系数，取 0.75～0.85；

损耗率，取 10%～15%；

供水设施维修摊销费，取 0.03～0.05 元/m^3；

水质净化处理摊销费，可忽略不计。

（2）在投资估算和方案比较阶段，可采用简化法计算水价。计算公式为

$$水价=(电价\times0.70+0.05)\times1.10+0.05 \tag{4-6}$$

式中：0.70——单位耗电量，kW·h/m^3；

1.10——管路损耗系数；

0.05——管路维护费，元/m^3；

0.05——不变费用（包括机械台班中一类费用及机上人工工资），元/m^3。

（三）水价计算注意问题

（1）水泵台班总出水量计算，应根据施工组织设计选定的水泵型号、系统的实际扬程和水泵性能曲线确定。

（2）在计算台班总出水量和台班总费用时，如计入备用水泵的出水量，则台班总费用中应包括备用水泵的台班费。如备用水泵的出水量不计，则台班费也不包括。

（3）供水系统为一级供水，台班总出水量按全部工作水泵的总出水量计算。

如供水系统为多级供水，则按以下情况分别处理。

① 当全部水量通过最后一级水泵出水，台班总出水量按最后一级工作水泵的出水量计算，但台班总费用应包括所有各级工作水泵的台班费。

② 有部分水量不通过最后一级，而由其他各级分别供水时，其台班总出水量为各级出水量的总和。

③ 当最后一级是供生活用水时，则台班总出水量包括最后一级，但该级台班费不应计算在台班总费用内。

微课
施工水价计算

(四) 水价的计算示例

【例 4-4】 某工程选用的水泵为 $Q=45\ \mathrm{m^3/h}$，$P=17\ \mathrm{kW}$(单级离心水泵)。

问题：试计算施工用水的水价。

已知：水泵的台班费为 153.88 元/台班，能量利用系数取 0.75，供水设施维修摊销费取 0.03，损耗率取 10%。

解：
$$\text{水价}=\frac{\text{水泵组班总费用}}{\text{水泵额定容量之和}\times 8\ \mathrm{h}\times K\times(1-\text{损耗率})}+\text{供水设施维修摊销费}+\text{水质净化处理摊销费}$$

$$\text{水价}=153.88\div[45\times 8\times 0.75\times(1-10\%)]+0.03=0.66(\text{元}/\mathrm{m^3})$$

三、施工用风

水利水电工程施工用风主要用于石方、混凝土、金属结构和机电设备安装等工程风动机械所需的压缩空气。

压缩空气可由固定式空压机或移动式空压机供给。前者供风量大，可靠性高，成本较低，易适应负荷变化。后者机动灵活、管路短、损耗少，临时设施简单。为保证风压，减少管路损耗，顾及施工初期及零星工程用风需要，一般工程过去多采用分区布置供风系统，以由多台固定式压风机组成的压风厂为主，并辅以适量的移动式压风机，这时，风价应按各系统供风量的比例加权平均计算。

采用移动空气压缩机供风时，宜与用风的施工机械配套，以空压机台班数乘以台班费直接进入工程单价，不再计算其风价。

(一) 风价的组成

施工用风价格由基本风价、供风损耗摊销费和供风管道维修摊销费组成。

(1) 基本风价。基本风价是根据施工组织设计所配置的供风系统设备，按台班总费用除以台班总供风量计算的单位风量价格。

(2) 供风损耗摊销费。供风损耗摊销费是指由压气站至用风工作面的固定供风管道，在输送压气过程中所发生的风量损耗摊销费用。其大小与管路敷设质量好坏、管道长短有关。损耗率可按总用风量的 10% ~15% 计算，供风管路短的取小值，长的取大值。

风动机械本身的用风及移动的供风管道损耗已包括在该机械的台班耗风定额内，不在风价中计算。

(3) 供风管道维修摊销费。供风管道维修摊销费指摊入风价的供风管道维护修理费用。因该项费用数值甚微，初步设计阶段常不进行具体计算，而采用经验指标值。浙江省取 0.003 ~0.005 元/$\mathrm{m^3}$。

(二) 风价计算

施工用风价格，根据冷却水的不同供水方式计算。

(1) 采用水泵供水。

$$\text{风价}(\text{元}/\mathrm{m^3})=\frac{\text{空压机组班总费用}+\text{水泵组班总费用}}{\text{空压机额定容量之和}\times 8\ \mathrm{h}\times 60\ \mathrm{min}\times K\times(1-\text{供风损耗率})}+\text{供风管道维修摊销费}\quad(4-7)$$

(2) 采用循环冷却水。

$$风价(元/m^3)=\frac{空压机台班总费用}{空压机额定容量之和\times 8\ h\times 60\ min\times K\times(1-供风损耗率)}+循环冷却水费+供风管道维修摊销费 \quad (4-8)$$

式中：K——能量利用系数，取0.70～0.85；

供风损耗率，取10%～15%；

供风管道维修摊销费，取0.003～0.005元/m³；

循环冷却水费，取0.007元/m³。

(3) 在投资估算和方案比较阶段，也可采用简化计算，其计算公式为

$$风价=(电价\times 0.12+0.02)\times 1.15+0.005 \quad (4-9)$$

式中：0.12——单位耗电量，kW·h/m³；

0.02——不变费用（包括机械台班中第一类费用及机上人工工资），元/m³；

1.15——管路损耗系数；

0.005——维修摊销费，元/m³。

（三）风价的计算示例

微课

施工风价计算

【例4-5】　某工程选用的电动空压机的型号为20 m³/min。

问题：试计算施工用风的风价。

已知：水泵的台班费为825.06元/台班，能量利用系数取0.70，供风管道维修摊销费取0.003元/m³，损耗率取10%，循环冷却水费取0.007元/m³。

解：
$$风价=\frac{空压机台班总费用}{空压机额定容量之和\times 8\ h\times 60\ min\times K\times(1-供风损耗率)}+循环冷却水费+供风管道维修摊销费$$

$$风价=825.06\div[20\times 8\times 60\times 0.7\times(1-10\%)]+0.007+0.003=0.15(元/m^3)$$

任务四　施工机械台班费

机械化施工是水利水电工程建设发展的必然趋势，是保证工程质量、缩短建设工期、提高投资效益的重要手段。近年来，浙江省水利工程施工机械化程度正在日益提高，施工机械使用费在建筑安装费中所占比重不断上升。因此，正确计算施工机械台班费对合理确定水利工程造价十分重要。

施工机械台班费是指一台施工机械在一个作业班时间内（称为一个“台班”），为使机械正常运转所支出和分摊的各项费用之和。台班费是计算建筑安装工程单价中机械使用费的基础单价。

一、施工机械台班费的组成

现行水利水电工程施工机械台班费由一类费用和二类费用组成。

（一）一类费用

一类费用是由基本折旧费、大修理费、经常性修理费和安装拆卸费等费用组成。

施工机械台班费定额中,一类费用按定额编制年的物价水平以金额形式表示,编制台班费时应按主管部门发布的调整系数进行调整。现行浙江省水利水电工程规定,一类费用中,除安装拆卸费外,其他三项费用应除以 1.1 系数。

其中:

(1) 基本折旧费。基本折旧费指机械在规定使用期内回收原值的台班折旧摊销费用。

(2) 大修理费。大修理费指机械使用过程中,为了使机械保持正常功能而进行大修理所需的摊销费用。

(3) 经常性修理费。经常性修理费指机械维持正常运转所需的经常性修理、日常保养所需的润滑材料、保管机械、设备用品及随机使用的工具附具等摊销所需费用。

(4) 安装拆卸费。安装拆卸费指施工机械进出入施工现场的安装、拆卸、试运转、场内转移及辅助设施的摊销费(大型机械单列)。

部分大型机械(如 3 m^3 以上挖掘机、混凝土拌和楼、缆索起重机、门座式起重机以及大型河道疏浚机械等)(台班定额中带 * 号)的安拆费不在台班费中计列,按现行《浙江省水利水电工程设计概(预)算编制规定》(2010 年)已包括在其他临时工程项内。

(二) 二类费用

二类费用是指施工机械正常运转时机上人工及动力、燃料消耗费。在施工机械台班费定额中,以台班实物消耗量指标表示。编制台班费时,其数量指标一般不允许调整。

本项费用取决于每班机械的使用情况,只有在机械运行时才发生。

(1) 机上人工费。机上人工费指机械运转时应配备的机上操作人员。

(2) 动力和燃料费。动力和燃料费指保持机械正常运转时所消耗的固体、液体燃料和风、水、电等。

微课
台班费用计算

二、施工机械台班费的计算

机械台班费=一类费用+二类费用

一类费用=(基本折旧费+大修理费+经常性修理费)÷1.1+安装拆卸费 (4-10)

二类费用=∑(机上人工及动力燃料消耗量)×相应单价

式中,相应单价为工程所在地编制年的人工预算单价和材料预算价格,以上价格均为限价,并应为不含增值税价格。

【例 4-6】 试计算某一类水利水电工程施工中,1 m^3 液压挖掘机机械台班费。

已知:该工程人工预算单价为 72.6 元/工日,限价为 48.76 元/工日;柴油预算单价为 8 元/kg(含增值税,税率 13%),柴油限价为 3 元/kg。

解:查《浙江省水利水电工程施工机械台班费定额》(2010 年),1 m^3 液压单斗挖掘机机械台班编号为 1010,得:

一类费用=(204.45+102.23+153.34)÷1.1+13.08=431.28(元/台班)

二类费用=2×48.76+69×3=304.52(元/台班)

台班费用=431.28+304.52=735.80(元/台班)

另外，在计算工程单价时，应按《浙江省水利水电工程设计概(预)算编制规定》(2018 年)限价规定，计算台班补差单价。

$$台班补差单价 = 2\times(72.6-48.76)+69\times(8\div1.13-3) = 329.18(元/台班)$$

三、补充施工机械台班费的编制

当施工组织设计选取的施工机械在台班费定额中缺项，或规格、型号不符时，必须编制施工机械台班费，其水平要与同类机械相当。编制时一般依据该机械价格、年折旧率、年工作台班、额定功率以及额定动力或燃料消耗量等参数，按施工机械台班费定额的编制方法进行编制。

(一) 一类费用

1. 基本折旧费

$$台班基本折旧费 = \frac{机械预算价格\times(1-残值率)}{机械寿命台班}$$

(1) 机械预算价格。①进口施工机械预算价格，包括到岸价、关税、增值税(或产品税)调节税、进出口公司手续费和银行手续费、国内运杂费等项费用，按国家现行有关规定和实际调查资料计算。②国内机械预算价格 = 设备出厂价 + 运杂费(其中运杂费一般按设备出厂价的 5% 计算)。③公路运输机械，如汽车、拖车、公路自行机械等，按国务院发布的《车辆购置附加费征收办法》规定，需增加车辆购置附加费。

(2) 残值率。残值率是指机械达到使用寿命需要报废时的残值，扣除清理费后占机械预算价格的百分率。一般可取 2% ~5%。

(3) 机械寿命台班。寿命台班又称耐用总台班，是指机械按使用台班数计算的服务寿命。其值根据不同机械的性能确定。

$$寿命台班 = 使用年限\times年工作台班 \tag{4-11}$$

式中：使用年限——某种机械从使用到报废的平均工作年数；

年工作台班——某种机械在使用期内平均全年运行的台班数。

2. 修理费及安装拆卸费

修理费及安装拆卸费根据选用的设备容量、吨位、动力等，是否在台班费定额范围内，分别按以下方法计算。

(1) 选用设备的容量、吨位、动力等，在定额范围内，按定额相应设备种类中的各项费用占基本折旧费的比例计算。

(2) 选用设备的容量、吨位、动力等，大于台班费定额的，按定额相应设备种类机械，计算出各项费用占基本折旧费的比例后，再乘以 0.8 ~0.95 系数。设备容量、吨位或动力接近定额的取大值，反之取小值。

(二) 二类费用

1. 机上人工费

$$台班机上人工费 = 机上人工工日数\times人工预算单价$$

式中，机上人指直接操纵施工机械的司机、司炉及其他操作人员。机械人工工日数按机械性能、操作需要和三班制作业等特点确定。一般配备原则如下。

(1) 一般中小型机械，原则上配 1 人。

(2) 大型机械，一般配 2 人。

(3) 特大型机械，根据实际需要配备。

(4) 一人可照看多台同时运行的机械(如水泵等)，每台配少于 1 人的人工。

(5) 为适应三班作业需要，部分机械可配备大于 1 人或小于 2 人的人工。

(6) 操作简单的机械，如风钻、振捣器等；以及本身无动力的机械，如羊足碾等，在建筑工程定额中计列操作工人，台班费定额中不列机上人员。

编制机械台班费定额时，可参照同类机械确定机上人工工日数。

2. 动力和燃料费

$$\text{台班电能}=\frac{\text{电动机额定功率}\times 8\ \text{h}\times\text{时间利用系数}\times\text{电机能量利用系数}}{\text{电机效率}\times\text{低压线路损耗系数}}$$

$$\text{台班油耗}=\text{额定耗油量}\times 8\ \text{h}\times\text{额定功率}\times\text{发动机综合利用系数}$$

任务五　砂石料单价

微课
自采砂石料组成

砂石料是水利水电工程中的主要建筑材料，包括砂、砾石、碎石、块石、条石等。由于其用量大且大多由施工单位自行采备，砂石料单价的高低对工程投资影响较大，因此必须单独编制其单价。

一、骨料单价

砂石料中的黄砂和砾(碎)石统称骨料，是基本建设工程中混凝土和堆砌石等建筑(构)筑物的主要建筑材料，它的单价计算比较复杂，本节将重点介绍。

在大中型水利水电工程建设中，骨料生产强度高，且使用集中，用量大，一般采用由施工单位自行开采的方式，并形成机械化联合作业的生产系统加工生产。

水利水电工程混凝土由于工作条件的原因，一般均有抗渗、抗冻等要求，因此应十分重视骨料质量。骨料的表观密度、坚固性、硫化物含量等指标，主要靠选用料源(料场)来满足，颗粒级配及杂质含量则靠加工工艺流程来解决。

水利水电工程骨料单价高低，对工程造价有较大影响，因此单价计算必须具有可靠的地勘、试验资料，根据料场规划、生产流程、合理地选用定额进行分析计算。

(一) 骨料分类

1. 骨料根据料源情况分类

(1) 天然骨料。天然骨料是指开采砂砾料，经筛分、冲洗、加工而成的砾石和砂，包括河砂、海砂、山砂、河卵石、海卵石等。

(2) 人工骨料。人工骨料是用爆破方法，开采岩石作为原料(块石、片石统称碎石原料)，经机械破碎、碾磨而成的碎石和机制砂(又称人工砂)。

2. 骨料根据粒径分类

(1) 砂。砂又称细骨料，粒径为 0.15 ~ 5 mm，天然砂是由岩石风化而形成的大小不等，由不同矿物散粒(石英、长石等)组成的混合物。人工砂是爆破岩石，经破碎、碾磨而形成，也可用砾石破碎，碾磨制砂。

(2) 砾石、碎石。砾石、碎石又称粗骨料，粒径大于 5 mm，砾石由天然砂石料中筛取，碎石用开采岩石或大砾石经人工或机械加工而成。

粗骨料级配是指将各级粗骨料颗粒，按适当比例配合，使骨料的空隙率及总面积都较小，以减少水泥用量，达到要求的和易性。混凝土粗骨料级配分为 4 级，见表 4-2。

表 4-2　混凝土粗骨料级配　mm

级配	最大粒径	粒径组成			
一级配	20	5～20			
二级配	40	5～20	20～40		
三级配	80	5～20	20～40	40～80	
四级配	150(120)	5～20	20～40	40～80	80～150

上述骨料级配为连续级配，在工程中为充分利用料源也可采用间断级配，采用间断级配必须要进行充分试验论证。

一般天然骨料级配达到下列比例，基本上满足设计级配需要，见表 4-3。

表 4-3　骨料级配参考

粒径/mm	5～20	20～40	40～80	80～150
四级配/%	15～25	15～25	25～35	35～45
三级配/%	25～35	25～35	35～50	
二级配/%	45～60	40～55		

最大粒径是指粗骨料中最大颗粒尺寸。粗骨料最大粒径增大，可使混凝土骨料用量增加，减少空隙率，节约水泥，提高混凝土密实度，减少混凝土发热量及收缩。据试验资料，粗骨料最大粒径为 150 mm。最大粒径的确定与混凝土构件尺寸、有无钢筋有关，混凝土施工技术规范有明确规定。

(二) 骨料单价计算的基本方法

砂石料单价一般包括覆盖层清除摊销、混合料(原料)开采运输、混合料(原料)筛洗加工、成品料运输、弃料处理及摊销、各运输及堆存环节的损耗等。

常用的骨料单价计算方法有两种：一是系统单价法；二是工序单价法。

1. 系统单价法

系统单价法是以整个砂石料生产系统[从料源开采运输起到骨料运至拌和楼(场)骨料料仓(堆)止的生产全过程]为计算单元，用系统的(班)生产总费用除以系统(班)骨料产量求得骨料单价。计算公式为

$$骨料单价=\frac{系统生产总费用}{系统骨料产量} \tag{4-12}$$

系统生产总费用中，人工费按施工组织设计确定的劳动组合计算的人工数量，乘以相应的人工单价求得。机械使用费按施工组织设计确定的机械组合所需机械型号、数量分别乘以相应的机械台班单价。材料费则可按有关定额计算。

系统骨料产量应考虑施工期不同时期(初期、中期、末期)的生产不均匀性等因素，

经分析计算后确定。

骨料单价避免了影响计算成果准确的损耗和体积变化这两个微妙问题，计算原理相对科学。但要求施工组织设计应达到较高的深度，系统的（班）生产总费用计算才能准确。砂石生产系统班平均产量值的确定难度较大，有一定程度的任意性。

2. 工序单价法

工序单价法是按砂石料生产流程，分解成若干个工序，以工序为计算单元再计入施工损耗，求得骨料单价。按计入损耗的方式，又可分为两种。

（1）综合系数法。按各工序计算出骨料单价后，一次计入损耗，即各工序单价之和乘以综合系数。

骨料单价=覆盖层清除摊销费+弃料处理摊销费+各工序单价之和乘以综合系数。

综合系数法计算简捷方便，但用这种笼统地加一个综合系数并以货币价值的办法来简化处理复杂的损耗问题，难以反映工程实际。

（2）单价系数法。将各工序的损耗和体积变化，以工序流程单价系数的形式计入各工序单价。该方法概念明确，结构科学，易于结合工程实际。目前，水利水电工程造价广泛采用。本节重点介绍单价系数法。

（三）骨料工序单价组成

骨料单价是由覆盖层清除，混合料开采运输，加工筛洗，成品骨料运输，弃料处理等各工序费用组成，由于生产骨料系统比较复杂，因此一般均按设计提供生产流程，按工序划断，根据施工组织设计提供的施工方法，套用《浙江省水利水电建筑工程预算定额》（2010 年）砂石备料相关子目，分别计算各工序单价。

1. 天然骨料

（1）覆盖层清除。天然砂石料场（一般为沙滩）表层都有杂草、树木、腐殖土等覆盖，在混合料开采前应剥离清除。属于土方工程，该工序单价应摊入骨料成品单价，概算中不单独列项。

（2）混合料开采运输。混合料开采运输指混合料（未经加工的砂砾料）从料场开采运至混合料堆存处的过程，可分为陆上开采运输、水上开采运输。

陆上开采运输：开采设备及方法和土方工程相同，主要采用装载机或挖掘机挖装，自卸汽车、矿车、皮带机运输。

水上开采运输：常用采砂船开采，机动船拖驳船运输。在水边料场或地下水位较高料场也可采用索铲开采。

混合料开采运输通常有以下几种情况：混合料开采一部分直接运至筛分场堆存，而另一部分需要暂存某堆料场，再二次倒运到筛分场，则应分别计算两种单价，再按比例加权平均综合成一个工序单价。

由多个料场供料时，当开挖、运输方式相同，可按料场供料比例，加权平均计算运距；如果开挖、运输方式不同，则应分别计算各料场单价，按供料比例加权平均计算工序单价。

（3）预筛分。预筛分指将混合料隔离超径石过程，包括设条筛及重型振动筛两次隔离过程。超径石是指大于设计级配最大粒径的砾石，为满足设计级配要求，充分利用料源，预筛分隔离的超径石可进行一次或两次破碎，加工成需要粒径的碎石半成品。

（4）筛分冲洗。为满足混凝土骨料质量和级配要求，将通过预筛分工序的半成品料，筛分为粒径等级符合设计级配、干净合格的成品料，且分级堆存。

一般需设置两台筛分机，4层筛网和一台螺旋分级机，筛分为5种径级产品，即0.15～5 mm的砂和5～20 mm、20～40 mm、40～80 mm、80～150 mm 4种粒径的石子。

在筛分过程中，以压力水喷洒冲洗，这不仅使筛分和冲洗两工序合二为一，且能提高筛分生产率，降低机械运转温升，减少筛网磨损。

理论上经过筛分，所有小于和等于筛孔孔径颗粒应筛下，而实际生产中，由于受筛时间较短，且为非标准筛孔，不可能把材料完全过筛，上一级骨料中含有下一级粒径的骨料称为逊径，下一级骨料中含有上一级粒径骨料称为超径，规范规定超径含量小于5%，逊径含量小于10%。

（5）成品骨料运输。成品骨料运输是指经过筛洗加工后的分级骨料，由筛分楼（场）成品料场运至拌和楼（场）骨料仓（场）的过程，运距较近采用皮带机，运距较远使用自卸汽车或机车。

（6）弃料处理。弃料处理是指天然砂砾料中的自然级配组合，与设计级配组合不同而产生弃料处理过程，一般有大于设计骨料最大粒径的超径石弃料和某种径级成品骨料剩余弃料（如80～150 mm），前者通过预筛分工序隔离，后者剩余在筛分楼（场）分级成品骨料仓（堆）。由于有弃料发生，为满足设计骨料量需要，则要求多开挖混合料和按要求对弃料进行处理，应先计算出弃料处理单价，再摊入成品骨料单价。

（7）当天然砂不足，可利用砾石制砂，增加制砂工序。

2. 人工骨料

（1）覆盖层清除。岩石料场表层一般均有耕植土覆盖及风化岩层，在碎石原料开采前，均应剥离清除，属于土、石方开挖工程，该工序单价仍应摊入成品骨料单价。

（2）碎石原料开采运输。碎石原料开采运输指碎石原料从料场开采（造孔、爆破）并运至堆料场的过程，开采方式可分为以下几种。

风钻钻孔一般爆破：一般孔深小于5 m，爆破后碎石原料粒径比较均匀，但造孔量大，单耗炸药量高、产量低。

潜孔钻深孔爆破：孔深可达到15～20 m，造孔量小，炸药单耗量低、产量高，是常用的开采方式。

洞室爆破：一般先用手风钻钻孔，在山体内挖出一个较大洞室，在洞室内装大量炸药，进行大爆破。该开采方式碎石原料料径大，二次解炮工作量大，且炸药耗量大，一般在地形上受到限制或为用潜孔钻开采创造条件时采用。

（3）碎石粗碎。由于受破碎机械性能限制，须将碎石原料（粒径为300～700 mm）进行粗碎，以适应下一工序对进料粒径的要求。

（4）碎石中碎筛分。对粗碎后的碎石原料进行破碎、筛分、冲洗，并分级堆存的过程称为中碎筛分。本工序包括预筛分工序，有时还包括细碎。

（5）制砂。已经细碎后的碎石（粒径5～20 mm）为原料，通过碾磨加工为机制砂（人工砂）的过程。

（6）成品骨料运输，同天然骨料。

（四）基本参数的确定

在骨料单价计算时，应首先确定以下参数。

1. 覆盖层清除摊销率

覆盖层清除摊销率是指料场覆盖层清除总量与成品骨料量之比，即将覆盖层清除量或费用摊入单位数量成品骨料。

$$覆盖层清除摊销率=\frac{覆盖层清除总量(自然方)}{成品骨料量(成品堆方)}\times100\%$$

2. 弃料处理摊销率

弃料处理摊销率是指弃料处理量与成品骨料量之比，即将弃料处理量摊入单位数量成品骨料。

$$弃料处理摊销率=\frac{弃料处理量(堆方)}{成品骨料量(成品堆方)}\times100\%$$

3. 施工损耗

施工损耗在砂石料单价计算中占有很重要的地位。损耗一般包括级配损耗、施工损耗两种。

（1）级配损耗。级配损耗指在弃料处理工序，计算弃料摊销率中解决。

（2）施工损耗。施工损耗包括运输损耗、加工损耗、堆存损耗。

运输损耗：毛（原）料、半成品、成品骨料在运输过程的数量损耗。

加工损耗：破碎、筛洗、碾磨过程的数量损耗。

堆存损耗：各工序堆存过程的数量损耗，指料仓（场）垫底损耗。

4. 体积变化

我国水利水电系统的传统习惯，砂石骨料以体积（m^3）作为计量单位，而不是国际上通用的以重量（t、kg）为计量单位。由于砂石料从原料到加工、堆存，这些料在各个工序的空隙率都在变化。这些原料一经破碎筛分，空隙率就提高，体积就增大。因此在砂石料单价计算中，要考虑体积换算的因素。《浙江省水利水电建筑工程预算定额》（2010 年）将砂石料生产工艺流程划分为 7 种类型，7 种类型里又划分为若干种子类型，分别给出各个工序的单价系数。单价系数综合考虑了施工损耗和体积变化两个因素。也就是说单价系数既计入了各工序的施工损耗，又考虑了前后工序体积变化，即成品方容重。加工工序流程不同，损耗率不同，单价系数也就不同。

微课
自采砂石料计算

（五）骨料单价计算案例

骨料单价编制步骤：

（1）收集料场、工程量、混凝土配合比有关基础资料。

（2）了解熟悉生产流程和施工方法（加工工序流程示意图、主要设备型号、数量）。

（3）确定单价计算的基本参数（覆盖层清除摊销率、弃料摊销率）。

（4）选用现行定额计算各工序单价，确定工序单价系数。

（5）计算成品骨料单价。成品骨料单价属基础单价，按现行有关设计概预算编制规定只计算直接工程费。根据加工工序流程示意图、施工机械设备清单和施工方法，分段计算各工序单价，各工序单价计入单价系数后之和即为成品骨料单价。

【例 4-7】 某工程混凝土所需骨料拟从天然料场开采。工程项目中，各类混凝土工程量汇总统计如下：C_{15}（二）细骨料混凝土砌石 5.4 万 m^3，C_{15}（二）混凝土 1.54 万 m^3，C_{20}（二）混凝土 6.50 万 m^3，C_{15}（三）混凝土 3.12 万 m^3，C_{20}（三）混凝土 5.63 万 m^3，M10 浆砌块石挡墙 1.5 万 m^3。

问题：根据料场的勘探资料，按《浙江省水利水电建筑工程预算定额》（2010 年）分析砂石料单价。

解：第一步，设计骨料需要量统计（表 4-4）。

表 4-4　设计骨料需要量统计

项目	混凝土（砂浆）用量（$\times10^4 m^3$）	砂 $\frac{每立方米含量}{总量}$	砾石 $\frac{每立方米含量}{总量}$		
			5~20	20~40	40~80
C_{15}（二）	2.95	$\frac{0.53}{1.56}$	$\frac{0.40}{1.18}$	$\frac{0.40}{1.18}$	
C_{15}（二）	1.59	$\frac{0.53}{0.84}$	$\frac{0.40}{0.64}$	$\frac{0.40}{0.64}$	
C_{20}（二）	6.70	$\frac{0.51}{3.42}$	$\frac{0.40}{2.68}$	$\frac{0.40}{2.68}$	
C_{15}（三）	3.21	$\frac{0.42}{1.35}$	$\frac{0.28}{0.90}$	$\frac{0.28}{0.90}$	$\frac{0.40}{1.28}$
C_{20}（三）	5.80	$\frac{0.42}{2.44}$	$\frac{0.27}{1.57}$	$\frac{0.28}{1.62}$	$\frac{0.40}{2.32}$
M10	0.52	$\frac{1.1}{0.57}$			
骨料量合计		10.18	6.97	7.02	3.60
各档骨料比例/%		36.7	25.1	25.2	13.0

根据《浙江省水利水电建筑工程预算定额》（2010 年）：每立方米 C_{15}（二）细骨料混凝土砌石中 C_{15}（二）混凝土用量为 0.546 m^3（定额编号 30087），则：

C_{15}（二）混凝土总量：$5.40\times10^4\times0.546=2.95\times10^4(m^3)$

每立方米 M10 浆砌块石挡墙中含砂浆 0.344 m^3（定额编号 30032），则：

M10 砂浆总量：$1.5\times10^4\times0.344=0.52\times10^4(m^3)$

根据《浙江省水利水电建筑工程预算定额》（2010 年）可知，每立方米普通混凝土结构中混凝土用量一般为 1.03 m^3，则：

C_{15}（二）混凝土总量：$1.54\times10^4\times1.03=1.59\times10^4(m^3)$

C_{20}（二）混凝土总量：$6.50\times10^4\times1.03=6.70\times10^4(m^3)$

C_{15}（三）混凝土总量：$3.12\times10^4\times1.03=3.21\times10^4(m^3)$

C_{20}（三）混凝土总量：$5.63\times10^4\times1.03=5.80\times10^4(m^3)$

本工程合计骨料用量 $27.77\times10^4 m^3$ 松方。

设计骨料量也可以按以下步骤计算：①计算各混凝土强度等级占全部混凝土的比例；②计算每立方米混凝土综合用料量（百分比）；③各档骨料设计用量。

第二步，天然料场勘测资料分析。

勘测数据提供本工程料场砂石料储量大于 $50\times10^4 m^3$ 自然方，可开采系数取 0.9，料场距混凝土拌和站前堆料仓平均 5km，覆盖层厚平均 15cm，料场厚平均 3m。天然料场级配见表 4-5。

表 4-5 天然料场级配 %

总储量 ($\times10^4 m^3$)	<0.15	0.15～0.5	5～20	20～40	40～80	80～150	>150
50	0.52	21.38	21.12	22.50	14.10	13.10	7.28

第三步，开采量计算（表 4-6）。

表 4-6 开采量计算表

	黄砂	5～20	20～40	40～80
天然料场平均级配/%	21.38	21.12	22.50	14.10
设计骨料需要量($\times10^4 m^3$)	10.18	6.97	7.02	3.60
混合料开采量($\times10^4 m^3$)	47.6	33.0	31.2	25.5

从表 4-6 看出，要满足黄砂用量，需开采混合料 $47.6\times10^4 m^3$ 松方，从而造成砾石大量多余，经济上不合算。本例采用 5～20 mm 砾石作为控制开采量，黄砂不足部分采用人工制砂解决。

在满足 5～20 mm 骨料量时，混合料开采量为 $33\times10^4 m^3$ 松方。

第四步，各档骨料平衡计算[按混合料开采量 $33\times10^4 m^3$ 松方计，见表 4-7]。

表 4-7 各档骨料平衡计算表

各档骨料	天然料场平均级配/%	开采量($\times10^4 m^3$)	设计需要量($\times10^4 m^3$)	剩余($\times10^4 m^3$)	不足($\times10^4 m^3$)	备注
<0.15	0.52	0.17	0	0.17		超径
0.15～5	21.38	7.06	10.18		3.12	人工砂补
5～20	21.12	6.97	6.97	0		
20～40	22.50	7.43	7.02	0.41		多余
40～80	14.10	4.65	3.60	1.05		多余
80～150	13.10	4.32	0	4.32		超径
>150	7.28	2.40	0	2.40		超径
合计	100%	33.0	27.77	8.35	3.12	

第五步，基本参数确定。

1. 覆盖层清除摊销率

料场开挖量：$33\times10^4 m^3$ 松方 $\div1.19\div0.9=30.8\times10^4 m^3$ 自然方。

覆盖层清除量：$30.8\times10^4 m^3$ 自然方 $\div3\times0.15=1.54\times10^4 m^3$ 自然方。

覆盖层清除摊销率：1.54×10^4 m³ 自然方÷27.77×10^4 m³ 松方＝5.5%。

2. 级配弃料摊销率

本料场因黄砂不足，需人工制砂，利用多余料或超径料作为制砂的料源能满足要求（一般利用小粒径料），现有级配弃料 $0.41+1.05=1.46\times10^4$（m³ 松方），还需超径料 $3.12-1.46=1.66\times10^4$（m³ 松方）。则本工程不计级配弃料摊销。

3. 超径弃料摊销率

$(0.17+4.32+2.40-1.66)\times10^4$ m³ 松方÷27.77×10^4 m³ 松方＝18.83%

第六步，工序单价计算。

1. 施工措施

为减少运输量，筛分系统设置在料场附近，拌和站设置在大坝附近。

(1) 覆盖层用推土机推运至已开挖处，平均推运距离 50 m。

(2) 混合料用 1 m³ 挖土机装 8 t 自卸汽车运至筛分楼，平均运距按 1 km 计。

(3) 筛分后超径料及多余料用 1 m³ 挖土机装 8 t 自卸车就近弃料，平均远距 1 km。

(4) 成品骨料按 1 m³ 挖土机 10 t 自卸车运至拌和站前堆料仓，平均运距 5 km。

(5) 人工制砂机设置在筛分楼附近，人工砂运距也按 5 km 计算。

2. 机械台班费计算

计算砂砾料单价时，不考虑材料限价因素，机械台班费中的柴油单价直接采用市场价。本例柴油取 7.8 元/kg。

3. 各工序单价分析

各工序单价分析汇总（成品方即为松方）。

(1) 覆盖层清除单价：4.71 元/m³ 自然方。

(2) 混合料开采运输：11.10 元/m³ 成品方。

(3) 预筛分运输：3.44 元/m³ 成品方。

(4) 筛洗运输：9.63 元/m³ 成品方。

(5) 弃料运输：10.77 元/m³ 成品方。

(6) 成品骨料运输：18.16 元/m³ 成品方。

(7) 机制砂：41.11 元/m³ 成品方。

4. 工艺流程

工艺流程见图 4-4。

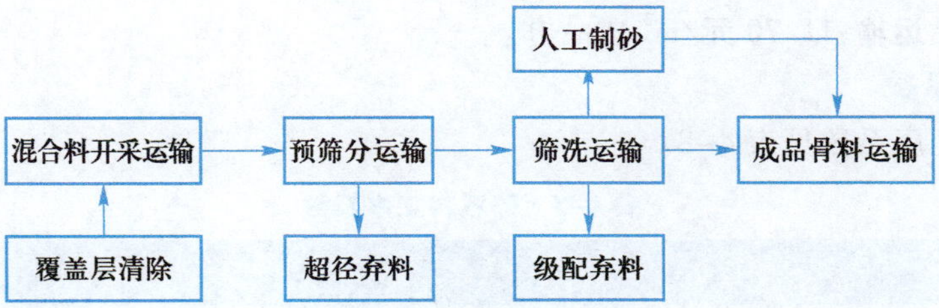

图 4-4　工艺流程

5. 工序系数

(1) 天然砂石骨料。根据砂石料生产工序流程，选择工序流程Ⅳ-2；超径弃料选择工序流程Ⅳ-3;级配弃料选择工序流程Ⅳ-2。

(2) 人工制砂按《浙江省水利水电建筑工程预算定额(下)》第五章砂石备料工程章说明8-(3)公式计算。

机制砂单价=砾(碎)石骨料单价×1.37+机制砂工序单价

6. 单价计算

(1) 天然骨料。

未计摊销单价:11.10×1.01+3.44×0.97+(9.63+18.16)×1.00=42.34(元/m^3 成品方)。

超径弃料摊销:(11.10×1.04+3.44×1.00+10.77)×18.83% =4.85(元/m^3 成品方)。

级配弃料摊销:(11.10×1.01+3.44×0.97+9.63×1.00+10.77)×0% =0。

覆盖层清除摊销:4.71×5.5%=0.26(元/m^3 成品方)。

天然骨料单价:42.34+4.85+0+0.26=47.45(元/m^3 成品方)。

(2) 人工砂单价。

砾石骨料单价×1.37+机制砂工序单价+骨料运输价

=(47.45-18.16)×1.37+41.11+18.16=99.40(元/m^3 成品方)。

(3) 综合砂价(天然砂与人工砂加权平均)。

(7.06×47.45+3.12×99.40)÷10.18=63.37(元/m^3 成品方)。

【例4-8】 根据下列提供资料计算碎石和机制砂单价,人工骨料工序流程框如图4-5所示。

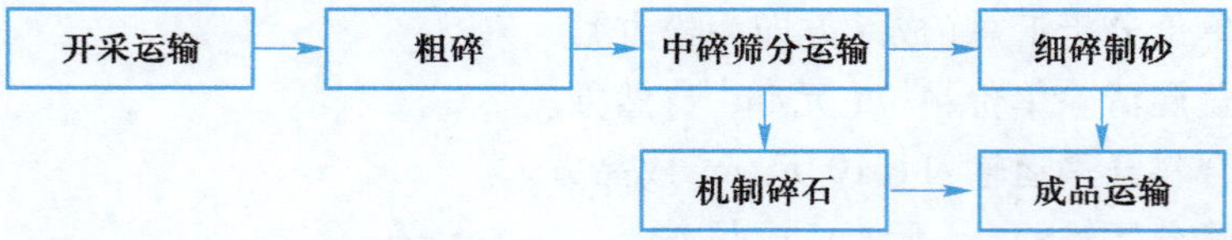

图4-5 人工骨料工序流程

微课
碎石及机制砂单价计算

已知:

1. 各工序单价

(1) 开采运输:15.70元/m^3 成品方。

(2) 粗碎:2.80元/m^3 成品方。

(3) 中碎筛分运输:13.60元/m^3 成品方。

(4) 细碎制砂:32.90元/m^3 成品方。

(5) 成品运输:11.70元/m^3 成品方。

2. 工序系数

碎石料工序系数见表4-8。

表4-8 碎石料工序系数

序号	开采运输	粗碎	中碎筛分运输	细碎制砂
Ⅵ-1	1.57	1.32	1.37	1
Ⅵ-2	1.14	0.96	1	
Ⅵ-3	1.19	1		
Ⅵ-4	1			

解：

1. 机制砂单价

选用Ⅵ-1 工序系数。

机制砂单价 $=15.70\times1.57+2.80\times1.32+13.60\times1.37+32.90\times1+11.70$

$=91.58$（元/m^3 成品方）

2. 碎石单价

选用Ⅵ-2 工序系数。

碎石单价 $=15.70\times1.14+2.80\times0.96+13.60\times1+11.70$

$=45.89$（元/m^3 成品方）

二、块石、条石、料石单价计算

块石、条石、料石单价是指将符合要求的石料运至施工现场堆料点的价格，一般包括料场覆盖层（风化层、无用夹层）清除、石料开采、加工（修凿），石料运输、堆存，以及在开采、加工、运输、堆存过程的损耗等。

块石、条石、料石单价应根据地质报告有关数据和施工组织设计确定的工艺流程、施工方法，选用定额的相应子目计算综合单价。

（一）计算块石、条石、料石单价应注意的问题

（1）对于块石、条石、料石，各地区、各部门（如铁路、公路、工业与民用建筑等）有不同的名称和定义，编制单价时，应统一按《浙江省水利水电建筑工程预算定额》（2010年）规定的定义，以免混淆。

（2）块石计量单位为码方，条石、料石的计量单位为清料方。

（3）覆盖层的清除率应根据地质报告确定。

（4）为降低工程造价，应尽可能地从石方开挖的弃渣中捡集块石。利用料的数量、运距由设计确定。

（二）块石预算价格计算示例

【例 4-9】 某大型砌石工程为二类工程，由承包单位自行开采块石，块石岩石级别为Ⅹ。施工流程为先清除覆盖层土方，然后采用机械开采块石，1 m^3 装载机装 8 t 自卸车运 2 km 到施工现场。

问题：试计算块石价格。

已知：

（1）覆盖层开挖单价：15 元/m^3 自然方，占开采块石量的 15%。

（2）材料预算价格（含增值税，税率 13%）：合金钻头 35 元/个；柴油 8 元/kg；炸药 12 元/kg；雷管 1.5 元/个；导电线 0.5 元/m；空心钢 7 元/kg；风价 0.16 元/m^3；水价 0.6 元/m^3。

解：（1）根据施工工艺，查《浙江省水利水电建筑工程预算定额》（2010 年），获得各流程工程定额。

① 机械开采块石，定额 50212。

② 块石运输，定额 50261。

（2）根据定额，查《浙江省水利水电工程施工机械台班费定额》（2010 年），计算所

需机械台班费，见表 4-9。

表 4-9 施工机械台班费用计算表

定额编号	机械名称	单位	一类费用/元	人工	柴油	风	水	二类费用/元	台班费/元
				69.6	8	0.16	0.6		
				元/工日	元/kg	元/m^3	元/m^3		
1021	1 m^3 装载机	台班	118.70	2	48			523.2	641.90
1031	88 kW 推土机	台班	312.32	2	63			643.2	955.52
5011	8 t 自卸汽车	台班	175.16	2	46			507.2	682.36
1081	手风钻	台班	10.53			756	1.3	121.74	132.27

（3）根据定额，人工、材料、机械预算单价，计算各施工流程工程单价。由于块石为基础单价，按《浙江省水利水电工程设计概（预）算编制规定》（2018 年），人工、材料价格不考虑限价，均按预算价格计算。

① 覆盖层清除摊销费：15 元×15% = 2.25（元/m^3）。

② 机械开采块石单价见表 4-10。

表 4-10 机械开采块石单价计算表

单价序号			1		
项目名称			块石开采		
定额编号			50212		
施工措施			岩石级别Ⅹ级		
定额单位			100 m^3		
编号	工料名称	单位	单价/元	工料定额	合价/元
1	人工	工日	72.6	49	3 557
2	合金钻头	kg	30.97	1.96	61
3	空心钢	kg	6.19	1.06	7
4	雷管	个	1.33	43.59	58
5	炸药	kg	10.62	34.7	368
6	导电线	m	0.44	156	69
7	手风钻机	台班	132.27	2.05	271
	其他机材费	%	833.81	1%	8
	小计	元			4 400
	单价				44.00

③ 块石运输单价见表 4-11。

表 4-11 块石运输单价计算表

单价序号			2		
项目名称			装载机自卸汽车运输 2 km		
定额编号			50261		
施工措施			岩石级别 X 级		
定额单位			100 m^3		
编号	工料名称	单位	单价/元	工料定额	合价/元
1	人工	工日	72.6	2	145
2	装载机 1 m^3	台班	641.90	0.46	295
3	推土机 88 kW	台班	955.52	0.2	191
4	自卸汽车 8 t	台班	682.36	1.98	1 351
5	其他机材费	%	1 837	1%	18
	小计	元			2 000
	单价				20.00

④ 块石预算单价。

$$2.25+44.00+20.00=66.25(\text{元}/m^3)$$

三、外购砂石料单价计算

对于地方兴建的小型水利水电工程,或因当地砂石料缺乏或料场储量不能满足工程需要,或因砂石料用量较少,不宜自采砂石料时,可从附近砂石料场采购。外购砂石料单价包括原价、运杂费、损耗、采购保管费 4 项费用,其计算公式为

外购砂石料单价=(原价+运杂费)×(1+损耗率)×(1+采购保管费费率)

原价指砂石料产地的销售价。

运杂费指由砂石料产地运至工地现场的砂石料堆料场(砌筑石料计算至工作面前的堆料场地)所发生的运输费、装卸费等。

损耗包括运输损耗和堆存损耗两部分:运输损耗率与运输工具、运距有关;堆存损耗与堆存次数和堆料场的设施有关。

关于外购砂石料的单价,编制中注意以下几点。

(1) 砂石料比水泥、钢材等外购材料在采购、保管等方面工作量和所需开支的费用少得多,而且砂石料在工程中用量很大。因此砂石料的采购保管费费率应比其他外购材料的采购保管费低。在考虑计入损耗后,浙江省一般不计外购砂石料的采购保管费。

(2) 砂石料由于在运输堆存过程中的损耗较大,故予以单独另计损耗。

任务六 混凝土和砂浆半成品预算单价

一、混凝土半成品预算单价

混凝土半成品单价指按级配计算的砂、石、水泥、水、掺和料及外加剂等每立方米

混凝土的材料费用的价格，它不包括拌制、运输、浇筑等工序的人工、材料和机械费用，也不包含除搅拌损耗外的施工操作损耗及超填量等。

混凝土半成品单价在混凝土工程单价中占有较大比重，编制概算单价时，应按本工程的混凝土级配试验资料计算。如无试验资料，可参照《浙江省水利水电建筑工程预算定额》》(2010 年)附录混凝土级配表计算混凝土半成品单价。

1. 混凝土半成品单价计算

(1)现浇水工混凝土强度等级(标号)的选取。现浇水工混凝土强度等级的选取，应根据设计对不同水工建筑物的不同运用要求，尽可能利用混凝土的后期强度(60 d、90 d、180 d、360 d)，以降低混凝土强度等级，节省水泥用量。

混凝土强度等级一般以 28 d 龄期的抗压强度计，如设计龄期超过 28 d，按表 4-12 系数换算。计算结果如介于两种强度之间时，应选用高一级的强度等级。

表 4-12　混凝土设计龄期强度等级换算系数

设计龄期/d	28	60	90	180	360
强度等级换算系数	1.00	0.85	0.80	0.70	0.65

如 R90C20、C25、C30，则：

C20×0.8＝C16　取 C20

C25×0.8＝C20　取 C20

C30×0.8＝C24　取 C25

(2) 骨料系数。《浙江省水利水电建筑工程预算定额》(2010 年)附录混凝土级配表按卵石、粗砂拟定，当实际工程与之不同时，应按表 4-13 骨料系数进行换算。

表 4-13　骨料系数换算

项目	水泥	砂	石子	水
砾石换碎石	1.06	1.06	0.98	1.06
粗砂换中、细砂	1.04	0.98	0.98	1.04
砂石粗砂换碎石、中、细砂	1.10	1.04	0.96	1.10

(3) 埋石混凝土。埋石混凝土半成品单价＝原级配混凝土单价×(1-埋石率)＋埋石率×块石预算价格×1.67

块石 1 m^3 实体方＝1.67 m^3 码方

因埋块石影响增加的人工应予计算[见《浙江省水利水电建筑工程预算定额》(2010 年)附录混凝土级配表 12]。

(4) 掺粉煤灰混凝土。编制拦河坝等大体积混凝土概算单价时，须掺和适量的粉煤灰以节省水泥用量，其掺量比例应根据设计对混凝土的温度控制要求或试验资料选取。如无试验资料，可根据一般工程实际掺用比例情况，按《浙江省水利水电建筑工程预算定额》(2010 年)附录“掺粉煤灰混凝土材料用量表”选取。

2. 混凝土半成品单价计算示例

【例 4-10】　某工程防渗面板采用 R90C20 混凝土，骨料为卵石、中砂，三级配；水泥强度等级为 42.5。

问题:计算 R90C20 混凝土半成品的价格。

已知:各材料预算价格(除水外均含增值税,税率为 13%):水泥 520 元/t,卵石 55 元/m^3,中砂 45 元/m^3,水价 0.85 元/m^3。

解:

(1) 混凝土设计龄期换算。$C20\times0.8=C16$,取 C20。

(2) 混凝土各材料用量。查《浙江省水利水电建筑工程预算定额》(2010 年)附录纯混凝土材料用量表,得:

水泥	217 kg
砂	0.42 m^3
石	0.95 m^3
水	0.125 m^3

微课
混凝土半成品价格计算

(3) 骨料换算。粗砂改为中砂,按骨料系数换算表进行换算,得:

水泥:$0.217\times1.04=0.226$(t)

中砂:$0.42\times0.98=0.412$(m^3)

卵石:$0.95\times0.98=0.931$(m^3)

水:$0.125\times1.04=0.130$(m^3)

(4) 混凝土半成品单价。

根据《浙江省水利水电工程设计概(预)算编制规定》(2018 年)中主要材料预算限价规定,混凝土半成品中材料预算价格高于限价的,应按限价计算,水泥限价为 300 元/t。

R90C20 混凝土半成品预算单价:$0.226\times300+0.412\times55\div1.13+0.931\times45\div1.13+0.130\times0.85=125.08$(元/$m^3$)。

R90C20 混凝土半成品材料补差单价:$(520\div1.13-300)\times0.226=36.2$(元/$m^3$)。

二、砂浆半成品预算单价

在水利水电工程的砌筑工程中,对于浆砌石,应计算砌筑砂浆和勾缝费用砂浆半成品的价格。砌筑砂浆和勾缝砂浆半成品的价格由砂浆的各组成材料费用组成,根据设计砂浆的强度等级,按照试验确定的材料配合比,考虑施工损耗量确定水泥、砂、水的材料用量。在无试验资料时,可按照《浙江省水利水电建筑工程预算定额》(2010 年)附录混凝土、砂浆材料用量表中的水泥砂浆材料用量表确定水泥、砂、水的材料用量,由材料预算量乘以材料预算价格计算出砂浆半成品的价格。

【例 4-11】 某工程 M7.5 浆砌块石挡墙,水泥强度等级为 42.5。

问题:计算 M7.5 砂浆半成品的价格。

微课
砂浆半成品价格计算

已知:各材料预算价格(除水外均含增值税,税率为 13%)中,水泥 520 元/t,砂 45 元/m^3,水价 0.85 元/m^3。

解:(1) 砂浆各材料用量。查《浙江省水利水电建筑工程预算定额》(2010 年)附录水泥砂浆材料用量表,得:

水泥　　219 kg

砂　　　　1.11 m^3

水　　　　0.132 m^3

(2) 砂浆半成品单价。根据《浙江省水利水电工程设计概(预)算编制规定》(2018年)中主要材料预算限价规定,混凝土半成品中材料预算价格高于限价的,应按限价计算,水泥限价为300元/t。

M7.5砂浆半成品预算单价:0.219×300+1.11×45÷1.13+0.132×0.85=110.12(元/m^3)。

M7.5砂浆半成品材料补差单价:(520÷1.13-300)×0.219=35.08(元/m^3)。

思考与计算题

一、思考题

1. 材料预算价格和机械台班费分别由哪些费用组成?

2. 试述风、水、电价的计算方法。

3. 什么叫覆盖层清除摊销率和弃料处理摊销率?如何计算覆盖层清除摊销单价和弃料处理摊销单价?

4. 试述天然砂石料骨料单价的计算方法。

5. 试述混凝土、砂浆半成品单价的计算方法。

二、计算题

1. 某二类水利工程电网供电占95%,自备柴油发电机组(200 kW,一台)供电占5%。该电网基本电价为0.88元/(kW·h)。自备柴油发电机组能量利用系数0.85,厂用电率4%,高压输变电线路损耗率5%,场内输变电损耗率5%,循环冷却水费0.05元/(kW·h),场内输变电维护摊销费0.03元/(kW·h),柴油预算价7.5元/kg。试计算施工用电综合电价。

2. 某水利枢纽工程水泥由工地附近甲乙两个水泥厂供应。计算该水泥的综合预算价格。

两厂水泥供应的基本资料如下。

(1) 甲厂42.5散装水泥出厂价290元/t;乙厂42.5水泥出厂价袋装330元/t,散装300元/t。两厂水泥均为车上交货。

(2) 袋装水泥汽车运价0.55元/(t·km),散装水泥在袋装水泥运价基础上上浮20%;袋装水泥装车费为6.00元/t,卸车费5.00元/t,散装水泥装车费为5.00元/t,卸车费4.00元/t。其运输流程见图4-6,均为公路运输。

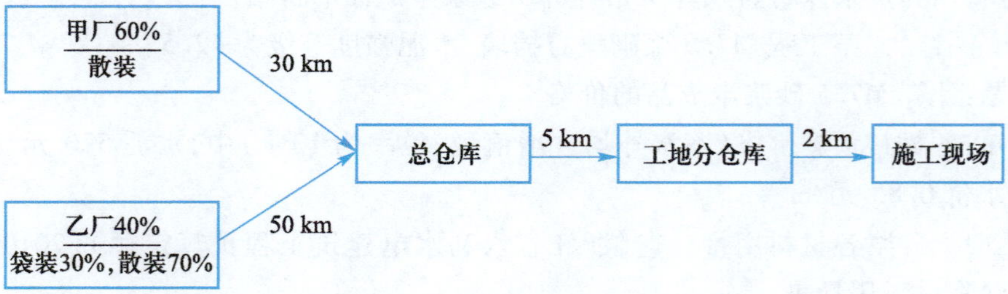

图4-6　水泥运输流程

(3) 运输保险费费率为 1‰。

3. 某工程混凝土骨料拟从天然砂砾料场开采，设计需用混凝土 20 万 m^3，试按下列已知条件计算骨料单价。

已知：

(1) 砂砾石料场级配见表 4-14。

表 4-14　砂砾石料场级配

项目	骨料粒径/mm						
	0.15～5	5～20	20～40	40～80	80～150	>150	合计
料场级配/%	27.5	19.2	16.9	17.7	13.2	5.5	
设计骨料量	8.58	5.46	5.46	5.02	3.92		28.44
毛料开采量	8.89	6.2	5.46	5.72	4.26	1.78	32.31

(2) 设计各级配混凝土比例：C20 混凝土二级配 10%、C15 混凝土三级配 20%、C15 混凝土四级配 70%。

(3) 设计选用骨料级配（m^3/m^3 混凝土），见表 4-15。

表 4-15　设计选用骨料级配　　m^3/m^3 混凝土

名称	0.15～5	5～20	20～40	40～80	80～150
C20 混凝土二级配	0.49	0.42	0.42		
C15 混凝土三级配	0.43	0.28	0.28	0.38	
C15 混凝土四级配	0.42	0.25	0.25	0.25	0.28

(4) 砂石料工序单价见表 4-16。

表 4-16　砂石料工序单价

覆盖层清除	5.50 元/m^3	筛洗运输	8.50 元/m^3 成品方
毛料开采运输	11.50 元/m^3 成品方	成品骨料运输	15.7 元/m^3 成品方
预筛分运输	2.80 元/m^3 成品方	弃料运输	6.50 元/m^3 成品方

(5) 工艺流程见图 4-7。

(6) 覆盖层消除摊销率为设计成品量的 10%。

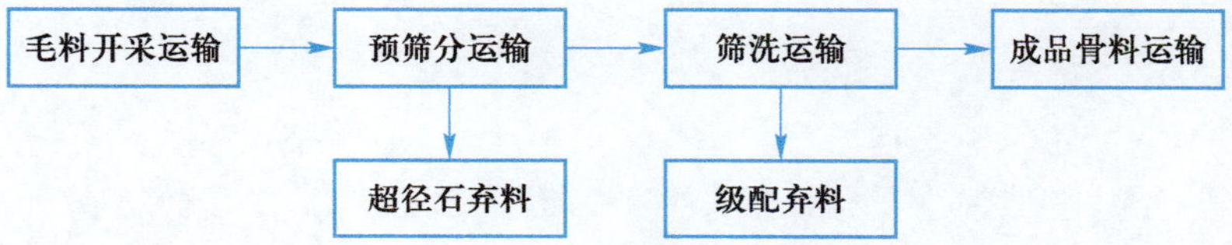

图 4-7　工艺流程

项目五

建筑与安装工程单价

学习要求

了解建筑及安装工程费用的组成与计算程序,各类工程单价编制方法及使用定额的注意事项。根据工程资料确定工程类别,编制各类工程单价。

学习目标

1. 了解建筑安装工程费用的组成。
2. 掌握各类建筑工程单价的计算。
3. 掌握工程定额的注意事项。
4. 掌握设备费的计算。
5. 掌握安装工程单价的计算。

技能目标

能根据工程资料进行各类工程单价的计算。

建筑与安装工程单价(简称工程单价)是编制水利水电工程建筑与安装费用的基础。工程单价编制工作量大,且细微复杂,它直接影响工程总投资的准确程度,必须高度重视。

工程单价是指以价格形式表示的完成单位工程量(如 1 m^3、1 t、1 台等)所耗用的全部费用,包括直接费、间接费、利润、人工补差、材料补差和税金等 6 部分,建筑安装工程的主要工程项目都要计算工程单价。

按设计流程的不同,工程单价分为工程估算单价、工程概算单价和工程预算单价。

工程单价是建筑与安装产品特有的概念,由于时间、地点、地形与地质、水文、气象、材料来源、施工方法等条件不用，建筑与安装产品价格也不会相同，也无法对建筑与安装产品统一定价。然而，不同的建筑与安装产品可分解为比较简单而彼此相同的基本构成要素(如分部、分项工程)，对相同的基本构成要素可统一规定消耗定额和计价标准，所以，确定建筑与安装工程的价格，必须首先确定基本构成要素的费用。

完成单位基本构成要素所需的人工、材料及机械使用“量”可以通过查定额等方法加以确定，其使用“量”与各自基础单“价”的乘积之和构成直接工程费，再按有关取“费”标准计算措施费、间接费、利润和税金等，直接工程费与各项取“费”之和即构成建筑或安装工程单价，这一计算过程称为工程单价编制或工程单价分析。因此，工程单价由“量”“价”“费”三要素构成。

微课
建筑工程单价

任务一　建筑工程单价编制

一、编制原则

(1) 严格执行《浙江省水利水电工程设计概(预)算编制规定》(2018 年)(浙水建[2018]18 号)。

(2) 正确选用现行定额。现行使用的定额为 2010 年浙江省水利厅、浙江省发展与改革委员会和浙江省财政厅联合颁发的《浙江省水利水电建筑工程预算定额》《浙江省水利水电工程施工机械台班费定额》(浙水建[2010]37 号)。

(3) 正确套用定额子目：预算编制者必须熟读定额的总说明、章说明、定额表附注及附录的内容，熟悉各定额子目的适用范围、工作内容及有关定额系数的使用方法，根据合理的施工组织设计确定的有关技术条件，选用相应的定额子目。

(4)《浙江省水利水电建筑工程预算定额》(2010 年)中没有的工程项目，可编制补充定额；对于非水利水电专业工程，按照专业专用的原则，应执行有关专业的相应定额，如公路工程执行交通运输部《公路工程预算定额》，房建工程执行住房和城乡建设部《建筑工程预算定额》等。

(5)《浙江省水利水电建筑工程预算定额》(2010 年)定额对应的工程量为有效工程量，即按设计几何轮廓尺寸计算的工程量，除另有说明外，定额未包括规范允许的超挖、超填及沉降工程量、施工附加量等。除另有规定外，对有效工程量以外规范允许的超挖、超填及沉降工程量、施工附加量等所消耗的人工、材料和机械费用，均应按《水利工程工程量清单计价规范》的规定，摊入相应有效工程量的单价之内。

(6)《浙江省水利水电建筑工程预算定额》(2010)中的材料及其他机材费，已按目前水利水电工程平均消耗水平列量；定额中的施工机械台(组)班数量，按水利水电工程常用施工机械和典型施工方法的平均水平列量。编制单价时，除定额中规定允许调整外，均不得对定额中的人工、材料、施工机械台(组)班数量及施工机械的名称、规格、型号进行调整。

二、编制步骤

(1) 了解工程概况，熟悉设计文件和设计图纸，收集编制依据(如定额、基础单价、费用标准、当地材料价格等)。

(2) 根据工程特征和施工组织设计确定的施工条件、施工方法及设备配备情况,正确选用定额子目。

(3) 用本工程人工、材料、机械等基础单价分别乘以定额的人工、材料、机械设备的消耗量,将计算所得人工费、材料费、机械使用费相加可得直接工程费单价。

(4) 根据直接工程费单价和各项费用标准计算措施费、间接费、利润、补差及税金,并加以汇总求得工程单价。

三、计算程序

根据《浙江省水利水电工程设计概(预)算编制规定》(2018 年),建筑工程单价计算程序如表 5-1 所示。

表 5-1 建筑工程单价计算程序

序号	项目	计算方法
(一)	直接费	(1)+(2)
(1)	直接工程费	①+②+③
①	人工费	人工定额用量×人工预算单价
②	材料费	∑材料定额用量×材料预算价格
③	机械使用费	∑定额机械台班用量×机械台班费
(2)	措施费	(1)×措施费费率之和
(二)	间接费	(一)×间接费费率
(三)	利润	[(一)+(二)]×利润率
(四)	人工补差	人工定额用量(含机上人工)×单位价差
(五)	材料补差	∑材料定额用量×单位价差
(六)	税金	[(一)+(二)+(三)+(四)+(五)]×税率
(七)	工程单价	(一)+(二)+(三)+(四)+(五)+(六)

四、编制方法

建筑工程单价的编制一般采用表格法,该表称为建筑工程单价计算表,如表 5-2 所示。

表 5-2 建筑工程单价计算表

单价序号					
项目名称					
定额编号					
施工措施					
定额单位					
编号	工程名称	单位	单价/元	数量	合价/元
①	人工费				

续表

编号	工程名称	单位	单价/元	数量	合价/元
②	材料费				
③	机械使用费				
④	其他机材费				
(1)	直接工程费小计	元			
(2)	措施费	%			
(一)	直接费				
(二)	间接费	%			
(三)	利润	%			
(四)	人工补差	元			
(五)	材料补差	元			
(六)	税金	%			
	定额扩大系数	元			
(七)	合计	元			
(八)	单价	元			

五、注意的事项

(1) 定额表式中材料、机械的表示方法。

① 分列式。只在一行中列出材料、机械名称，而在不同行中分列不同品种或型号的，表示只选一种。

例如： 汽车 8 t
12 t
15 t

② 并列式。在不同行中列出相同的机械名称，但各行所列型号等不同，表示各行定额量均属计价范围。

例如： 风钻 手持式
风钻 气腿式

(2) 其他(零星)机材费的计算。

以费率形式表示：

零星机材费，以人工费为计算基数。

其他机材费，以材料费、机械费之和为计算基数。

(3) 定额只用一个数字表示的，仅适用于该数字本身。当所求值介于两个相邻数字子目之间时，可用插入法调整，调整方法如下：

$$A=B+\frac{(C-B)\times(a-b)}{(c-b)} \tag{5-1}$$

式中：A——所求定额值；

B——小于 A 而最接近 A 的定额值；

C——大于 A 而最接近 A 的定额值；

a——A 项定额参数；

b——B 项定额参数；

c——C 项定额参数。

(4) 数字适用范围。

① 只用一个数字(如 1 km、2 km)，仅适用本身。

② 用"以上""以外"表示的，不包括数字本身(如洞挖面积 50 m^2 以上)。

③ 以"以下""以内"表示的，包括本身，并自基数始至该数字为止(如洞挖面积 5 m^2 以下)。

④ 用"××～××"表示，相当于"自××以上至××以下(如洞挖 10～20 m^2)。

⑤ 岩石级别如Ⅴ～Ⅷ、Ⅸ～Ⅹ，以及机械型号 59～74 kW 等即上、下限均含。

(5) 运输定额适用范围。

① 汽车运输定额，用于施工场内运输，不另计高差折平和路面等级系数。

② 场内运输范围：汽车 10 km 内；拖拉机 5 km 内；双胶轮车 1 km 内。若超出以上运输距离范围，均为场外运输，超出部分按工程属地运价标准计算。

③ 外购材料运输费用，按相关部门规定计算。

(6) 其他说明。

① 土壤、岩石分类。

土壤和岩石的性质，根据勘探资料确定。编制土石方工程单价时，应按地质专业提供的资料，确定相应的土石方级别。

② 土石方松实系数。

土石方工程的计量单位，分别为自然方(未经扰动的自然状态下的体积)、松方(经开挖而松动过的体积)和实方(经填筑或回填并经过压实后的体积)。这三者之间的体积换算关系通常称为土石方松实系数。

《浙江省水利水电建筑工程预算定额》(2010 年)附录中列示的土石方松实系数属于参考资料。编制预算单价时，宜按设计提供的干密度、空隙率等有关资料进行换算。

③ 海潮干扰系数。对于沿海地区受潮汐影响的建设工程，使用《浙江省水利水电建筑工程预算定额》(2010 年)时，施工期平均潮位(指施工建设地点历年同期多年平均高潮位与平均低潮位的平均值，由设计部门根据水文观测资料确定)以下工程，其定额人工和机械台班量应乘以海潮干扰系数，平均潮位以上的工程项目不考虑海潮干扰系数。

海潮干扰系数见表 5-3，其中强涌潮地区仅指钱塘江的萧山闻堰至海宁尖山段，一般涌潮地区为其他受潮汐影响的江段及海岸。

表 5-3　海潮干扰系数

项目	人工	机械
强涌潮地区	1.45	1.33
一般涌潮地区	1.28	1.13

注：强涌潮地区仅指钱塘江的萧山闻堰至海宁尖山的强涌潮段。

微课
内插法计算

六、内插法计算案例

【例 5-1】 洞挖定额中的通风机台班数量按一个工作面长 200 m 拟定，如实际超过 200 m，按表 5-4 系数调整通风机台班数量。

表 5-4 洞挖通风机台班系数

隧洞工作面长/m	≤200	500	1 000	1 500	2 000	2 500	3 000	每增加 500
系数 A	1.0	1.2	1.5	2.0	2.7	3.7	4.9	增加 1.5

问题：利用插入法试求隧洞工作面长 700m 时的定额调整系数。

解：

$$A=1.2+\frac{(1.5-1.2)\times(700-500)}{(1\ 000-500)}$$

$$=1.2+0.12=1.32$$

任务二 土方工程单价编制

一、土方工程单价

土方工程包括土方挖运（图 5-1）、土方填筑（图 5-2）两大类。影响土方工程单价的主要因素有土的级别、取（运）土的距离、施工方法、施工条件、质量要求等。土方工程定额也是按上述影响因素划分节和子目，所以根据工程情况正确选用定额是编好土方工程单价的关键。

图 5-1 土方挖运

图 5-2 土方填筑

（一）土方开挖、运输

土方开挖分为渠道、沟槽、柱坑和一般土方开挖。渠道开挖定额，适用于底宽小于 7 m 的梯形断面、长条形、底边需要修整的土方工程；沟槽开挖定额，适用于上口宽小于 4 m、长度大于宽度 3 倍的只修底不修边坡的长条形土方工程，如截水墙、齿墙等各类墙基和电缆沟等；柱坑开挖定额，适用于上口面积小于 20 m^2、长度小于宽度 3 倍、深度小于上口短边长度或直径、不修边坡的坑挖工程，如集水坑、柱坑、机座等工程。一般土方开挖，适用于一般明挖土方工程和上口宽大于 4 m 的沟槽、底宽超过 7 m 的渠道及上口面积大于 20 m^2 柱坑土方工程。编制土方开挖单价时，应根据设计开挖方案，考虑影响开挖的因素，选择相应定额子目。

土方开挖中的弃土一般都有运输要求，土方开挖单价也多指挖运综合单价。土方工程定额中编入了大量的挖运综合子目，可直接套用编制挖运综合单价。若设计挖运方案与定额中的子目不同，需分别套用开挖与装运定额计算，然后将其合并成综合单价。

（二）土方填筑

水利水电工程的土石坝、堤防、道路、围堰等都有大量的土方填筑。土方填筑由取土、压实两大工序组成，此外一般还包括料场覆盖层清除、土料处理等辅助工序。在编制土方填筑工程预算单价时，一般不单独编制料场覆盖层清除、坝料开采运输、压实等土料工序单价，而是编制综合填筑单价。

（1）料场覆盖层清理。料场上的树木及表面覆盖的乱石、杂草及不合格的表土等必须予以清除。清理的费用，应按相应比例摊入填筑单价内。

（2）土料处理。当土料的含水量过高或过低不符合规定要求时，应先采取料场排水、分层取土等施工措施。如仍不能满足要求，应加以翻晒、分区集中堆存或加水处理等措施，其费用按比例摊入土方填筑工程单价。

（3）土料开采运输。土方挖运定额的计量单位为自然方，而土方填筑综合单价为成品压实方（坝上方）。当采用《浙江省水利水电建筑工程预算定额》（2010 年），计算土料挖运工序单价时应考虑土料的体积变化和施工损耗等影响，即根据定额计算的挖运工序单价再乘以成品实方折算系数，折算系数可按下式计算。

$$\text{成品实方定额}=\text{自然方定额数}\times(1+A)\times\frac{\text{设计干容量}}{\text{天然干容量}} \tag{5-2}$$

式中，A 为综合系数（%），包括开采、上坝运输、雨后清理、边坡削坡、接缝削坡、施工沉陷、试验坑和不可避免的压坏等损耗因素。A 值可根据填筑部分和施工方法按表 5-5 选取。

表 5-5　土石坝填筑综合系数

填筑方法与部位	综合系数 A/%
机械填筑混合坝、堤、堰土料	5.86
机械填筑均质坝、堤、堰土料	4.93
机械填筑心（斜）墙土料	5.70
人工填筑坝、堤、堰土料	3.43
人工填筑心（斜）墙土料	3.43

（4）压实。水利水电土方填筑标准一般要求较高。由于筑坝材料、压实标准、碾压机具等不同，其工效也不同，所以，土方压实定额按压实机械的类型及压实干密度划分节和子目。

在《浙江省水利水电建筑工程预算定额》（2010 年）中，无填筑综合定额，可先按分项定额计算出各工序单价，再按下式计算填筑综合单价：

$$J_{\text{填}}=f_1J_{\text{覆}}+f_2J_{\text{处理}}+(1+A)\frac{\gamma_{\text{设}}}{\gamma_{\text{天}}}J_{\text{挖运}}+J_{\text{压}} \tag{5-3}$$

$$f_1=\frac{覆盖层清除量(自然方)}{填筑总方量(压实方)}\times100\%$$

$$f_2=\frac{土料处理量(自然方)}{填筑总方量(压实方)}\times100\% \tag{5-4}$$

式中：$J_{填}$——填筑综合单价，元/m³ 压实方；

$J_{覆}$——覆盖层清除单价，元/m³ 自然方；

f_1——覆盖层清除摊销费率；

$J_{处理}$——土料处理单价，元/m³ 自然方；

f_2——土料处理摊销率；

A——综合系数，按表 5-5 选用；

$\gamma_{设}$——填筑设计干密度，kN/m³；

$\gamma_{天}$——料场天然干密度，kN/m³；

$J_{挖运}$——土料挖运单价，元/m³ 自然方；

$J_{压}$——压实单价，元/m³ 压实方。

（三）采用现行预算定额编制土方工程单价时应注意的问题

（1）定额中挖土、推土、运土均以自然方计，土方压实和土坝填筑的定额均以压实方计，在编制单价时注意统一计量单位。

（2）土方工程，尽量利用开挖出渣料用于填筑工程，对于开挖料直接运至填筑工作面的，以开挖为主的工程，出渣运输宜计入开挖工程单价；对以填筑为主的工程，宜计入填筑工程单价中。注意：不得在开挖和填筑单价中重复或遗漏计算土方运输工序单价。

（3）在确定利用料数量时，应充分考虑开挖和填筑在施工进度安排上的时差，一般不可能完全衔接，二次转运（即开挖料卸至某堆料场，填筑时再从某堆料场取土）是经常发生的。对于需要二次转运的，土方出渣运输、取土运输应分别计入开挖和填筑工程单价中。

（4）推土机推土距离和运输定额的运距，均指取土中心至卸土中心的平均距离。工程量很大的可以划分几个区域加权平均计算，推土机推松土时定额乘以 0.8 系数。

（5）砂砾料开挖和运输定额按Ⅳ类土定额计算。

微课
渠道土方工程单价

二、土方工程单价编制案例

【例 5-2】 金华市某渠道工程（底宽 6 m），渠底采用 1 m³ 液压挖掘机开挖，就近堆放，Ⅲ类土，已知柴油预算价格 8.0 元/kg，措施费费率 4%。

问题：求渠道土方开挖预算单价。

已知：柴油 8.0 元/kg，汽油 9.0 元/kg，电价 1.0 元/(kW·h)，风价 0.15 元/m³，水价 0.6 元/m³，本章案例材料价格都按税前价计列。

解：（1）计算机械台班费。

① 1 m³ 挖掘机台班费。

查《浙江省水利水电工程施工机械台班费》（2010 年）、《浙江省水利水电工程设计概（预）算编制规定》（2018 年）和《浙江省水利厅关于水利工程营业税改增值税后计价依据调整的通知》（浙水建［2016］14 号）：一类费用小计为（204.45+102.23+153.34）÷

1.1+13.08=431.28(元/台班),二类费用机上人工2工日,柴油69 kg,人工预算单价69.6元/工日。

台班费限价:431.28+2×48.76+69×3=735.80(元/台班)。

台班费人工补差:2×(69.6−48.76)=41.68(元/台班)。

台班费柴油补差:69×(8−3)=345.00(元/台班)。

② 双胶轮车台班费。

查《浙江省水利水电工程施工机械台班费定额》(2010年)和《浙江省水利厅关于水利工程营业税改增值税后计价依据调整的通知》(浙水建[2016]14号):一类费用小计为(1.56+3.84)/1.1=4.91(元/台班),无二类费用。台班费预算价4.91元/台班。

(2) 确定各种费率。

《浙江省水利水电工程设计概(预)算编制规定》(2018年),该工程属于三类工程,措施费费率取4%,间接费费率取8.5%,利润率取5%,税率取9%。

(3) 渠道土方开挖预算单价。

查《浙江省水利水电建筑工程预算定额》(2010年),第一章机械挖渠道一节,计算见表5-6。

表5-6　建筑工程单价计算表

单价序号				1	
项目名称				渠道土方开挖	
定额编号				10017	
施工措施				1 m^3 挖掘机挖Ⅲ类土,底宽6 m,就近堆放	
定额单位				100 m^3 自然方	
编号	工程名称	单位	单价/元	数量	合价/元
①	人工费	工日	48.76	2.20	107.27
②	机械费				131.57
	1 m^3 挖掘机	台班	735.80	0.17	125.09
	双胶轮车	台班	4.91	1.32	6.48
③	其他机材费	%	131.57	5.0	6.58
(1)	直接工程费小计	元			245.42
(2)	措施费	%	245.42	4.0	9.82
(一)	直接费	元			255.24
(二)	间接费	%	255.24	8.5	21.70
(三)	利润	%	276.94	5.0	13.85
(四)	人工补差	元	20.84	2.2+0.17×2	52.93
(五)	柴油补差	元	5.0	69×0.17	58.65
(六)	税金	%	402.37	9.0	36.21
(七)	合计	元			438.58
(八)	单价	元			4.39

注:除特殊说明外,本章案例单价均以2019年为编制年,材料价格均为未计税价格,并在案例中给出。

微课
黏土心墙土方单价

经计算，该渠道土方开挖单价为 4.39 元/m^3。

【例 5-3】 浙东某堤防工程（Ⅰ级堤防），Ⅱ类土，填筑工程量为 30 万 m^3，设计干密度 16.46 kN/m^3，天然干密度 14.31 kN/m^3。土料含水率为 25%，填筑前须翻晒处理。

问题：试求堤防土方填筑工程单价。

已知：(1) 料场覆盖层清除量 1.2 万 m^3，74 kW 推土机推运 70 m 弃土。

(2) 土料用犁（三铧）在料场进行处理翻晒。料场翻晒中心距离堤防中心 3 km，翻晒后由 2 m^3 装载机配 15 t 自卸汽车运输上堤。74 kW 拖拉机牵引 12 t 轮胎碾压实。

(3) 本工程属二类工程，人工预算价 72.6 元/工日，措施费费率取 5%，间接费费率取 9.5%，利润率取 6%，税率取 9%。A=5.7%。

解：(1) 计算各工序工程单价。

① 计算覆盖层清除单价，见表 5-7。

表 5-7 建筑工程单价计算表（覆盖层清除单价）

单价序号				1	
项目名称				覆盖层清除	
定额编号				10286	
施工措施				74 kW 推土机，Ⅱ类土，推运 70 m 弃土	
定额单位				100 m^3 自然方	
编号	工程名称	单位	单价/元	数量	合价/元
①	人工费	工日	48.76	0.6	29.26
②	机械费				
	74 kW 推土机	台班	488.45	0.50	244.23
③	其他机材费	%	244.23	5.0	12.21
(1)	直接工程费小计	元			285.70
(2)	措施费	%	285.70	4.0	11.43
(一)	直接费	元			297.13
(二)	间接费	%	297.13	9.5	28.23
(三)	利润	%	325.36	6.0	19.52
(四)	人工补差	元	23.84	0.6+0.5×2	38.14
(五)	柴油补差	元	5.0	53×0.5	132.50
(六)	税金	%	515.52	9.0	46.40
(七)	合计	元			561.92
(八)	单价	元			5.62

② 计算土料处理单价，见表 5-8。

表 5-8　建筑工程单价计算表（土料处理单价）

单价序号			2		
项目名称			土料翻晒		
定额编号			10674		
施工措施			犁（三铧）翻晒		
定额单位			100 m^3 自然方		
编号	工程名称	单位	单价/元	数量	合价/元
①	人工费	工日	48.76	4.50	219.42
②	机械费				240.44
	犁（三铧）	台班	10.59	0.15	1.59
	缺口耙	台班	13.15	0.30	3.95
	59 kW 拖拉机	台班	313.09	0.15	46.96
	40～55 kW 拖拉机	台班	270.31	0.30	81.09
	59 kW 推土机	台班	356.15	0.30	106.85
③	其他机材费	%	240.44	5.00	12.02
（1）	直接工程费小计	元			471.88
（2）	措施费	%	471.88	5.0	23.59
（一）	直接费	元			495.47
（二）	间接费	%	495.47	9.5	47.07
（三）	利润	%	542.54	6.0	32.55
（四）	人工补差	元	23.84	4.5+(0.15+0.3+0.3)×2	143.04
（五）	柴油补差	元	5.00	0.15×44+0.3×39+0.3×42	154.50
（六）	税金	%	872.63	9.0	78.54
（七）	合计	元			951.17
（八）	单价	元			9.51

③ 计算土料装运单价，见表 5-9。

表 5-9　建筑工程单价计算表（土料装运单价）

单价序号			3		
项目名称			土料装运		
定额编号			10614		
施工措施			2 m^3 装载机配 15 t 自卸汽车运 3 km，Ⅱ类土		
定额单位			100 m^3 自然方		
编号	工程名称	单位	单价/元	数量	合价/元
①	人工费	工日	48.76	0.70	34.13
②	机械费				909.15
	2 m^3 装载机	台班	685.96	0.18	123.47
	74 kW 推土机	台班	488.45	0.09	43.96

续表

编号	工程名称	单位	单价/元	数量	合价/元
	15 t 自卸汽车	台班	584.03	1.27	741.72
③	其他机材费	%	909.15	2	18.18
(1)	直接工程费小计	元			961.46
(2)	措施费	%		5.0	48.07
(一)	直接费	元			1 009.53
(二)	间接费	%		9.5	95.91
(三)	利润	%		6.0	66.33
(四)	人工补差	元	23.84	0.7+(0.18+0.09+1.27)×2	90.12
(五)	柴油补差	元	5.00	0.18×97+0.09×53+1.27×60	492.15
(六)	税金	%		9.0	151.89
(七)	合计	元			1 839.60
(八)	单价	元			18.40

④ 计算土料压实单价，见表 5-10。

表 5-10　建筑工程单价计算表(土料压实单价)

单价序号			4		
项目名称			土料压实		
定额编号			10682H		
施工措施			74 kW 拖拉机牵引 12 t 轮胎碾压实，Ⅱ类土		
定额单位			100 m^3 压实方		
编号	工程名称	单位	单价/元	数量	合价/元
①	人工费	工日	48.76	2.7	131.65
②	机械费				189.10
	16 t 轮胎碾	台班	95.00	0.18	17.10
	74 kW 拖拉机	台班	399.04	0.18	71.83
	74 kW 推土机	台班	488.45	0.09	43.96
	2.8 kW 蛙式打夯机	台班	120.20	0.18	21.64
	刨毛机	台班	384.09	0.09	34.57
③	其他机材费	%	189.10	5.0	9.46
(1)	直接工程费小计	元			330.21
(2)	措施费	%	330.21	5.0	16.51
(一)	直接费	元			346.72
(二)	间接费	%	346.72	9.5	32.94
(三)	利润	%	379.66	6.0	22.78
(四)	人工补差	元	23.84	2.7+(0.18+0.09+0.18+0.09)×2	90.12
(五)	柴油补差	元	5.00	0.18×55+0.09×53+0.09×47	94.50
(六)	税金	%	587.06	9.0	52.84
(七)	合计	元			639.90
(八)	单价	元			6.40

（2）计算堤防土方填筑工程单价：

$J_{综合}=1.2\times10^4\div30\times10^4\times5.62+(1+5.7\%)\times16.46\div14.31\times(9.51+18.40)+6.4$

$=40.55$（元/m^3 压实方）

任务三　石方工程单价编制

一、石方工程单价

水利水电建设项目的石方工程数量很大，且多为基础和洞井及地下厂房工程。尽量采用先进技术，合理安排施工，减少二次出渣，充分利用石渣做块石、碎石原料等，对加快工程进度，降低工程造价有重要意义。

石方工程单价包括开挖、运输和支护等工序的费用。

开挖及运输均以自然方为计量单位。

（一）石方开挖

石方开挖分类按施工方法不同分为人工、钻孔爆破和掘进机开挖等几种，其中钻爆法在水利水电工程中应用广泛。石方开挖方式有明挖（图 5-3）和暗挖（图 5-4）两种，定额是按工程部位、设计开挖断面尺寸、开挖方式、岩石级别等划分节和子目，编制单价时应正确划分项目，合理选用定额。

1. 石方开挖的类型

石方明挖包括一般石方、坡面一般石方、沟槽石方、坑石方、基础石方等；暗挖是指平洞、斜井、竖井和地下厂房开挖。《浙江省水利水电建筑工程预算定额》（2010 年）规定的石方开挖类型及区分特征见表 5-11。

表 5-11　石方开挖类型划分

开挖类型		区分特征
明挖	一般石方	一般明挖石方工程；底宽>7 m 的渠槽；上口面积>200 m^2 的坑；倾角<20°或开挖厚度>5 m（垂直于设计面的平均厚度）的坡面
	坡面一般石方	倾角>20°且开挖厚度≤5 m 的坡面
	渠槽石方	底宽≤7 m，长度>宽度 3 倍的长条形石方开挖，如渠道、截水槽、排水沟、地槽
	坑石方	上口面积≤200 m^2 的坑、深度小于上口短边长度或直径的工程，如集水坑、墩基、柱基、机座、混凝土基坑等
	保护层石方	设计规定不允许破坏岩层结构的石方工程，如河床坝基、两岸坝基、发电厂基础、消能池、廊道等工程接近建筑基面部分
暗挖	平洞石方	洞轴线与水平夹角≤6°的洞挖工程
	斜井石方	洞轴线与水平夹角为 6°～75°的洞挖工程
	竖井石方	洞轴线与水平夹角>75°的洞挖工程、上口面积>5 m^2，深度大于上口短边长度或直径的石方工程，如调压井、闸门井等
	水下石方爆破	内河水深<4 m、孔深<4 m 的水下石方开挖
	地下厂房石方	地下厂房或窑洞式厂房的开挖工程

2. 定额内容

石方开挖定额计量单位为自然方。定额包括钻孔、装药、爆破、撬移、解小、翻渣、清面、修理断面、安全处理、洞挖施工排烟、排水等。但不包括隧洞支撑和锚杆支护，其费用应根据水工设计资料单独列项计算。

3. 石方开挖工程单价

《浙江省水利水电建筑工程预算定额》(2010 年)石方开挖各节子目中，未计入允许的超挖量和施工附加量所消耗的人工、材料和机械的数量及费用。编制石方开挖预算单价时，须将允许的超挖量及合理的施工附加量，按占清单工程量的比例计算摊销率，然后将超挖量和施工附加量所需的费用乘以各自的摊销率后计入石方开挖单价。施工规范允许的超挖石方，可按超挖石方定额(如平洞、斜井、竖井超挖石方)计算其费用。合理的施工附加量的费用按相应的石方开挖定额计算。

(二) 石方运输

石方运输定额计量单位为自然方。石方运输定额与土方运输定额相似，亦按装运方法和运输距离等划分节和子目。

石方运输分露天和洞内运输。挖掘机或装载机装石渣汽车运输各节定额，露天与洞内的区分，按挖掘机或装载机装车地点确定。洞内运距按工作面长度的一半计算，当一个工程有几个弃渣场时，可按弃渣量比例计算加权平均运距。

编制石方运输单价，当有洞内外连续运输时，应分别套用不同的定额子目。洞内运输部分，套用“洞内”定额基本运距(装运卸)及“增运”子目；洞外运输部分，套用“露天”定额“增运”子目(仅有运输工序)。洞内和洞外为非连续运输(如洞内为斗车，洞外为自卸汽车)时，洞外运输部分应套用“露天”定额的“基本运距”及“增运”子目。

(三) 石方开挖工程综合单价

石方开挖综合单价是指包含石渣运输费用的开挖单价。应分别计算开挖与出渣单价，并考虑允许的超挖量及合理的施工附加量的费用分摊，再合并计算开挖综合预算单价。

(四) 编制石方工程单价时应注意的问题

(1) 洞、井石方开挖定额中各子目标示的断面积是指设计开挖断面面积，未包括超挖量部分。规范允许超挖部分的工程量，应执行洞、井超挖石方定额。

(2) 石方开挖定额中未考虑防震孔、预裂孔。预裂爆破、防震孔、插筋孔均适用于露天施工，若为地下工程，定额中人工、机械应乘以 1.15 系数。

(3) 石方开挖定额，未考虑预裂爆破所需的各种特殊保护及开挖措施，如施工组织设计需要预裂爆破时，应按设计提供的预裂爆破工程量，套用预裂爆破定额。

平洞、斜洞、竖井、地下厂房石方开挖工程，已考虑光面爆破因素。

(4) 定额材料中所列“合金钻头”是风钻(手持式、气腿式)所用的钻头；“钻头”是指液压履带钻或液压凿岩台车所用的钻头。定额中的其他机材费，包括小型脚手架、排架、操作平台、棚架、漏斗等的搭拆摊销费，以及炮泥、燃香、火柴等次要材料费。

(5) 石方开挖选用乳胶炸药计算。

（6）洞挖定额中的通风机台班数量是按一个工作面长 200 m 拟定，如实际超过 200 m，应按表 5-4 系数调整通风机台班数量。

图 5-3　石方明挖

图 5-4　隧洞开挖

二、石方工程单价编制案例

微课
坝基石方开挖

【例 5-4】　某水电站（一类工程）坝基石方开挖，X 级岩石，手风钻。设计线以上 0.5 ~ 1 m 占 30%（其中底部 20%；坡面 $\alpha=25°$，占 10%）；一般石方开挖占 70%（其中底部 50%，坡面 20%）。

问题：求坝基开挖单价（不含运输及超挖摊销）。

解：经查定额计算。

一般石方（20005）开挖单价 43.12 元/m^3。

坡面一般石方（20165）开挖单价 65.42 元/m^3。

底部保护层石方（20205）开挖单价 84.26 元/m^3。

坡面保护层石方（20185）开挖单价 92.81 元/m^3。

则不含运输及超挖摊销的坝基开挖单价为

$$43.12\times50\%+65.42\times20\%+84.26\times20\%+92.81\times10\%=60.78（元/m^3）$$

【例 5-5】　浙南某引水隧洞（三类工程，平洞），总长 2 000 m，开挖直径 6 m（圆洞），岩石级别为 XI 级。

施工方法：用三臂液压凿岩台车钻孔、光面爆破，一头进占，1 m^3 挖掘机装 8 t 自卸汽车洞外运输 5 km。

微课
隧洞石方工程

主要材料：柴油 8 元/kg；电价 1.06 元/度，水价 0.6 元/m^3，炸药 16 元/kg。

措施费费率：5%。

问题：

（1）计算预算定额通风机台班数量综合调整系数及石渣运输综合运距。

（2）计算平洞石方开挖预算单价。

解：

1. 计算预算定额通风机台班数量综合调整系数

洞长 2 000 m，一头开挖，即工作面长度 2 000 m，查《浙江省水利水电建筑工程预算定额》(2010 年) P_{98},通风机调整系数为 2.7,见表 5-12。

表 5-12 洞挖通风机台班系数

隧洞工作面长/m	≤200	500	1 000	1 500	2 000	2 500	3 000	每增加 500
系数	1.0	1.2	1.5	2.0	2.7	3.7	4.9	增加 1.5

2. 计算石渣运距

洞内运输距离与工作面长度是两个概念,不能混淆,洞内运输距离是按洞长的平均运输距离考虑,一般为 1 000 m,洞外运输距离为 5 000 m。

3. 计算平洞石方开挖预算单价

在计算单价过程中,需考虑以下因素。

(1) 根据定额说明,隧洞石方开挖定额中各子目标示的断面积是指设计开挖断面面积,未包括超挖量部分。规范允许超挖部分的定额,应执行隧洞超挖石方定额。

(2) 本工程开挖直径 6 m(圆洞),断面每延米隧洞设计开挖工程量为 $3.14\times3^2\times1=28.26(m^3)$。

本工程隧洞采用光面爆破,按规范径向允许超挖 15 cm,每延米隧洞允许超挖工程量为 $3.14\times(3.15^2-3^2)\times1=2.90(m^3)$。

(3) 本工程洞内外连续运输都采用 8t 自卸车运输,洞内运输,套用“洞内”定额基本运距;洞外运输,套用“露天”定额“增运”定额。

经查定额,开挖采用的定额编号为 20 459+20 963。

运输采用的定额编号为 21 273+21 271×5,计算结果见表 5-13 ~ 表 5-16。

表 5-13 建筑工程单价计算表(平洞石方开挖)

单价序号				1	
项目名称				平洞石方开挖	
定额编号				20459	
施工措施				三臂液压凿岩台车钻孔,XI级岩石	
定额单位				100 m^3 自然方	
编号	工程名称	单位	单价/元	数量	合价/元
①	人工费	工日	48.76	46.1	2 247.84
②	材料费				2 412.60
	钻头 64 ~ 76	个	300	0.75	225.00
	钻头 89 ~ 102	个	400	0.14	56.00
	钻杆	m	100	1.44	144.00
	炸药	kg	6	199	1 194.00
	非电毫秒雷管	个	2	132.3	264.60
	导爆管	m	1	529.0	529.00
③	机械费				5 420.06
	三臂液压凿岩台车	台班	3 945.62	0.60	2 367.37

续表

编号	工程名称	单位	单价/元	数量	合价/元
	液压平台车	台班	557.73	0.40	223.09
	28 kW 轴流通风机	台班	263.98	3.97×2.7	2 829.60
④	其他机材费	%	7 832.66	15	1 174.90
(1)	直接工程费小计	元			11 255.40
(2)	措施费	%	11 255.40	4.0	450.22
(一)	直接费	元			11 705.62
(二)	间接费	%	11 705.62	10.5	1 229.09
(三)	利润	%	12 934.71	5.0	646.74
(四)	人工补差	元	20.84	46.1+0.6×6+0.4×2+10.72	1 275.82
(五)	材料补差	元			2 244
①	柴油补差	kg	5.00	0.6×32+0.4×79	254
②	炸药	kg	10	199	1 990
(六)	税金	%	17 101.27	9.0	1 539.11
(七)	合计	元			18 640.38
(八)	单价	元			186.40

表 5-14 建筑工程单价计算表(平洞超挖石方)

单价序号				2	
项目名称				平洞超挖石方	
定额编号				20963	
施工措施				超挖部分翻渣清面,清理断面(不含装渣)	
定额单位				100 m^3 自然方	
编号	工程名称	单位	单价/元	数量	合价/元
①	人工费	工日	48.76	28.8	1 404.29
	零星机材费	%		10	140.43
(1)	直接工程费小计	元			1 544.72
(2)	措施费	%		5.0	77.24
(一)	直接费	元			1 621.96
(二)	间接费	%	1 621.96	10.5	170.31
(三)	利润	%	1 792.27	5.0	89.61
(四)	人工补差	元	20.84	28.8	600.19
(五)	税金	%	2 482.07	9.0	223.39
(六)	合计	元			2 705.46
(七)	单价	元			27.05

表 5-15　建筑工程单价计算表（平洞石方洞内运输）

单价序号				3	
项目名称				平洞石方运输（洞内）	
定额编号				21273	
施工措施				1 m^3 挖机 8 t 自卸汽车洞内运输 1 km	
定额单位				100 m^3 自然方	
编号	工程名称	单位	单价/元	数量	合价/元
①	人工费	工日	48.76	1	48.76
②	机械费				1 436.07
	1 m^3 挖掘机	台班	735.80	0.48	353.18
	74 kW 推土机	台班	488.45	0.30	146.53
	8 t 自卸汽车	台班	410.68	2.28	936.36
③	其他机材费	%	1 436.07	2	28.72
(1)	直接工程费小计	元			1 513.55
(2)	措施费	%		5.0	75.68
(一)	直接费	元			1 589.23
(二)	间接费	%	1 589.23	10.5	166.87
(三)	利润	%	1 756.1	5.0	87.81
(四)	人工补差	元	20.84	1+(0.48+0.3+2.28)×2	148.38
(五)	材料补差	元			769.50
①	柴油补差	kg	5.00	69×0.48+53×0.3+46×2.28	769.50
(六)	税金	%	2 761.79	9.0	248.56
(七)	合计	元			3 010.35
(八)	单价	元			30.10

表 5-16　建筑工程单价计算表（平洞石方洞外运输）

单价序号				4	
项目名称				平洞石方运输（洞外）	
定额编号				21271×5	
施工措施				8 t 自卸汽车洞外运输 5 km	
定额单位				100 m^3 自然方	
编号	工程名称	单位	单价/元	数量	合价/元
①	人工费	工日	48.76	0	0
②	机械费				718.69
	8 t 自卸汽车	台班	410.68	0.35×5	718.69
(1)	直接工程费小计	元			718.69
(2)	措施费	%		5.0	35.93
(一)	直接费	元			754.62
(二)	间接费	%		10.5	79.24

续表

编号	工程名称	单位	单价/元	数量	合价/元
(三)	利润	%	833.86	5.0	41.69
(四)	人工补差	元	20.84	0.35×5×2	72.94
(五)	材料补差	元			402.50
①	柴油补差	kg	5.00	0.35×5×46	402.50
(六)	税金	%	1 350.99	9.0	121.59
(七)	合计	元			1 472.58
(八)	单价	元			14.73

(4) 计算平洞开挖预算综合单价。

① 设计断面挖、运工程量工程单价：

$$186.40+30.10+14.73=231.23(\text{元}/m^3)$$

② 超挖超运工程单价(规范允许超挖超运)：

$$2.9\div28.26\times(27.05+30.10+14.73)=7.37(\text{元}/m^3)$$

③ 平洞开挖预算综合单价：

$$231.23+7.37=238.60(\text{元}/m^3)$$

任务四　堆砌石工程单价编制

堆砌石工程包括堆石、砌石、抛石等。因其能就地取材，施工技术简单，造价低而在我国应用较普遍。

一、堆石坝填筑单价

随着施工技术的不断发展，堆石坝在水利工程大坝中所占比例越来越大，合理编制堆石坝工程显得尤为重要。堆石坝工程可分为堆石料开采、运输、压实等工序，编制工程单价时，应采用不同子目定额计算各工序单价，然后再编制综合单价，见图 5-5 ~ 图 5-7。

图 5-5　堆石坝工程(一)

图 5-6　堆石坝工程(二)

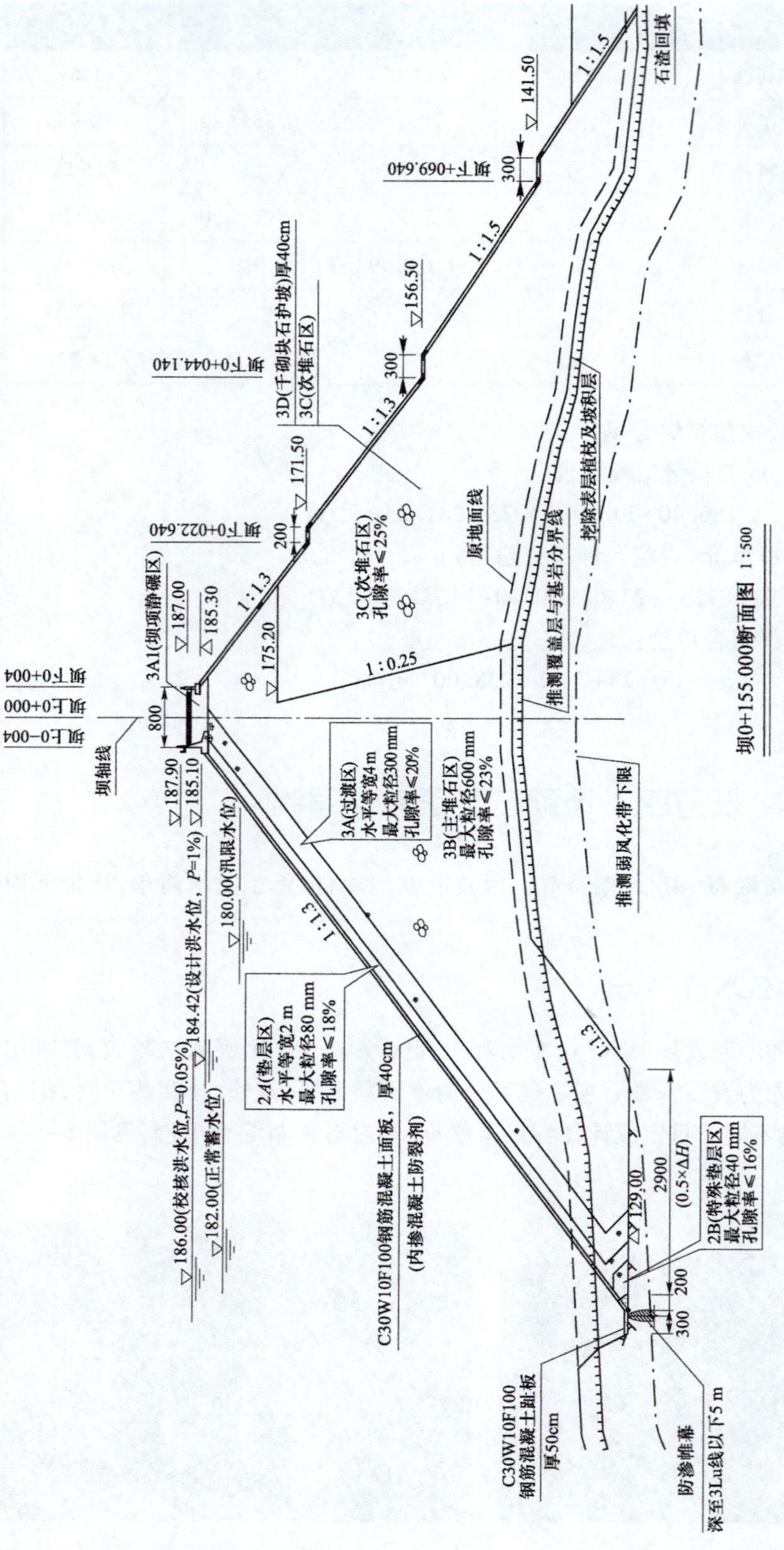

坝上0−004
坝上0+000
坝下0+004
坝轴线
800
3A1(坝顶静碾区)
▽187.00
▽185.30
▽175.20
1∶1.3
200
坝下0+022.640
▽171.50
3D(干砌块石护坡)厚40cm
3C(次堆石区)
1∶1.3
300
坝下0+044.140
▽156.50
1∶1.5
300
坝下0+069.640
▽141.50
1∶1.5
石渣回填
▽187.90
▽185.10
▽186.00(校核洪水位,P=0.05%)
▽184.42(设计洪水位,P=1%)
▽182.00(正常蓄水位)
▽180.00(汛限水位)
2A(垫层区)
水平等宽2 m
最大粒径80 mm
孔隙率≤18%
3A(过渡区)
水平等宽4 m
最大粒径300 mm
孔隙率≤20%
3B(主堆石区)
最大粒径600 mm
孔隙率≤23%
3C(次堆石区)
孔隙率≤25%
1∶0.25
原地面线
推测覆盖层与基岩分界线
挖除表层植枝及坡积层
推测弱风化带下限
C30W10F100钢筋混凝土面板，厚40cm
(内掺混凝土防裂剂)
1∶1.3
1∶1.3
▽129.00
2900
(0.5×ΔH)
2B(特殊垫层区)
最大粒径40 mm
孔隙率≤16%
200
300
C30W10F100
钢筋混凝土趾板
厚50cm
防渗帷幕
深至3Lu线以下5 m
坝0+155.000断面图 1∶500

图 5−7 堆石坝横断面图

(一) 填筑料开采单价

堆石坝物料按其填筑部位的不同,分为反滤料区、过渡料区和堆石区等。需分别列项计算。编制填筑料开采单价时,可将料场覆盖层(包括无效层)清除等辅助项目费用摊入开采单价中形成填筑料开采单价。其计算公式为

$$\text{填筑料开采单价}=\text{覆盖层清除单价}\times\frac{\text{覆盖层清除量}}{\text{填筑料总量(自然方或成品堆方)}}+\text{开采单价(自然方或成品堆方)} \quad (5-5)$$

其中,覆盖层清除量可按施工方法套用土方和石方工程相应定额计算。开采单价计算分为可套用堆砌石工程中堆石备料对应定额,利用基坑等开挖料作为堆石料时,不需计算备料单价,但需计算上坝运输费用。

(二) 填筑料运输单价

填筑料运输单价指从开采料场或成品堆料场装车并运输上坝至填筑工作面的工序单价,包括装车、运输上坝、卸车、空回等费用。

(三) 堆石坝填筑单价

堆石坝填筑以建筑成品实方计。填筑料压实定额是按碾压机械和分区材料划分节和子目。

《浙江省水利水电建筑工程预算定额》(2010 年)堆石料物料压实在砌石工程中编列,大部分定额没有物料压实所需的填筑料量及其运输量列出,编制堆石坝填筑综合单价时,应该考虑填筑料的开采单价、运输单价和压实单价。

$$\text{堆石坝填筑单价}=(\text{填筑料开采单价}+\text{填筑运输单价})\times(1+A)\times\frac{\text{设计干密度}}{\text{天然干密度}}+\text{填筑压实单价} \quad (5-6)$$

式中:A——综合系数,可按表 5-17 选取。

表 5-17　堆石坝填筑综合系数

填筑部位	综合系数 A/%
坝体砂石料、反滤料、过渡料	2.20
坝体堆石料	1.40

(四) 编制堆石坝填筑单价应注意的问题

(1) 浙江省水利水电建筑工程预算定额(上)》(2010)第三章堆砌石工程章说明 7 指出,本章第 24 至 25 节定额为机械填筑土石坝,其中,机械填筑坝体砂砾料定额是按挖掘机机械采挖自然状态的砂砾石混合料直接上坝编制的,定额中已计入从开采到坝面填筑的各项损耗和松实换算因素。采用该 2 节定额编制单价时,不再计入各项系数。

(2) 为降低工程造价,提高投资效益,在编制坝体填筑单价时,应考虑利用开挖出渣料上坝的可能性,其利用比例可根据施工组织设计安排的开挖与填筑进度的衔接情况合理确定,此部分填筑料仅需计算运输(转运上坝)和压实费用。

二、砌石工程单价

水利水电工程中的护坡、墩墙、洞涵等均有用块石、条石或料石砌筑的(图 5-8),

浙江省地方中小工程中应用尤为广泛。砌石单价包括砌石材料单价和砌筑单价两种。

图 5-8 干砌块石

（一）砌石材料单价

（1）定额计量单位。砌石工程所用石料均按材料计算，其计量单位视石料的种类而异。对堆石料、过渡料、反滤料、砂、碎石按堆方计；对块石、毛块石、卵石按码方计；对条石、料石按清料方计。当无实测资料时，不同计量单位间体积换算关系可参考表5-18。

表 5-18 石方松实系数换算

项目	自然方	松方	实方	码方	抛填方
土方	1	1.33	0.85		
石方	1	1.53	1.31		1.42
砂方	1	1.07	0.94		
砂砾混合料	1	1.19	0.88		
块石	1	1.75	1.43	1.67	1.55

注：1. 松实系数是指土石料体积的比例关系，供一般土石方工程换算时参考。

2. 块石松方即块石堆方，块石实方指堆石坝体方，抛填方指围垦工程等的块石抛填方。

（2）石料的规格及标准。定额中石料规格及标准见表5-19，使用时请勿混淆。

表 5-19 石料规格及标准

名称	规格及标准
碎石	经破碎、加工分级后的骨料粒径，5 mm<粒径大小<150 mm
毛块石	形状不规则的石块，厚度>150 mm
块石	厚度>200 mm、长宽各为厚度的 2～3 倍，至少有一面大致平整的石块
卵石	最小粒径>200 mm 的天然河卵石
毛条石	一般长度 1 000 mm 以下，表面凹凸不超过 30 mm 的四棱方正的石料
粗料石	毛条石经过修边粗加工，外露面方正，各相邻面正交，表面凹凸不超过 10 mm 的石料
细粗石	毛条石经过修边细加工，外露面方正，各相邻面正交，表面凹凸不超过 5 mm 的石料
砂砾料	天然砂卵石混合料
堆石料	山场岩石经爆破后，有一定级配的石料
过渡料	土石坝或一般堆砌石工程的防渗体与坝壳（堆石料、砂砾料、土料）之间的过渡区石料，由粒径、级配均有一定要求的碎石、砾石或砂等组成

(3) 石料单价。各种石料作为材料,在计算其单价时分为两种情况:第一种是施工企业自行开采石料,其基本直接费单价计算时,若采用备料章节开采运输子目(若采用石方章节时,需进行体积换算和损耗计算)计算;第二种是外购的石料,其价格参照项目四任务二材料预算价格编制。

(二) 砌筑单价

根据设计确定的砌体形式和施工方法,套用相应定额可计算砌石单价。砌石包括干砌石和浆砌石。对于干砌石,只需将砌石材料单价代入砌筑定额,便可编制砌筑工程单价。对于浆砌石,还应计算砌筑砂浆和勾缝砂浆半成品(指砂浆的各组成材料)的价格。根据设计砂浆的强度等级,按照试验确定的材料配合比,考虑施工损耗量,确定水泥、砂子等材料的预算用量(采用值)。当无试验资料时,可按定额附录中的砌筑砂浆材料配合表确定水泥、砂子等材料的预算用量,由材料预算量乘以材料预算价格计算出砂浆半成品的价格。将石料、砂浆半成品的价格代入砌筑定额即可编制浆砌石工程单价。

(三) 编制砌石工程单价应注意的问题

(1) 石料自料场至施工现场堆放点的运输费用,应计入石料单价内,施工现场堆放点至工作面的场内运输已包括在砌石工程定额内,不得重复计费。

(2) 料石砌筑包括砌体外露的一般修凿,如设计要求做装饰性修凿,应另行增加修凿所需的人工费。

(3) 浆砌石定额中已计入一般要求的勾缝,如设计有防渗要求高的开槽勾缝,应增加相应的人工费和材料费。砂浆拌制费用已包含在定额内。

三、围垦工程单价

围垦工程是指一些沿江、滨湖和海边的滩地上建筑围堤的水利工程。近些年来,浙江沿海地区经济发展较快,加上人多地少,开始进行滩涂围垦建设。围垦填筑单价包括石料开挖单价和石料填筑单价两种。石料开挖的计量单位以自然方计。石料填筑的计量单位以抛填方计。不同计量单位间体积换算关系可参考表 5-18。

微课
堆石坝填筑预算单价

四、堆砌石工程单价编制案例

【例 5-6】 某水利工程采用堆石坝坝体填筑,工程类别为二类工程,坝体 70 万 m^3。施工工艺流程为堆石备料→挖装运输上坝→压实。

基本资料:料场覆盖层清除量 3.5 万 m^3(清除单价 5.40 元/m^3),堆石备料采用潜孔钻钻孔爆破(X类岩石级别),坝体堆石填筑采用 2 m^3 油动挖掘机挖装 15 t 自卸汽车运输 1 km 上坝,13 ~ 14 t 振动碾压实。

问题:试计算堆石坝坝体填筑预算工程单价。

已知:柴油 8 元/kg;汽油 9 元/kg;炸药 16 元/kg;电价 1.06 元/度;水价 0.6 元/m^3;风价 0.15 元/m^3;措施费费率 5%。

解题思路:

(1) 按照覆盖层清除→堆石备料开采→挖装运输上坝→压实的施工流程,查找对应定额子目,分别是 30093、30122;根据基本资料,确定二类工程取费费率。

（2）根据现行定额砌石章节中说明第7点（现行定额 P_{258}）：30122 定额子目，已包括从开采到坝面填筑的各项损耗。计算时不必再考虑系数。

解：具体计算见表5-20、表5-21。

表5-20 建筑工程单价计算表（堆石料开采）

单价序号				1	
项目名称				堆石料开采	
定额编号				30093	
施工措施				潜孔钻钻孔爆破，X级岩石	
定额单位				100 m^3 自然方	
编号	工程名称	单位	单价/元	数量	合价/元
①	人工费	工日	48.76	4.60	224.30
②	材料费				516.75
	潜孔钻钻头（100型）	个	400	0.17	68.00
	冲击器	个	1 500	0.02	30.00
	钻杆	m	100	0.34	34.00
	合金钻头	个	35	0.08	2.80
	空心钢	kg	7	0.22	1.54
	炸药	kg	6	40.79	244.74
	雷管	个	2	14.54	29.08
	导电线	m	1	106.59	106.59
③	机械费				386.79
	潜孔钻（100型）	台班	703.82	0.40	281.53
	手风钻	台班	124.71	0.31	38.66
	5 t载货汽车	台班	444.01	0.15	66.60
④	其他机材费	%	903.54	5.0	45.18
（1）	直接工程费小计	元			1 173.02
（2）	措施费	%		5.0	58.65
（一）	直接费	元			1 231.67
（二）	间接费	%		12.0	147.80
（三）	利润	%		6.0	82.77
（四）	人工补差	元	23.84	4.6+0.4×2+0.15×1.33	133.49
（五）	材料补差	元			407.90
①	炸药补差	kg	10	40.79	407.90
（六）	税金	%		9.0	180.33
（七）	合计	元			2 183.96
（八）	单价	元			21.84

表 5-21　建筑工程单价计算表(堆石料运输上坝及填筑压实)

单价序号				2	
项目名称				堆石料运输上坝及填筑压实	
定额编号				30122	
施工措施				2 m^3 挖机 15 t 自卸汽车运输 1 km, 13～14 t 振动碾压实	
定额单位				100 m^3 压实方	
编号	工程名称	单位	单价/元	数量	合价/元
①	人工费	工日	48.76	3.0	146.28
②	材料费				15.00
	堆石料	m^3	0.00	120.0	0.00
	水	m^3	0.60	25.0	15.00
③	机械费				981.13
	2 m^3 挖掘机	台班	859.67	0.25	214.92
	74 kW 推土机	台班	488.45	0.27	131.88
	15 t 自卸汽车	台班	584.03	0.96	560.67
	13～14 t 振动碾	台班	726.43	0.08	58.11
	手扶式振动碾	台班	103.67	0.15	15.55
④	其他机材费	%	996.13	3.0	29.88
(1)	直接工程费小计	元			1 172.29
(2)	措施费	%		5.0	58.61
(一)	直接费	元			1 230.90
(二)	间接费	%		12.0	147.71
(三)	利润	%		6.0	82.72
(四)	人工补差	元	23.84	3+(0.25+0.27+0.96+0.08)×2+0.15	149.48
(五)	材料补差	元			516.25
①	柴油补差	kg	5.00	100×0.25+53×0.27+60×0.96+68×0.08+6×0.15	516.25
(六)	税金	%		9.0	191.44
(七)	合计	元			2 318.50
(八)	单价	元			23.19

注:因堆石料单价已考虑综合费率,故本单价计算过程中,未列出堆石料单价,但对应的消耗量 120 m^3 列出,为后续综合计算提供方便。

微课
砌筑工程单价

经综合计算,堆石坝坝体填筑预算工程单价:

$$5.4\times(3.5\div70)+21.84\times1.2+23.19=49.67(\text{元}/m^3)$$

【例 5-7】　某河道工程需填筑 3 万 m^3 的碎石,工程类别为三类工程,施工组织方案:采用 1.5 m^3 装载机配 74 kW 推土机,铺设厚度为 1m。

问题：试计算碎石垫层的单价（注意材料的补差）。

已知：柴油 8 元/kg；电价 1.06 元/度，水价 0.67 元/m^3，碎石 100 元/m^3；措施费费率 4%。

解题思路：相对前面的堆石坝工程单价，这道题目由于碎石材料价格已经给出，单价编制就简单些了，根据题意，碎石厚 1m，套用定额 30008，题目中碎石用于垫层，属于外购砂石料 2 的范畴。

解：具体计算见表 5-22。

表 5-22 建筑工程单价计算表（碎石垫层）

单价序号				1	
项目名称				碎石垫层	
定额编号				30008	
施工措施				1.5 m^3 装载机装 74 kW 推平、压实，厚度 1 m	
定额单位				100 m^3 砌体方	
编号	工程名称	单位	单价/元	数量	合价/元
①	人工费	工日	48.76	5.0	243.80
②	材料费				3 300.0
	碎石	m^3	30.0	110	3 300.0
③	机械费				237.42
	推土机 74 kW	台班	488.48	0.27	131.88
	装载机 1.5 m^3	台班	390.89	0.27	105.54
④	其他机材费	%		2.0	70.75
(1)	直接工程费小计	元			3 851.97
(2)	措施费	%		4.0	154.08
(一)	直接费	元			4 006.05
(二)	间接费	%		10.5	420.64
(三)	利润	%		5.0	221.33
(四)	人工及材料补差	元			7 967.11
①	人工补差	工日	20.84	5+1.08	126.71
②	碎石补差	m^3	70.0	110	7 700.0
③	柴油补差	kg	5.0	28.08	140.40
(五)	税金	%		9.0	1 135.36
(六)	合计	元			13 750.49
(七)	单价	元			137.50

微课
围垦工程单价

经计算，碎石垫层的预算工程单价为 137.50 元/m^3。

【例 5-8】 某围垦工程[围垦面积达 3.5 万亩(1 亩=666.667 m^2)]，围堤采用 150 型潜孔钻开采，孔深>9 m，岩石级别为Ⅹ级，抛石采用 2 m^3 装载机配 15 t 自卸汽车运输 1 km 抛填。

问题：计算抛石工程单价。

已知：柴油 8 元/kg；电价 1.06 元/度，水价 0.67 元/m^3，措施费费率 4%。

解题思路：

(1) 本案例工程不考虑覆盖层清除，按照抛石料开采→挖装抛石运输至围堤→石料抛填的施工流程，查找对应定额子目，分别是 20095、30165；根据围垦面积，确定二类工程取费费率。

(2) 根据现行定额对石方自然方与抛填方的换算系数，将两种不同体积的单价汇总成围堤抛石工程预算单价。

解：具体计算见表 5-23、表 5-24。

表 5-23　建筑工程单价计算表

单价序号				1	
项目名称				抛石开采	
定额编号				20095	
施工措施				150 型潜孔钻钻孔，X 级岩石，开挖深度>9 m	
定额单位				100 m^3 自然方	
编号	工程名称	单位	单价/元	数量	合价/元
①	人工费	工日	48.76	4.40	214.54
②	材料费				434.30
	潜孔钻钻头(150 型)	个	375	0.08	30.0
	冲击器	个	2 000	0.01	20.0
	合金钻头	个	35	0.14	4.90
	炸药	kg	6.0	45.0	270.0
	电雷管	个	2.0	4.8	9.60
	非电毫秒雷管	个	2.0	3.9	7.80
	导爆管	m	2.0	19.0	38.0
	导电线	m	1.0	48.0	48.0
③	机械费				334.72
	潜孔钻(150 型)	台班	1 162.68	0.26	302.30
	手风钻	台班	124.71	0.26	32.42
④	其他机材费	%		5.0	38.45
(1)	直接工程费小计	元			1 022.02
(2)	措施费	%		5.0	40.88
(一)	直接费	元			1 062.90
(二)	间接费	%		12.0	127.55
(三)	利润	%		6.0	71.43
(四)	人工补差	元	23.84	4.4+0.26×2	117.29
(五)	材料补差	元			450.0
①	炸药补差	kg	10	45.0	450.0
(六)	税金	%		9.0	164.62
(七)	合计	元			1 993.79
(八)	单价	元			19.94

抛石开采单价为 19.94 元/自然方,换算成抛填方为 19.94÷1.42=14.04 元/抛填方。

表 5-24　建筑工程单价计算表

单价序号					2
项目名称					抛石填筑
定额编号					30165
施工措施					2.0 m^3 装载机装 15 t 自卸汽车运输 1 km 抛填
定额单位					100 m^3 抛填方
编号	工程名称	单位	单价/元	数量	合价/元
①	人工费	工日	48.76	2.40	117.02
②	材料费				0.00
	抛石料	m^3	0.00	105.0	0.00
③	机械费				829.71
	2.0 m^3 装载机	台班	685.96	0.32	219.51
	88 kW 推土机	台班	598.84	0.19	113.78
	15 t 自卸汽车	台班	584.03	0.85	496.42
④	其他机材费	%		1.0	8.30
(1)	直接工程费小计	元			955.03
(2)	措施费	%		4.0	38.20
(一)	直接费	元			993.23
(二)	间接费	%		12.0	119.19
(三)	利润	%		6.0	66.75
(四)	人工补差	元	23.84	2.40+2.72	122.06
(五)	材料补差	元			470.05
①	柴油补差	kg	5.0	94.01	470.05
(六)	税金	%		9.0	159.41
(七)	合计	元			1 930.69
(八)	单价	元			19.31

注:因抛石料单价已考虑综合费率,故本单价计算过程中,未列出抛石料单价,但对应的消耗量 105 m^3 列出,为后续综合计算提供方便。

经综合计算,抛石填筑预算工程单价:

$$(19.94\div1.42)\times1.05+19.31=34.05(\text{元/抛填方})$$

任务五　混凝土工程单价编制

混凝土具有强度高、抗渗性好、耐久等优点,在水利水电工程中应用十分广泛。混凝土工程投资在水利水电工程总投资中常常占有很大的比重。

混凝土工程按施工工艺可分为现浇混凝土和预制混凝土两大类。现浇混凝土又分为常态混凝土、碾压混凝土和沥青混凝土。常态混凝土主要适用于坝、涵闸、船闸、水电站厂房、隧洞衬砌等工程；沥青混凝土适用于堆石坝、砂壳坝的心墙、斜墙及均质坝的上游防渗工程等。编制预算单价时，应根据施工组织方案及建筑物施工部位，选取对应的定额。

微课
混凝土工程组成

一、现浇混凝土工程单价

现浇混凝土由混凝土拌制、运输、立模、浇筑等工序单价组成。在混凝土浇筑定额各子目中，均列有“混凝土”“混凝土拌制”“混凝土运输”的数量，在编制混凝土工程单价时，应分别根据分项定额计算这些项目的基本直接费，再将其分别代入混凝土浇筑定额，计算混凝土工程单价；也可先计算“混凝土拌制”“混凝土运输”对应的工程单价，考虑3%的损耗系数后，加上混凝土浇筑工程单价，最后计算出混凝土工程单价。

（一）混凝土材料单价

混凝土材料单价指按级配计算的砂、石、水泥、水、掺和料及外加剂等每立方米混凝土的材料费用。它不包括拌制、运输、浇筑等工序的人工、材料和机械费用，也不包含除搅拌损耗外的施工操作损耗及超填量等。

混凝土材料单价在混凝土工程单价中占有较大比重，编制预算单价时，应按本工程的混凝土级配试验资料计算。如无试验资料，可参照现行《浙江省水利水电建筑工程预算定额》(2010年)附录九混凝土级配表计算混凝土材料单价。

混凝土半成品单价计算详见项目4水利水电工程基础单价之任务六，本章不再讲述。

（二）混凝土拌制单价

混凝土的拌制工序，包括配料、运输、加水、加外加剂、搅拌、出料、清洗等。预算混凝土拌制定额均以半成品主为计量单位，不包括干缩、运输、浇筑和超填等损耗的消耗量。编制混凝土拌制单价时，应根据施工组织设计选定的拌和设备选用相应的拌制定额。

拌和楼拌制混凝土定额中，均列有“骨料系统”和“水泥系统”的组班，是指骨料、水泥及掺和料进主拌和楼前与拌和楼相衔接必备的机械设备，包括自拌和楼骨料仓下廊道内接料斗开始的胶带运输机及供料设备，自水泥罐开始的水泥提升机械或空气输送设备、胶带运输机、吸尘设备，以及袋装水泥的拆包机械等。其组班费用根据施工组织设计选定的施工工艺和设备配备数自行计算。当不同容量搅拌机械代换时，骨料和水泥系统也应乘以相应系数进行换算。

现行《浙江省水利水电建筑工程预算定额》(2010年)混凝土章中大体积现浇定额各节，一般未列混凝土拌制的人工和机械，其混凝土拌制可按预算定额第四—61、62节混凝土拌制定额算出的单价计算。而一般小型混凝土浇筑定额中，混凝土拌制所需人工、机械都已在浇筑定额的相应项目中体现。

（三）混凝土运输单价

混凝土运输是指混凝土自搅拌机（楼）出料口至浇筑现场工作面的运输，包括装料、运输、卸料、空回、冲洗、清理及辅助工作等子工序。它是混凝土工程施工的一个重要环节，包括水平运输和垂直运输两部分。

水利工程多采用数种运输设备相互配合的运输方案，不同的施工阶段、不同的浇筑部位，可能采用不同的运输方式。在使用现行《浙江省水利水电建筑工程预算定额》(2010 年)时须注意，各节现浇混凝土定额中“混凝土运输”作为浇筑定额的一项内容，它的数量未包括完成每一定额单位有效实体所需增加的超填量和施工附加量等的数量。编制单价时，应计算上述合理的工程量，采用相应合适的定额计算，再摊入有效工程量单价。

由于混凝土拌制后不能久存，运输过程又对外界影响十分敏感，工作量大，涉及面广，故常成为制约施工进度和工程质量的关键。

（四）混凝土浇筑单价

混凝土的浇筑主要工序包括基础面清理、施工缝处理、入仓、平仓、振捣、养护、凿毛等。影响浇筑工序的主要因素有仓面面积、施工条件等。仓面面积大，便于发挥人工及机械效率，工效高。施工条件对混凝土浇筑工序的影响很大。计算混凝土浇筑单价时需注意。

（五）模板单价

模板用于支承具有塑流性质的混凝土拌和物的重量和侧压力，使之按设计要求的形状凝固成型。混凝土浇筑立模的工作量很大，其费用和耗用的人工较多，故模板作业对混凝土质量、进度、造价影响较大。

1. 模板分类

① 模板按形式可分为平面模板、异型模板(如渐变短、厂房蜗壳及尾水管等)。

② 模板按材质可分为木模板、钢模板、预制混凝土模板。

木模板的周转次数少、成本高但易于加工，大多用于异型模板。钢模板的周转次数多，成本低，广泛用于水利水电工程中。预制混凝土模板的优点是不需拆模，与浇筑混凝土构成整体，因此成本较高，一般用于闸墩、廊道等特种部位。

③ 模板按安装性质可分为固定模板和移动模板。

固定模板每使用一次，就拆除一次。

移动模板与支承结构构成整体，使用后整体移动，如隧洞中常用的钢模台车或针梁模板，使用这种模板能大大缩短模板安拆的时间和人工、机械费用，也提高了模板的周转次数，故广泛应用于较长的隧洞中。

通常边浇筑边移动的模板称为滑动模板或简称滑模，采用滑模浇筑具有进度快、浇筑质量高、整体性好等优点，故广泛应用于大坝及溢洪道的溢流面以及闸(桥)墩，竖井、闸门井等部位，堆石坝的混凝土面板就常常采用滑模施工。

④ 模板按使用性质可分为通用模板和专用模板。

通用模板制作成标准形状，经组合安装至浇筑仓面，是水利水电工程中最常用的一种模板。

专用模板按需要制成后，不再改变形状，如上述钢模台车、滑模。专用模板成本较高，可使用次数多，故广泛应用于工厂化生产的混凝土预制厂。

模板单价包括模板及其支承结构的制作、安装、拆除、场内运输及修理等全部工序的人工、材料和机械费用，现行《浙江省水利水电建筑工程预算定额》(2010 年)已将模板费用列入混凝土浇筑定额中。

2. 影响模板费用的主要因素

影响混凝土模板费用的主要因素有模板含量和模板摊销参数。

模板含量是指每单位混凝土(100 m^3)所需的立模面积(m^2)。模板含量与混凝土的体积、形状有关,也就是与混凝土的工程部位有关。由于模板费用在混凝土单价中占有较大的比重,小体积混凝土(板、梁、柱等)尤甚,所以水利水电混凝土工程定额均按工程部位(如坝、闸、隧洞、渠道、厂房等)划分节,各节再按建筑物内部结构划分子目,以反映不同部位的模板含量的差异。

除特殊模板及预制混凝土模板为一次性使用外,钢、木模板大多为周转性使用,故在混凝土单价中,模板及其支承结构的费用均以摊销的形式计入。计算摊销费的主要参数有周转次数、每周转一次的损耗率、回收折价。

3. 使用定额时注意事项

① 定额中除注明全部用木模板或其他模板外,大多数项目均采用组合钢模板为主编制,并包括部分平面、异型、曲面及键槽木模板所耗用的木材在内,实际施工所用的模板类型、含量、比例不同时,不做调整。

② 定额中一项工作分别列有钢、木模定额时,应优先使用钢模定额。

③ 模板材料按预算消耗量计算,包括制作、安装、拆除、维修的消耗、损耗及周转、折旧、回收等综合摊销用量。模板材料,除模板本身外,还包括支撑模板的立柱、围令、铁件等,其范围计算到支撑模板结构的承重梁(或枋)为止。承重梁(或枋)以下的支承结构,未包括在本定额内。

④ 模板材料的预算消耗量,已包括孔洞、键槽、平面、曲面、承重、悬臂等各种模板的综合摊销量,但不包括坝体和船闸等建筑物的廊道模板,该项模板应按单项工程另计。廊道平直段一般应用混凝土模板,异型段模板可以按《浙江省水利水电建筑工程预算定额》(2010 年)第四—57 章节计算。

⑤ 使用拉模、滑模和钢模台车施工的:拉模、滑模和钢模台车施工的模板材料摊销量,支撑、构架、滑轨和其他有关的金属构件,以及配备的电动机、卷扬机、千斤顶及直接驱动的有关设备,都已包括在相应的台班费中。

4. 模板单价的计算分类

① 计入相应内容中。《浙江省水利水电建筑预算工程定额》中的模板消耗量已在浇筑定额的相应部分(人工、材料及其他机材费)中反映。例如,钢(滑)模台车台班费,已包含钢模的摊销费用。

② 计入细部结构指标。如坝体及船闸的廊道模板。

(六) 使用定额时注意的问题

(1) 现行混凝土浇筑定额中包括混凝土的拌制(小型项目)、入仓、浇筑、看护、凿毛、模板的制作、安装、拆除等所需全部人工、材料和机械的数量和费用。模板单价不再另行计算。

(2) 平洞、竖井、地下厂房、渠道等混凝土衬砌定额中所列示的开挖断面和衬砌厚度按设计尺寸选取。定额与设计厚度不符,可用插入法计算。

(3) 隧洞混凝土衬砌定额中所示的“开挖断面”和“衬砌厚度”均为设计尺寸,不包括允许超挖部分。

(4) 隧洞衬砌定额适用于平洞单独作业,如开挖衬砌平行作业时,人工机械定额乘以 1.3 系数,斜洞衬砌按平洞衬砌定额人工、机械乘以 1.23 系数计算。

(5) 混凝土拌制及浇筑定额中，均不包括骨料预冷、加冰、通水等温控措施的费用。

(6) 采用隧洞运输混凝土定额时，洞外的运输，套用露天作业定额的“基本运距+增运”子目；洞内的运输，套用洞内作业定额的“增运”子目。

(七) 混凝土温度控制措施费用

为防止拦河坝等大体积混凝土由于温度应力而产生裂缝和坝体接缝灌浆后接缝再度拉裂，根据现行设计规程和混凝土设计及施工规范的要求，高、中拦河坝等大体积混凝土工程的施工，都必须进行混凝土温控设计，提出温控标准和降温防裂措施。根据不同地区的气温条件，不同坝体结构的温控要求，不同工程的特定施工条件及建筑材料的要求等综合因素，分别采取风或水预冷骨料，加冰或加冷水拌制混凝土，对坝体混凝土进行一、二期通水冷却及表面保护等措施。

1. 编制原则及依据

为统一温控措施费用标准，简化费用计算办法，提高概算的准确性，在计算温控费用时，应根据坝址区月平均气温、设计要求温控标准、混凝土冷却降温后的降温幅度和混凝土浇筑温度，参照下列原则作为计算和确定混凝土温控措施费用的依据。

(1) 月平均气温在 20 ℃以下，当混凝土拌和物的自然出机口温度能满足设计要求不需采用特殊降温措施时，不计算温控措施费用。对个别气温较高时段，设计有降温要求时，可考虑一定比例的加冰或加水拌制混凝土的费用，其占混凝土总量的比例一般不超过 20%。

当设计要求的降温幅度为 5 ℃左右，混凝土浇筑温度约 18 ℃时，浇筑前需采用加冰和加冷水拌制混凝土的温控措施，其占混凝土总量的比例，一般不超过混凝土总量的 35%；浇筑后尚需采用坝体预埋冷地水管，对坝体混凝土进行一、二期通水冷却及混凝土表现保护等措施。

(2) 月平均气温为 20～25 ℃。当设计要求降温幅度为 5～10 ℃时，浇筑前需采用风或水预冷大骨料，加冰和加冷水拌制混凝土等温控措施。其占混凝土总量的比例，一般不超过 40%；浇筑后需采用坝体预埋冷却水管，对坝体混凝土进行一、二期通低温水冷却及混凝土表现保护等措施。

当设计要求降温幅度大于 10 ℃时，除将风或水预冷大骨料改为风冷大、中骨料外，其余措施同上。

(3) 月平均气温在 25 ℃及以上。当设计要求降温幅度为 10～20 ℃时，浇筑前需采用风和水预冷大、中、小骨料，加冰和加冷水拌制混凝土等措施，其占混凝土总量的比例，一般不超过 50%；浇筑后必须采用坝体预埋冷却水管，对坝体混凝土进行一、二期通低温水冷却及混凝土表面保护等措施。

2. 混凝土温控措施费用的计算步骤

(1) 基本参数的选定。

① 工程所在地区的多年月平均气温、水温、设计要求的降温幅度及混凝土的浇筑温度和坝体容许温差。

② 拌制每立方米混凝土需加冰或加冷水的数量、时间及相应措施的混凝土数量。

③ 混凝土骨料预冷的方式，平均预冷每立方米骨料所需消耗冷风、冷水的数量，温度与预冷时间，每立方米混凝土需预冷骨料的数量，需进行骨料预冷的混凝土数量。

④ 设计的稳定温度,坝体混凝土一、二期通水冷却的时间、数量及冷水温度。

⑤ 各制冷或冷冻系统的工艺流程,配置设备的名称、规模、型号和数量及制冷剂的消耗指标等。

⑥ 混凝土表面保护材料的品种、规模与保护方式及应摊入每立方米混凝土的保护材料数量。

(2) 温控措施费用计算。

① 温控措施单价的计算。包括风或水预冷骨料、制片冰、制冷水、坝体混凝土一、二期通低温水和坝体混凝土表面保护等温控措施的单价。

一般可按各系统不同温控要求所配置设备的台班总费用除以相应系统的台班净产量计算,从而可得各种温控措施的费用单价。

② 混凝土温控措施综合费用的计算。混凝土温控措施综合费用,可按每立方米坝体或大体积混凝土应摊销的温控费计算。

根据不同温控要求,按工程所需要预冷骨料、加冰或加冷水拌制混凝土、坝体混凝土通水冷却及进行混凝土表面保护等温控措施的混凝土量占坝体等大体积混凝土总量的比例,乘以相应温控措施单价之和即为每立方米坝体或大体积混凝土应摊销的温控措施综合费用。其各种温控措施的混凝土量占坝体等大体积混凝土总量的比例,应根据工程施工进度、混凝土月平均浇筑强度及温控时段的长短等个体条件确定。

二、碾压混凝土

碾压混凝土在工艺和工序上与常态混凝土不同,碾压混凝土的主要工序有刷毛、冲洗、清仓、铺水泥砂浆、模板制作、安装、拆除、修整、混凝土配料、拌制、运输、平仓、碾压、切缝、养护等,与常态混凝土有较大差异,故定额中碾压混凝土单独成节。

三、预制混凝土单价

预制混凝土有混凝土预制、构件运输、安装 3 个工序。

(1) 混凝土预制的工序与现浇混凝土基本相同。

(2) 混凝土预制构件运输包括装车、运输、卸车,应按施工组织设计确定的运输方式、装卸和运输机械、运输距离选择定额。

(3) 混凝土预制构件安装。当混凝土构件单位重量太大,超出起吊设备的能力,设计往往将构件分段,例如大跨度的渡槽或桥梁上的拱肋,常常分成 3 段或 5 段,此时构件的就位、固定、连接等工序施工难度大,工效非常低,编制单价时应充分注意。

预制混凝土单价=构件预制单价+构件运输单价+构件安装单价。

四、沥青混凝土单价

沥青是一种能溶于有机溶剂,常温下呈固体、半固体或液体状态的有机胶结材料。沥青具有良好的黏结性、塑性和不透水性,且有加热后溶化、冷却后黏性增大等特点,因而被广泛用于建筑物的防水、防潮、防渗、防腐等工程中。水利水电工程,沥青常用于防水层、伸缩缝、止水及坝体防渗工程。

(一) 沥青混凝土的分类

沥青混凝土是由粗骨料(碎石、卵石)、细骨料(砂、石屑)、填充料(矿粉)和沥青按适当比例配制的。

1. 按骨料粒径分类

(1) 粗粒式沥青混凝土(最大粒径 35 mm)。

(2) 中粒式沥青混凝土(最大粒径 25 mm)。

(3) 细粒式沥青混凝土(最大粒径 15 mm)。

(4) 砂质沥青混凝土(最大粒径 5 mm)。

2. 按密实程度分类

(1) 开级配沥青混凝土,孔隙率大于 5%,含少量或不含矿粉。适用于防渗斜墙的整平胶结层和排水层。

(2) 密级配沥青混凝土,孔隙率小于 5%,级配良好,含一定量的矿粉。适用于防渗斜墙的防渗层沥青混凝土和岸边接头沥青混凝土。

水工常用的沥青混凝土为碾压式沥青混凝土,分为开级配和密级配。

(二) 沥青混凝土单价

(1) 半成品单价。沥青混凝土半成品单价是指组成沥青混凝土配合比的多种材料的价格,其组成主要为沥青、粗骨料、细骨料、石屑、矿粉。

计算时,根据设计要求、工程部位选取配合比计算半成品单价。配合比的各项材料用量,应按试验资料计算。《浙江省水利水电建筑工程预算定额(下)》(2010)中无沥青混凝土配合比,可按商品沥青混凝土考虑。

(2) 沥青混凝土运输单价。沥青混凝土运输单价计算同普通混凝土。根据施工组织设计选定的施工方案,分别计算水平运输和垂直运输单价,再按沥青混凝土运输数量乘以每立方米沥青混凝土运输费用计入沥青混凝土单价。水平和垂直运输单价都只能计算直接工程费,以免重复。

(3) 沥青混凝土铺筑单价。《浙江省水利水电建筑工程预算定额》(2010 年)中只保留了路面沥青混凝土内容,其他基本取消,如发生,可采用部颁定额。

五、钢筋制安单价编制

钢筋是水利水电工程的主要建筑材料,由普通碳素钢(3 钢)或普通低合金钢加热到塑性,再热轧而成,故又称热轧钢筋。常用钢筋多为 ϕ6 ~ 40 mm。建筑物或构筑物所用钢筋,一般须先按设计图纸在加工场内加工成形,然后运到施工现场绑扎安装。

1. 钢筋制作安装的内容

钢筋制作安装包括钢筋加工、绑扎、焊接及场内运输等工序。

(1) 钢筋加工。钢筋加工工序主要为调直、除锈、划线、切断、弯制、整理等。采用手工或调直机、除锈机、切断机及弯曲机等进行。

(2) 绑扎和焊接。绑扎是将弯曲成形的钢筋,按设计要求组成钢筋骨架。一般用 18 ~ 22 号铅丝人工绑扎。人工绑扎简单方便,无需机械和动力,是水利水电工程钢筋连接的主要方法。

由于人工绑扎劳动量大,质量不易保证,因而大型工程多用焊接方法连接钢筋。焊接主要有电弧焊(即通常所称的电焊)和接触焊两类。电弧焊主要用于焊接钢筋骨架。接触焊包括对焊和点焊,对焊用于接长钢筋,点焊用于制作钢筋网。

钢筋安装方法有散装法和整装法两种。散装法是将加工成形的散钢筋运到工地，再逐根绑扎或焊接。整装法是在钢筋加工厂内制作好钢筋骨架，再运至工地安装就位。水利水电工程因结构复杂，断面庞大，多采用散装法。

2. 钢筋制安单价计算

水利水电工程除施工定额按上述各工序内容分部位编有加工、绑扎、焊接等定额外，概预算定额及投资估算指标大多不分工程部位和钢筋规格型号综合成一节“钢筋制作与安装”定额。

现行《浙江省水利水电建筑工程预算定额》(2010 年)中钢筋一节适用于现浇及预制混凝土的各部位，以“t”为计量单位。

定额既包括切断及焊接损耗、截余短头做废料损耗等，也包括规范规定的钢筋搭接、施工用架立筋等所耗用的施工附加量。

微课
挡墙混凝土工程

六、混凝土工程单价编制示例

【例 5-9】 某县城引水工程(三类工程)，引水闸重力式挡墙厚 60 cm，混凝土强度等级为 C20(三级配)，混凝土组成材料见表 5-25。采用 0.4 m^3 拌和机拌制混凝土，水平运输混凝土用双胶轮车运输 100 m，由于水闸较高，采用泻槽进行混凝土的垂直运输，斜距 10 m，人工入仓浇筑。

问题：试计算该水闸挡墙混凝土工程预算单价(不包括块石运输及影响浇筑的费用)。

已知：(1) 材料预算价格[柴油 8 元/kg，汽油 9 元/kg，电价 1.06 元/(kW·h)，水价 0.60 元/m^3，风价 0.15 元/m^3，42.5 水泥 400 元/t，中砂 90 元/m^3，砾石 60 元/m^3]。

(2) 取费标准：措施费费率 4%，间接费费率 10.5%，利润 5%，税金税率 9.0%。

解题思路：本例计算混凝土预算工程单价有两种方法，先介绍第一种计算方法。根据施工工序，先计算混凝材料单价、混凝土拌制直接工程费、混凝土水平运输直接工程费、混凝土垂直运输直接工程费，再代入混凝土浇筑定额，综合计算得出混凝土挡墙的工程预算单价。

(1) 计算每立方米混凝土材料单价。查现行《浙江省水利水电建筑工程预算定额》(2010 年)中附录“纯混凝土材料用量表”(P_{704})，并考虑材料中砂换粗砂的影响，计算混凝土半成品材料单价，如表 5-25 所示。

表 5-25 C20 三级配混凝土材料单价计算表 100 m^3

材料名称	单位	材料预算量	材料基价/元	合价/元	材料补差/元
水泥(42.5)	t	0.217×1.04	300	67.70	100
中砂	m^3	0.42×0.98	60	24.70	30
砾石	m^3	0.95×0.98	60	55.86	
水	m^3	0.125×1.04	0.60	0.08	
混凝土材料单价/(元/m^3)				148.34	

(2) 计算混凝土拌制直接工程费。查《浙江省水利水电建筑工程预算定额》(2010 年)第四章“搅拌机拌制混凝土”，计算过程见表 5-26。

表 5-26 建筑工程单价计算表

单价序号				1	
项目名称				混凝土拌制	
定额编号				40336	
施工措施				0.4 m^3 拌和机拌制混凝土	
定额单位				100 m^3	
编号	工程名称	单位	单价/元	数量	合价/元
①	人工费	工日	48.76	31.0	1 511.56
②	机械费				713.18
	0.4 m^3 拌和机	台班	200.04	3.2	640.13
	双胶轮车	台班	4.91	15.0	73.65
③	其他机材费	%	713.18	1.0	7.13
(1)	直接工程费小计	元			2 232.48
	人工补差	工日	20.84	31+3.2×2	779.42

(3) 计算混凝土运输直接工程费。根据施工组织设计，查找对应的定额，并计算混凝土水平运输和垂直运输直接费，如表 5-27、表 5-28 所示。

表 5-27 建筑工程单价计算表

单价序号				2	
项目名称				混凝土水平运输	
定额编号				40336	
施工措施				双胶轮车运混凝土，运距 100 m	
定额单位				100 m^3	
编号	工程名称	单位	单价/元	数量	合价/元
①	人工费	工日	48.76	16.0	780.16
②	机械费				
	双胶轮车	台班	4.91	16.0	78.56
③	其他机材费	%	780.56	3.0	2.36
(1)	直接工程费小计	元			861.08
	人工补差	工日	20.84	16	333.44

表 5-28 建筑工程单价计算表

单价序号				3	
项目名称				混凝土垂直运输	
定额编号				40374	
施工措施				泻槽运混凝土，斜距 10 m	
定额单位				100 m^3	
编号	工程名称	单位	单价/元	数量	合价/元
①	人工费	工日	48.76	5.0	243.80
②	零星机材费	%	243.80	6.0	14.63
(1)	直接工程费小计	元			258.43
	人工补差	工日	20.84	5	104.20

(4) 计算混凝土挡墙预算单价。查《浙江省水利水电建筑工程预算定额》(2010年),定额编号为40198,根据《浙江省水利水电工程概(预)算编制规定》(2018年)要求,混凝土挡墙作为综合单价计算时,必须考虑人工、柴油等限价因素,最后计算得出混凝土挡墙的单价为490.35元/m^3。计算过程如表5-29所示。

表5-29　建筑工程单价计算表

单价序号				4	
项目名称				混凝土挡墙	
定额编号				40198	
施工措施				重力式混凝土挡墙	
定额单位				100 m^3	
编号	工程名称	单位	单价/元	数量	合价/元
①	人工费	工日	48.76	156	7 606.56
②	材料费				18 207.02
	板枋材	m^3	1 500	0.72	1 080
	钢模板	kg	5.5	70	385
	型钢	kg	5.0	106	530
	卡扣件		5.5	42	231
	铁件	个	5.5	120	660
	C20三级配混凝土	m^3	148.34	103	15 279.02
	水	m^3	0.60	70	42
③	机械费				1 041.80
	5 t载重汽车	台班	453.01	0.20	90.60
	10 t履带起重机	台班	441.26	0.22	97.08
	2.2 kW插入式振捣器	台班	23.33	8.90	207.64
	风水枪	台班	134.75	3.73	502.61
	7 kW离心水泵	台班	77.35	1.86	143.87
④	其他机材费	%	19 248.82	1.0	192.49
⑤	混凝土拌制	m^3	22.32	103	2 298.96
⑥	混凝土水平运输	m^3	8.61	103	886.83
⑦	混凝土垂直运输	m^3	2.58	103	265.74
(1)	直接工程费小计	元			30 499.40
(2)	措施费	%		4.0	1 219.98
(一)	直接费	元			31 719.38
(二)	间接费	%		10.5	3 330.53
(三)	利润	%		5.0	1 752.50
(四)	人工补差	元	20.84	156+1.93+58.4×1.03	4 544.90
(五)	材料补差	元			3 638.50
①	柴油	kg	5	8.36	41.80
②	水泥	t	100	23.25	2 325.0
③	中砂	m^3	30	42.39	1 271.70
(六)	税金	%		9.0	4 048.72
(七)	合计	元			49 034.54
(八)	单价	元			490.35

另外一种计算方法:也可以将混凝土拌制单价、混凝土水平运输单价、混凝土垂直

运输单价都计算到工程单价，再乘以 1.03 的损耗系数，加上混凝土浇筑工程单价，组合成混凝土挡墙的工程单价，如表 5-30～表 5-33 所示。

表 5-30 建筑工程单价计算表

单价序号				1	
项目名称				混凝土拌制	
定额编号				40336	
施工措施				0.4 m^3 拌和机拌制混凝土	
定额单位				100 m^3	
编号	工程名称	单位	单价/元	数量	合价/元
①	人工费	工日	48.76	31.0	1 511.56
②	机械费				713.18
	0.4 m^3 拌和机	台班	200.04	3.2	640.13
	双胶轮车	台班	4.91	15.0	73.65
③	其他机材费	%	713.18	1.0	7.13
(1)	直接工程费小计	元			2 232.48
(2)	措施费	%		4.0	89.30
(一)	直接费	元			2 321.78
(二)	间接费	%		10.5	243.79
(三)	利润	%		5.0	128.28
(四)	人工补差	元	20.84	31+3.2×2	779.42
(五)	税金	%		9.0	312.59
(六)	合计	元			3 785.86
(七)	单价	元			37.86

表 5-31 建筑工程单价计算表

单价序号				2	
项目名称				混凝土水平运输	
定额编号				40336	
施工措施				双胶轮车运混凝土，运距 100 m	
定额单位				100 m^3	
编号	工程名称	单位	单价/元	数量	合价/元
①	人工费	工日	48.76	16.0	780.16
②	机械费				
	双胶轮车	台班	4.91	16.0	78.56
③	其他机材费	%	780.56	3.0	2.36
(1)	直接工程费小计	元			861.08
(2)	措施费	%		4.0	34.44
(一)	直接费	元			895.52
(二)	间接费	%		10.5	94.03
(三)	利润	%		5.0	49.48
(四)	人工补差	元	20.84	16	333.44
(五)	税金	%		9.0	123.52
(六)	合计	元			1 495.99
(七)	单价	元			14.96

表 5-32 建筑工程单价计算表

单价序号				3	
项目名称				混凝土垂直运输	
定额编号				40374	
施工措施				泻槽运混凝土,斜距 10 m	
定额单位				100 m^3	
编号	工程名称	单位	单价/元	数量	合价/元
①	人工费	工日	48.76	5.0	243.80
②	零星机材费	%	243.80	6.0	14.63
(1)	直接工程费小计	元			258.43
(2)	措施费	%		4.0	10.34
(一)	直接费	元			268.77
(二)	间接费	%		10.5	28.22
(三)	利润	%		5.0	14.85
(四)	人工补差	元	20.84	5	104.20
(五)	税金	%		9.0	37.44
(六)	合计	元			453.48
(七)	单价	元			4.53

表 5-33 建筑工程单价计算表

单价序号				4	
项目名称				混凝土挡墙	
定额编号				40198	
施工措施				重力式混凝土挡墙	
定额单位				100 m^3	
编号	工程名称	单位	单价/元	数量	合价/元
①	人工费	工日	48.76	156	7 606.56
②	材料费				18 207.02
	板枋材	m^3	1 500	0.72	1 080
	钢模板	kg	5.5	70	385
	型钢	kg	5.0	106	530
	卡扣件		5.5	42	231
	铁件	个	5.5	120	660
	C20 三级配混凝土	m^3	148.34	103	15 279.02
	水	m^3	0.60	70	42
③	机械费				1 041.80
	5 t 载重汽车	台班	453.01	0.20	90.60
	10 t 履带起重机	台班	441.26	0.22	97.08
	2.2 kW 插入式振捣器	台班	23.33	8.90	207.64
	风水枪	台班	134.75	3.73	502.61
	7 kW 离心水泵	台班	77.35	1.86	143.87
④	其他机材费	%	19 248.82	1.0	192.49
(1)	直接工程费小计	元			27 047.87
(2)	措施费	%		4.0	1 081.91
(一)	直接费	元			28 129.79
(二)	间接费	%		10.5	2 953.63

续表

编号	工程名称	单位	单价/元	数量	合价/元
(三)	利润	%		5.0	1 554.17
(四)	人工补差	元	20.84	156+1.93	3 291.26
(五)	材料补差	元			3 638.50
①	柴油	kg	5	8.36	41.80
②	水泥	t	100	23.25	2 325.0
③	中砂	m^3	30	42.39	1 271.70
(六)	税金	%		9.0	3 561.06
(七)	合计	元			43 128.41
(八)	单价	元			431.28

混凝土挡墙的单价：(37.86+14.96+4.53)×1.03+431.28=490.35(元/m^3)。

由以上计算结果可知，采用两种方法计算结果相同。

【例 5-10】 在上例引水工程(三类工程)的水闸挡墙和闸底板等项目中均采用钢筋。

问题：试计算该水闸的钢筋制作与安装工程预算单价。

已知：(1) 材料预算价格(钢筋 4 000 元/t，柴油 8 元/kg，汽油 9 元/kg，电价 1.06 元/(kW·h)，水价 0.60 元/m^3，风价 0.15 元/m^3)。

(2) 取费标准：措施费费率 4%。

解题思路：根据施工条件，查找定额，40329，注意人工、柴油和钢筋等材料补差，定额单位的变化，另根据《浙江省水利水电设计概(预)算编制规定》(2018 年)，钢筋制作安装的间接费费率为 10.5%×60%=6.3%。计算过程见表 5-34。

表 5-34 建筑工程单价计算表

单价序号				1	
项目名称				水闸钢筋制安	
定额编号				40329	
施工措施				钢筋回直、除锈、切断、焊接、绑扎及场内运输吊装	
定额单位				t	
编号	工程名称	单位	单价/元	数量	合价/元
①	人工费	工日	48.76	13	633.88
②	材料费				3 275.0
	钢筋	t	3 000	1.065	3 195.0
	铁丝	kg	5.5	5	27.5
	电焊条	kg	7.0	7.5	52.5
③	机械费				257.38
	钢筋调直机	台班	89.17	0.10	8.92
	风水枪	台班	134.75	0.23	30.99
	20 kW 钢筋切断机	台班	159.57	0.06	9.57
	D6-40 钢筋弯曲机	台班	93.24	0.16	14.92
	交 20～25 kVA 电焊机	台班	80.20	1.54	123.51
	电弧形 150 kVA 对焊机	台班	506.12	0.06	30.37
	5 t 载重汽车	台班	453.01	0.07	31.71

续表

编号	工程名称	单位	单价/元	数量	合价/元
	8 t汽车起重机	台班	369.59	0.02	7.39
④	其他机材费	%	3 532.38	1.0	35.32
(1)	直接工程费小计	元			4 201.58
(2)	措施费	%		4.0	168.06
(一)	直接费	元			4 369.65
(二)	间接费	%		6.3	275.29
(三)	利润	%		5.0	232.25
(四)	人工补差	元	20.84	13+0.51	281.61
(五)	材料补差	元			1 068.60
①	柴油	kg	5	0.72	3.60
②	钢筋	t	1 000	1.065	1 065
(六)	税金	%		9.0	560.47
(七)	合计	元			6 787.86
(八)	单价	元			6 787.86

任务六 基础处理工程单价

由于天然地基性状的复杂多样,各种建筑物对基础处理的要求各有不同。基础处理工程指为提高地基承载能力、改善和加强其抗渗性能及整体性所采取的处理措施,主要包括钻孔灌浆、混凝土防渗墙、灌注桩、锚杆支护、预应力锚索、喷混凝土等。

一、钻孔灌浆工程单价

灌浆就是利用灌浆机施加一定的压力,将浆液通过预先设置的钻孔或灌浆管,灌入岩石、土或建筑物中,使其胶结成坚固、密实而不透水的整体。灌浆是水利工程基础处理最常见的施工方式。

(一) 灌浆的分类

1. 按灌浆材料分类

按灌浆材料主要分为水泥灌浆、水泥黏土灌浆、黏土灌浆、沥青灌浆和化学灌浆等5类。

2. 按灌浆作用分类

(1) 帷幕灌浆。帷幕灌浆指为在坝基形成一道阻水帷幕,以防止坝基及绕坝渗漏,降低坝基扬压力而进行的深孔灌浆。

(2) 固结灌浆。固结灌浆指为提高地基整体性、均匀性和承载能力而进行的灌浆。

(3)接触灌浆。接触灌浆指为加强坝体混凝土和基岩接触面的结合能力,使其有效传递应力,提高坝体抗滑稳定性而进行的灌浆。接触灌浆多在坝体下部混凝土固化收缩基本稳定后进行。

(4) 接缝灌浆。接缝灌浆指大体积混凝土由于施工需要而形成的许多缝,为了恢复建筑物的整体性,利用预埋的灌浆系统,对这些缝进行的灌浆。

(5) 回填灌浆。回填灌浆指为使隧道顶拱岩面与衬砌的混凝土面,或压力钢管与底部混凝土接触面结合密实而进行的灌浆。

（二）岩基灌浆施工流程及影响因素

1. 施工流程

灌浆工艺流程一般为施工准备→钻孔→冲洗→表面处理→压水试验→灌浆→封孔→质量检查。

(1) 施工准备。施工准备工作包括场地清理，劳动组合，材料准备，孔位放样，电、风、水布置，以及机具设备就位，检查等。

(2) 钻孔。采用手风钻、回转式钻机和冲击钻等钻孔机械进行钻孔。

(3) 冲洗。冲洗指用水将残存在孔内的岩粉和铁砂末冲出孔外，并将裂隙中的充填物冲洗干净，以保证灌浆效果。

(4) 表面处理。表面处理指为防止有压情况下浆液沿裂隙冒出地面而采取的塞缝、浇盖面混凝土等措施。

(5) 压水试验。压水试验目的是确定地层的渗透特性，为岩基处理设计和施工提供依据。压水试验是在一定压力下将水压入孔壁四周缝隙，根据压入的流量和压力，计算出代表岩层渗透特性的技术参数。规范规定，渗透特性用透水率(q)表示，单位为吕容(Lu)，定义为：压水压力为1 MPa时，每米(m)试段长度每分钟(min)注入水量1 L时，称为1 Lu[L/(min · MPa · m)]。

(6) 灌浆。按照灌浆时浆液灌注和流动的特点，灌浆可分为纯压式灌浆和循环式灌浆两种。

① 纯压式灌浆。纯压式灌浆指单纯地把浆液沿灌浆管路压入钻孔，再扩张到岩层裂隙中。适用于裂隙较大、吸浆量多、孔深不超过15 m的岩层。这种方式设备简单，操作方便，但当吃浆量逐渐变小时，浆液流动慢，易沉淀，影响灌浆效果。

② 循环式灌浆。循环式灌浆指浆液通过进浆管进入钻孔后，一部分被压入裂隙，另一部分由回浆管返回拌浆筒。这样可使浆液始终保持流动状态，防止水泥沉淀，保证了浆液的稳定和均匀，提高灌浆效果。

按照灌浆顺序，灌浆方法有一次灌浆法和分段灌浆法。后者又可分为自上而下分段、自下而上分段及综合灌浆法。

① 一次灌浆法。将孔一次钻到设计深度，再沿全孔一次灌浆的方法称为一次灌浆法。一次灌浆法施工简便，多用于孔深10 m内，基岩较完整、透水性不大的地层。

② 分段灌浆法。分段灌浆法可分为以下3种。

a. 自上而下分段灌浆法。自上而下钻一段(与基岩接触段为2 m，其余每段5 m左右)后，冲洗、压水试验、灌浆的方法称为自上而下分段灌浆法。待上一段浆液灌注后，再进行下一段钻灌工作。如此钻、灌交替，直至设计深度。此法灌浆压力较大，质量好，但钻、灌工序交叉，工效低。多用于岩层破碎、竖向节理裂隙发育地层。

b. 自下而上分段灌浆法。一次性将孔钻到设计深度，然后自下而上利用灌浆塞逐段灌浆的方法称为自下而上分段灌浆法。这种方法钻灌连续，工效高，但不能采用较高压力，质量不易保证。一般适用于岩层较完整坚固的地层。

c. 综合灌浆法。通常接近地表的岩层较破碎，越往下则越完整。因此采用上部自上而下分段，下部自下而上分段的综合灌浆法，使之既能保证质量，又可加快速度。

(7) 封孔。人工或机械(灌浆及送浆)用砂浆封填孔口。

(8) 质量检查。质量检查的方法较多，最常用的是钻检查孔检查，取岩芯、做压水试验检查透水率是否符合设计和规范要求。检查孔的数量，一般帷幕灌浆为灌浆孔的10%，固结灌浆为5%。

2. 影响灌浆工效的主要因素

(1) 岩石(地层)级别。岩石(地层)级别是钻孔工序的主要影响因素。岩石级别越高，对钻进的阻力越大，钻进工效越低，钻具消耗越多。

(2) 岩石(地层)的透水性。透水性是灌浆工序的主要影响因素。透水性强(Lu值高)的地层可灌性好，吃浆量大，单位灌浆长度的耗浆量大。反之，灌注每吨浆液、干料所需的人工、机械台班用量越少。

(3) 施工方法。一次灌浆法和自下而上分段灌浆法的钻孔和灌浆两大工序互不干扰，工效高。自上而下分段灌浆法钻孔与灌浆相互交替，干扰大、工效低。

(4) 施工条件。露天作业，机械的效率能正常发挥。隧洞(或廊道)内作业影响机械效率的正常发挥，尤其是对较小的隧洞(或廊道)，限制了钻杆的长度，增加了接换钻杆次数，降低了工效。

(三) 选用定额

1. 定额计量单位

定额中帷幕、固结灌浆工程量，按设计灌浆长度(m)计算；回填、接缝灌浆工程量，按设计灌浆面积(m^2)计算。定额钻孔与灌浆分列，工程量分别以钻孔长度和灌浆长度或面积计算。

2. 定额内容

现行《浙江省水利水电建筑工程预算定额》(2010年)中的钻孔工作量，未包括检查孔、试验孔和先导孔的钻孔量，计算灌浆工程量时，除设计灌浆总长度外，应考虑检查孔补灌浆长度。此外，检查孔压水试验工程量，应单独列编制其单价。

钻孔、灌浆各节定额子目下面的“注”较多，选用定额时应认真查阅，以免发生错误。还应指出，有些工程只需计算钻孔工作量，如排水孔和观测孔等；有些工程只需计算灌浆工作量，如回填灌浆、接缝灌浆等；有些工程则需分别计算钻孔和灌浆工作量，根据钻灌比编制钻孔灌浆综合单价，如帷幕灌浆和固结灌浆等。

(四) 使用定额注意事项

(1) 钻浆砌石可按料石相同的岩石级别计算，钻混凝土按X级岩石计算。

(2) 钻机钻灌浆孔、坝基岩石帷幕灌浆、坝基砂砾石帷幕灌浆、压水试验等节定额：

① 终孔孔径大于91 mm或孔深大于70 m时，改用300型钻机。

② 孔深超过50 m时，人工、钻机定额乘以表5-35所列系数。

表5-35　人工、钻机定额数量调整系数

孔深/m	≤50	50~70	70~90	>90
系数	1	1.07	1.17	1.31

③ 在廊道或隧洞内施工时，人工、机械定额乘以表5-36所列系数。

表5-36　人工、机械定额数量调整系数

廊道或隧洞直径/m	≤2	2~3.5	3.5~5	>5
系数	1.19	1.1	1.07	1.05

(3) 地质钻机钻不同角度的灌浆孔或观测孔、试验孔时，人工、机械、合金片、钻头和岩芯管定额乘以表5-37所列系数。

表5-37 人工、材料、机械等定额数量调整系数

钻孔与水平夹角	0°～60°	60°～75°	75°～85°	85°～90°
系数	1.19	1.05	1.02	1.00

(4) 在有架子的平台上钻孔、平台至地面孔口高差超过2 m时，钻机和人工定额乘以1.05系数。

(5) 定额中灌浆压力划分标准为高压大于3 MPa，中压1.5～3.0 MPa，低压小于1.5 MPa。

二、混凝土防渗墙工程单价

建筑在冲积层上的挡水建筑物，一般设置混凝土防渗墙，是有效的防渗处理方式。

1. 防渗墙施工内容

防渗墙施工包括造孔和浇筑混凝土两部分内容。

(1) 造孔。防渗墙的成墙方式大多采用槽孔法。

造孔采用冲击钻机、反循环钻、双轮铣等机械进行。一般用冲击钻较多，其施工程序包括造孔前的准备、泥浆制备、造孔、终孔验收、清孔换浆等。冲击钻造孔工效不仅受地质土石类别影响，而且与钻孔深度大有关系。随着孔深的增加，钻孔效率下降较大。

(2) 浇筑。防渗墙采用导管法浇筑水下混凝土。其施工工艺由浇筑前的准备、配料拌和、浇筑混凝土、质量验收组成。

由于防渗墙混凝土不经振捣，因而混凝土应具有良好的和易性，要求入孔时坍落度为18～22 cm，扩散度34～38 cm，最大骨料不大于4 cm。

2. 选用定额注意事项

(1) 防渗墙定额一般都将造孔和浇筑分列，造孔计量单位为单孔进尺，浇筑计量单位以阻水面积为单位，按墙厚和不同地层分列子目。

$$单孔进尺(m)=槽长(m)\times平均槽深(m)/槽底厚度(m) \quad (5\text{-}7)$$

式中，平均槽深指防渗墙的平均设计深度，槽底厚度即为设计墙厚。

墙体连接如采用钻凿法，应增加钻凿混凝土工程量。

$$钻凿混凝土工程量(m)=(槽段个数-1)\times平均槽深(m) \quad (5\text{-}8)$$

(2) 浇筑定额未包括施工附加量及超填量，计算施工附加量时应考虑接头和墙顶增加量，计算超填量时应考虑扩孔的增加量。具体计算方法可参考混凝土防渗墙浇筑下面的“注”。

三、桩基工程

桩基工程是地基加固的主要方法之一，目的是提高地基承载力、抗剪强度和稳定性，常见的桩基工程有振冲桩、灌注桩等。

1. 振冲桩

软弱地基中，利用能产生水平向振动的管状振冲器，在高压水流下边振边冲成孔，再在孔内填入碎石或水泥、碎石等坚硬材料成桩，使桩体和原来的土体构成复合地基，

这种加固技术称为振冲桩法。

(1) 施工机具。振冲桩主要机具为振冲器、起吊机械(或专用平车)和水泵。

① 振冲器。振冲器是利用一个偏心体的旋转产生一定频率和振幅的水平向振动力进行振冲挤密或置换施工的专用机械。我国用于施工的主要有 ZCQ-30、ZCQ-55、ZCQ-75、ZCQ-150 等,其潜水电机功率分别为 30 kW、55 kW、75 kW 和 150 kW。

② 起吊机械。起吊机械包括履带式或轮胎式吊机、自行井架或专用平车等。吊机的起吊能力需大于 100 ~ 200 kN。

③ 水泵。水泵规格为出口水压 0.4 ~ 0.6 MPa,流量 20 ~ 30 m^3/h。每台振冲器配一台水泵。

(2) 制桩步骤。

① 振冲器对准桩位,开水、开电。

② 启动吊机,使振冲器徐徐下沉,并记录振冲器经各深度的电流值和时间。

③ 当达到设计深度以上 30 ~ 50 cm 时,将振冲器提到孔口,再下沉,提起进行清孔。

④ 往孔内倒填料,将振冲器沉到填料中振实,当电流达到规定值时,认为该深度已振密,并记录深度,填料量、振密时间和电流量;再提出振冲器,准备做上一深度桩体;重复上述步骤,自下而上制桩,直到孔口。

⑤ 关振冲器,关水、关电,移位。

(3) 定额使用。振冲桩单价按地层不同分别采用定额相应子目。

由于不同地层对孔壁的约束力不同,所以形成的桩径不同,因此耗用的填料(碎石或碎石、水泥)数量也不相同。浙江省绍兴市汤浦水库中的软土地基振冲桩施工较为成功。

2. 灌柱桩

灌注桩施工工艺类似于防渗墙的圆孔法,主要采用泥浆固壁成孔(另外,还有干作业成孔、套管法成孔、爆扩成孔等)。

(1) 钻孔设备有推钻、冲抓钻、冲击钻、回旋钻等。

(2) 灌注混凝土一般采用导管法浇筑水下混凝土。

(3) 定额使用,定额一般按造孔和灌注分节,造孔按地层划分子目,以桩长(m)计量,灌注以造价方式划分子目,以灌注量(m^3)计量。

四、锚固工程

(一) 锚固工程分类

锚固可分为锚杆、喷锚支护与预应力锚固三大类,其适用范围见表 5-38。

表 5-38　锚固分类及适用范围

类型	结构形式	适用范围
锚杆	钢筋混凝土桩:人工挖孔桩、大口径钻孔桩 钢桩:型钢桩、钢棒桩	适用于浅层、具有明显滑面的地基加固
喷锚支护	锚杆加喷射混凝土 锚杆挂网加喷混凝土	适用于高边坡加固,隧洞入口边坡支护

续表

类型	结构形式	适用范围
预应力锚固	混凝土桩状锚头	适用于大吨位预应力锚固
	镦头锚锚头	适用于大、中、小吨位预应力锚固
	爆炸压接螺杆锚头	适用于中、小吨位预应力锚固
	锚塞锚环钢锚头	适用于小吨位预应力锚固
	组合型钢锚头	适用于大、中、小吨位预应力锚固

(二) 施工工艺

(1) 一般锚杆的施工工艺为钻孔→锚杆制作→安装→水泥浆封孔(或药卷产生化学反应封孔)、锚定。锚杆长度超过 10 m 的长锚杆,应配锚杆钻机或地质钻机。

(2) 预应力锚杆的施工工艺为钻孔、锚束制作→运输吊装→放锚束、锚头锚固→超张拉、安装、补偿→采用水泥浆封孔、灌浆防护。

预应力锚固是在外荷载作用前,针对建筑物可能滑移拉裂的破坏方向,预先施加主动压力。这种人为的预压应力能提高建筑物的滑动和防裂能力。预应力锚固由锚头、锚束、锚根 3 部分组成。

预应力锚束按材料分为钢丝、钢绞线与优质钢筋 3 类,预应力锚束按作用可分为无黏结型和黏结型。钢丝的强度最高,宜于密集排列,多用于大吨位锚束,适用于混凝土锚头、镦头及组合锚;钢绞线的价格较高,锚具也较贵,适用于中小型锚束,与锚塞锚环型锚具配套使用,编束、锚固较方便;优质钢筋适用于预应力锚杆及短的锚束,热轧钢筋只用作砂浆锚杆及受力钢筋。

钻孔设备应根据地质条件、钻孔深度、钻孔方向和孔径大小选择。工程中一般用风钻,SGZ-1(Ⅲ)、YQ-100、XJ-100-1 及东风-300 专用锚杆钻机,履带钻,地质钻机等钻机。

(3) 喷锚支护的施工工艺为凿毛→配料→上料、拌和→挂网、喷锚→喷混凝土→处理回弹料、养护。

(三) 定额使用

(1) 锚杆。在现行《浙江省水利水电建筑工程预算定额》(2010 年)中,锚杆分地面和地下,钻孔设备主要为气腿式风钻,锚杆以“根”为单位,按锚杆长度和钢筋直径分项,以不同的岩石级别划分子目。

(2) 预应力锚束。主要针对岩体边坡(墙)预应力钢索,分无黏结型和黏结型,以“束”为单位,按锚束长度分项。

(3) 喷射。按材料分为喷浆和混凝土,喷浆以“喷射面积”为单位,按有钢筋和无钢筋喷射工艺分类,喷射厚度不同,定额消耗量不同。喷射混凝土分为地面护坡、平洞支护、斜井支护,以“喷射混凝土的体积”为单位,按厚度不同划分子项。此项内容已计列在混凝土章节定额中。

微课
灌浆工程计算

五、基础处理工程其他定额

浙江地处沿海,软土地基较多,沉井下沉、插打塑料排水扳(围垦工程)等基础处理定额使用也很广泛。

六、基础处理单价编制案例

【例 5-11】 编制某三类枢纽工程坝基帷幕灌浆预算单价。基础条件如下。

(1) 灌浆排数两排,灌浆方式为自下而上,在 3 m 廊道内灌浆,平均孔深 45 m,岩层平均透水率 7 Lu,岩层为坚实的石灰岩,坚固系数 $f=11$。

(2) 材料预算价格(柴油 8 元/kg,汽油 9 元/kg,水泥 372 元/t,电价 1.06 元/(kW·h),水价 0.60 元/m^3)

(3) 取费标准:措施费费率 5%,间接费费率 10%,利润 5%,税金税率 9%。

解题思路:先根据施工组织及施工工序,查找对应定额,计算过程中注意章节备注说明内容。

解:(1) 计算坝基帷幕灌浆钻孔单价。根据基本资料确定岩石等级为 X 级,钻孔单价计算见表 5-39。

表 5-39　建筑工程单价计算表

单价序号				1	
项目名称				坝基帷幕灌浆钻孔	
定额编号				60004	
施工措施				3 m 廊道内灌浆,平均孔深 45 m,X级岩石 灌浆方式为自下而上	
定额单位				100 m	
编号	工程名称	单位	单价/元	数量	合价/元
①	人工费	工日	48.76	48×1.1	2 574.53
②	材料费				5 101.39
	金刚石钻头	个	950	3.5	3 325.0
	扩孔器	个	450	1.23	553.5
	岩芯管	m	100	6.83	683.0
	钻杆	m	37.4	4.35	162.69
	钻杆接头	个	40	4.18	167.2
	水	m^3	0.60	350	210.0
③	机械费				6 200.93
	5 t 载重汽车	台班	453.01	1.06×1.1	528.21
	150 型地质钻机	台班	255.17	20.21×1.1	5 672.72
④	其他机材费	%	11 302.32	5.0	562.12
(1)	直接工程费小计	元			14 441.96
(2)	措施费	%		5.0	722.10
(一)	直接费	元			15 164.06
(二)	间接费	%		10.0	1 516.41
(三)	利润	%		5.0	834.02
(四)	人工补差	元	20.84	52.8+53.35	2 212.15
(五)	税金	%		9.0	1 775.40
(六)	合计	元			21 502.03
(七)	单价	元			215.02

（2）计算坝基帷幕灌浆单价。单价计算见表 5-40。

表 5-40　建筑工程单价计算表

单价序号				2	
项目名称				坝基帷幕灌浆	
定额编号				60079	
施工措施				3 m 廊道内灌浆，平均孔深 45 m，X级岩石 灌浆方式为自下而上，透水率 7 Lu	
定额单位				100 m	
编号	工程名称	单位	单价/元	数量	合价/元
①	人工费	工日	48.76	123.6×1.1	6 629.41
②	材料费				1 830
	水泥	t	300	5.04	1 512
	水	m^3	0.60	530	318
③	机械费				12 723.63
	灌浆泵中低压	台班	219.16	26.80×1.1	6 460.73
	灰浆搅拌机		102.39	26.80×1.1	3 018.35
	灌浆自动记录仪		64.18	22.78×1.1	1 608.13
	150 型地质钻机	台班	255.17	5.83×1.1	1 636.42
④	其他机材费	%	14 553.63	5.0	727.68
(1)	直接工程费小计	元			21 910.72
(2)	措施费	%		5.0	1 095.54
(一)	直接费	元			23 006.25
(二)	间接费	%		10.0	2 300.62
(三)	利润	%		5.0	1 265.34
(四)	人工补差	元	20.84	135.96+103.38	4 987.85
(五)	水泥补差	t	72	5.04	362.88
(六)	税金	%		9.0	2 873.07
(七)	合计	元			34 796.01
(八)	单价	元			347.96

（3）经计算，坝基帷幕灌浆预算工程单价为

$$215.02+347.96=562.98(\text{元}/m^3)$$

任务七　疏浚工程单价

一、疏浚工程分类

疏浚工程主要是指对河、湖、渠、沿海实施工程疏浚及吹填。

疏浚工程主要用于河湖整治、内河航道疏浚、出海口门疏浚,湖、渠道、海边的开挖与清淤工程,以挖泥船应用最广。

常用的疏浚施工方法有绞吸、链斗、抓斗及铲斗式挖泥船开挖、吹泥船开挖、水力冲挖等。

吹填施工的工艺流程为采用机械挖土,以压力管道输送泥浆至作业面,完成作业面上土颗粒的沉积淤填。

二、疏浚工程定额使用

(1) 定额计量单位:现行预算定额除注明者外,均按水下自然方计算。

(2) 客观影响系数:

$$平均客观影响时间率=\frac{施工期内客观影响时间}{施工期总时间}\times 100\%$$

定额按平均客观影响时间率10%以内拟定,大于30%时,不执行本定额。

(3) 熟悉土、砂分类:疏浚土方分为Ⅰ~Ⅶ类,中、粗砂分为松散、中密和紧密3类。

(4) 绞吸式挖泥船、链斗式挖泥船及吹泥船均按名义生产率划分船型,抓斗式挖泥船按斗容划分船型。

(5) 定额中的人工是指从事辅助工作的用工,如对排泥管线的巡视、检修、维护等,不包括绞吸式挖泥船及吹泥船的安装、拆移与各排泥场(区)的围堰填筑和维护用工。

(6) 绞吸式挖泥船的排泥管线长度是指自挖泥(砂)区中心至排泥(砂)区中心,浮筒管、潜管、岸管各管线长度之和,如所需排泥管线长度介于两定额子目之间,应按内插法计算。

(7) 运距调整。实际运距超过10 km时,超过部分(指超过10 km部分)套用自航泥驳增运定额(抓斗式挖泥船定额中)的0.75计算。

(8) 排高、挖深调整。

排高大于或小于基本排高、挖深超过基本挖深时均需调整。

大于基本排高,调整系数:

$$a=k_1^n \tag{5-9}$$

小于基本排高,调整系数:

$$b=\frac{1}{k_1^n} \tag{5-10}$$

超过基本挖深,调整系数:

$$c=nk_2 \tag{5-11}$$

定额综合调整系数:

$$d=a+c \text{ 或 } d=b+c \tag{5-12}$$

当无超排高仅超挖深时,定额综合调整系数:

$$d=1+c \tag{5-13}$$

式中：k_1——各定额表注中，每增（减）1 m 的超排高系数；

k_2——各定额表注中，每超过基本挖深 1 m 的定额增加系数；

n——大于（或小于）定额基本排高或超过定额基本挖深的数值，不足 1 m 时按1 m 计。

在计算超排高和超挖深时，定额表中的“其他机材费”费率不变。

排泥管长度＝岸管长度+浮管长度×1.67+潜管长度×1.14

（9）开挖层厚调整

开挖厚度与绞刀（斗轮直径或斗高）的比值或开挖厚度小于某一规定数值时，定额需调整。

三、疏浚工程量计算规则

（1）有效工程量。按设计几何轮廓尺寸计算。

施工过程中疏浚设计断面以外增加的超挖量、施工期自然回淤量、开工展布与收工集合、避险与防干扰措施、辅助船只等所发生的费用以及工程船舶的调遣费用，应摊入有效工程量的工程单价中，辅助工程（如疏浚前扫床和障碍物清除、排泥区围堰、隔埂、退水口及排水渠等项目）另行计量计价。

（2）排泥管线安拆。按施工组织设计要求计算。无明确要求时，按水下疏浚土方每 10 万 m^3 安拆一次计算。

（3）调遣费用（无规定）。

微课
疏浚工程计算

【例 5-12】 某河道疏浚工程，采用 200 m^3/h 绞吸式挖泥船进行施工，河底土质为Ⅲ类可塑壤土、挖深 6 m，排泥管长度为 500 m，已知基本资料如下。

（1）三类工程，措施费费率 4.5%。

（2）柴油 8.49 元/kg。

（3）机械台班费计算见表 5-41。

表 5-41 机械台班计算表

机械名称	一类费用/元	人工用量/工日	柴油用量/kg	机械台班费/（元/台班）
挖泥船 200 m^3/h	1 857.51	8	739	4 464.59
浮筒 ϕ400 排泥	97.38			97.38
岸管 ϕ400	34.39			34.39
拖船 176 kW	359.85	4	196	1 142.89
交通艇 88 kW	72.09	2	109	496.61
锚艇 88 kW	91.89	4	109	613.93
油船 60 T	87.3	5	15	424.86

注：人工以基价 48.76 元/工日，柴油以基价 3 元/kg 计入机械台班费。

问题：试计算该河道疏浚工程预算单价。

解：（1）根据工程类别，确定取费费率。

（2）根据题意，查《浙江省水利水电建筑预算定额（下）》第七章疏浚工程第 1 节，选用定额 70011，经计算河道疏浚工程预算单价为 10.30 元/m^3，见表 5-42。

表 5-42 河道疏浚工程计算表

项目序号				1	
项目名称				绞吸式挖泥船挖泥	
定额编号				70011	
定额单位				10 000 m^3	
编号	工料名称	单位	单价/元	工料定额	合价/元
①	人工	工日	48.76	18	877.68
②	机械费				44 185.27
	挖泥船 200 m^3/h	艘班	4 464.59	7.64	34 109.47
	浮筒 ϕ400 排泥	百米班	97.38	22.93	2 232.92
	岸管 ϕ400	百米班	34.39	15.29	525.82
	拖轮 176 kW	艘班	1 142.89	2.09	2 388.64
	交通艇 88 kW	艘班	496.61	4.19	2 080.80
	锚艇 88 kW	艘班	613.93	2.41	1 479.57
	油船 60 t	艘班	424.86	3.22	1 368.05
③	其他机械费	%	2.0	44 185.27	883.71
(1)	直接工程费	元			45 946.66
(2)	措施费	%	4.5		2 067.60
(一)	直接费				48 014.26
(二)	间接费	%	8.5		3 905.47
(三)	利润	%	5.0		2 595.99
(四)	人工补差	工日	20.84	121.60	2 534.14
(五)	柴油	kg	5.49	6 823.30	37 459.92
(六)	税金	%	9.0		8 505.88
(七)	合计	元			103 015.66
(八)	单价	元			10.30

任务八 设备安装工程单价

一、项目构成

机电设备及安装工程、金属结构设备及安装工程构成枢纽工程总概算的第二、三项。

机电设备及安装工程由发电设备及安装工程、升压变电设备及安装工程和公用设备及安装工程三项组成，如表5-43所示。

表5-43 设备及安装工程预算表

编号	项目名称	单位	数量	单价		合价	
				设备	安装	设备	安装

设备费的费用构成在水利水电工程费用组成章节已描述。

安装工程费包括设备安装费和构成工程实体的装置性材料费与装置性材料安装费。

二、设备费

（一）设备与材料的划分

1. 设备

凡是经过加工制造，由多种材料和部件按各自用途组成的具有功能、容量及能量传递或转换性能的机器、容器和其他机械、成套装置等均为设备。设备分为标准设备和非标准设备。

（1）设备体腔内的定量填充物。应视为设备，其价值计入设备费。

① 透平油。透平油的作用是散热、润滑、传递受力，主要用在水轮机、发电机的油槽内，调速器及油压装置内，进水阀本体的操作机构内、油压装置内。

② 变压器油。变压器油的作用是散热、绝缘和灭电弧，主要用在所有的油浸变压器、油浸抗器、所有的带油互感器、油断路器、消弧线卷、大型试验变压器内。其油款包含在设备出厂价内。

③ 六氟化硫。断路器中六氟化硫的价值计入设备费。

（2）不论成套供货还是现场加工或零星购置的贮气罐、贮油罐、闸门、盘用仪表、机组本体上的梯子、平台和栏杆等均作为设备，不能因供货来源不同而改变设备性质。

（3）如管道和阀门构成设备本体部件，应作为设备。

（4）随设备供应保护罩、网门等已计入相应设备出厂价格内时，应作为设备。

（5）设备喷锌费用应列入设备费。

计算安装费时，不计设备本身价值。

2. 材料

为完成建筑安装工程所需的经过加工的原材料和在工艺生产过程中不起单元工艺生产作用的设备本体外的零件、附件、成品、半成品等均为材料。

（1）电缆、电缆头、电缆和管道用的支吊架、母线、金具、滑触线和架、屏盘的基础型钢、钢轨、石棉板、穿墙隔板、绝缘子、一般用保护网、罩、门、梯子、平台、栏杆和蓄电池木架等，均作为材料。

（2）各类管道和在施工现场制作加工完成的压力钢管、闷头等全部列为材料。

计算安装费时，应列入材料本身价格。

（二）设备费组成

设备费按设计选型设备的数量和价格进行编制。设备费包括设备原价、运杂费、运输保险费和采购及保管费。

1. 设备原价

(1) 国产设备。国产设备以出厂价为原价，非定型和非标准产品（如闸门、拦污栅等）采用与厂家签订的合同价或询价。

(2) 进口设备。进口设备以到岸价和进口征收的税金、手续费、商检费及港口费等各项费用之和为原价。到岸价采用与厂家签订的合同价或询价计算，税金和手续费等按规定计算。

(3) 大型机组拆卸分装运至工地后的拼装费用应包括在设备原价内。

2. 运杂费

运杂费指设备由厂家运至工地安装现场所发生的一切运杂费用，包括运输费、调车费、装卸费、包装绑扎费、大型变压器充氮费以及其他可能发生的杂费。

设备运杂费分为主要设备和其他设备，按占设备原价的百分率计算。主要设备运杂费费率为3%～4%，其他设备运杂费费率为5%～7%。

设备运杂费=设备原价×运杂费费率

进口设备国内段运杂费费率，按同类国产设备运杂费费率乘以相应国产设备原价占进口设备原价的比例系数。

3. 运输保险费

运输保险费指设备在运输过程中的保险费用。国产设备的运输保险费可按工程所在省、自治区、直辖市的规定计算，进口设备的运输保险费按有关部门的规定计算。

运输保险费=设备原价×运输保险费费率

4. 采购及保管费

采购及保管费指建设单位和施工企业在负责设备的采购、保管过程中发生的各项费用，主要包括如下几方面。

(1) 采购保管部门工作人员的基本工资、辅助工资、职工福利费、劳动保护费、养老保险费、失业保险费、医疗保险费、住房公积金、工伤及生育保险费、教育经费、办公费、差旅交通费、工具用具使用费等。

(2) 仓库、转运站等设施的运行费、检修费，固定资产折旧费，技术安全措施费和设备的检验、试验费等。

采购及保管费=(设备原价+运杂费)×采购及保管费费率

按现行规定，采购及保管费费率取0.7%。

5. 运杂综合费费率

设备费=设备原价+运杂费+采购及保管费

运杂综合费费率=运杂费费率+(1+运杂费费率)×采购及保管费费率+运输保险费费率

即　　设备费=设备原价×(1+运杂综合费费率)

6. 交通工具购置费

工程竣工后，为保证建设项目初期生产管理单位正常运行必须配备生产、生活、消防车辆和船只。

交通工具购置费按现行《浙江省水利水电工程设计概（预）算编制规定》(2018 年)

所列设备数量和国产设备出厂价格加车船附加费、运杂费计算。

（三）设备费计算案例

【例 5-13】 由国家投资兴建的某大型水电站位于缙云县的边远山村，需要安装 2 台水轮机，每台套设备自重 400 t（其中：主机自重 380 t），全套设备平均出厂价为 3.0 万元/t。全电站水轮机用透平油为 300 t，其油预算单价为 6 000 元/t，主机运杂费费率为 6.5%，运输保险费费率 0.4%，设备采购及保管费费率 0.7%。

问题：计算单台套水轮机所需投资（辅机安装费暂不计）。

微课
设备费计算

解：（1）设备原价：3×400＝1 200（万元/台）。

（2）运杂费：1 200×6.5%＝78（万元/台）。

（3）运输保险费：1 200×0.4%＝4.8（万元/台）。

（4）采购及保管费：（1 200＋78）×0.7%＝8.95（万元/台）。

（5）透平油价款：（300÷2）×0.6＝90（万元/台）。

设备费：1 200＋78＋4.8＋8.95＋90＝1 381.75（万元/台）。

【例 5-14】 某工程从国外进口设备 1 套，经海运抵达上海港后再转运至工地。

问题：试计算进口设备费。

已知：（1）设备合同到岸单价 418 万美元/套。

（2）汇率比为 1 美元＝6.83 元人民币。

（3）设备重量：净重 400 t/套，毛重系数 1.05。

（4）银行财务费 14.27 万元。

（5）外贸手续费费率 1.5%。

（6）进口关税税率 10%。

（7）增值税税率 13%。

（8）商检费费率 0.24%。

（9）港口费单价 150 元/t。

（10）同类型国产设备原价 3.2 万元/t，上海港至工地运杂费费率 6%。

（11）国内运输保险费费率 0.4%。

（12）采购及保管费率 0.7%。

解：（1）设备到岸价格：418×6.83＝2 854.94（万元）。

（2）银行财务费：14.27 万元。

（3）外贸手续费：2 854.94×1.5%＝42.82（万元）。

（4）进口关税：2 854.94×10%＝285.49（万元）。

（5）增值税：（2 854.94＋285.49）×13%＝408.26（万元）。

（6）商检费：2 854.94×0.24%＝6.85（万元）。

（7）港口费：150×400×1.05＝6.30（万元）。

（8）设备原价：2 854.94＋14.27＋42.82＋285.49＋408.26＋6.85＋6.30＝3 618.93（万元）。

（9）国内段运杂费：3.2×400×6%＝76.80（万元）。

或国内段运杂费：3 618.93×6%×（3.2×400÷3 618.93）＝76.80（万元）。

（10）运输保险费：3 618.93×0.4%＝14.48（万元）。

（11）采购及保管费：(3.2×400+76.80)×0.7% =9.50（万元）。

（12）进口设备费：3 618.93+76.80+14.48+9.50 =3 719.71（万元）。

三、安装工程定额

机电设备安装工程费是构成工程建安工作量的重要组成部分。浙江省水利厅、发改委、财政厅以浙水建[2010]37 号联合颁发《浙江省水利工程造价计价依据》（2010 年）与《浙江省水利水电工程概（预）算编制规定》（2018 年）。在编制投资估算、设计概算、施工图预算时，应按上述定额和标准编制设备安装工程费。

（一）定额形式与装置性材料

1. 定额形式

定额编排形式：不设基价。人工按“工日”消耗量列示。材料分为主要材料和次要材料，主要材料（指在定额子目中已列项的材料）以消耗量列示；对量小、价低的次要材料（称其他材料费），以定额主要材料费合价的百分比的形式表示。机械分为主要施工机械和其他机械，主要施工机械（指在定额子目中已列项的施工机械）均以消耗量列示；对小型机具（称为其他机械费），以主要施工机械费合价的百分比的形式表示。

《浙江省水利水电安装工程预算定额》（2010 年）主要适用于浙江省新建、扩建的水利水电工程。该定额有两种表现形式，以实物量为主，有少量的定额子目采用以设备原价为计算基础的安装费费率形式。定额包括的内容为安装直接工程费（含安装费和装置性材料费），不包括间接费、企业利润和税金等项费用。

2. 装置性材料

装置性材料（又称未计列材料，或称未计价材料）：它本身属于材料，但又是被安装的对象，安装后构成工程的实体。

装置性材料可分为主要装置性材料和次要装置性材料。凡是在预算定额各项目中作为主要安装对象的材料，即为主要装置性材料，如轨道、管路、电缆、母线、一次拉线、接地装置、保护网、滑触线、钢管等。其余为次要装置性材料。

主要装置性材料在预算定额中，一般作为未计价材料，须按设计提供的规格、数量和工地材料价计算其费用（另加定额规定的损耗率）。若没有设计资料，可参考表 5-44 确定主要装置性材料的耗用量。

表 5-44　装置性材料损耗率

序号	材料名称	损耗率/%
1	钢板（齐边）	
	压力钢管直管	5
	压力钢管弯管、叉管、渐变管	15
	各种闸门及埋件	13
	容器	10
2	镀锌钢板、通风管	10

续表

序号	材料名称	损耗率/%
3	型钢	5
4	管材及管件	3
5	电力电缆	1
6	控制电缆	1.5
7	绝缘导线	1.8
8	硬母线(包括铜、铝、铁质的带形、管形及槽形母线)	2.3
9	裸软导线(包括铜、铝、钢及钢芯铝绞线)	1.3
10	压按式线夹、螺栓、垫圈、铝端头、护线条及紧固件	2
11	金具	1
12	绝缘子	2
13	塑料制品	5

注:1. 裸软导线的损耗包括因弧垂及杆位高低差而增加的长度,未包括变电站中的母线、引下线、跳线、设备连接线等因弯曲的弧度而增加的长度。

2. 电力电缆及控制电缆的损耗中未包括预留、备用段长度,敷设时因各种弯曲而增加的长度,以及为连接电气设备而预留的长度。

次要装置性材料因品种多、规模小,且价值也较低,已计入定额中,编制时不必另计。

(二) 定额编制范围及内容

《浙江省水利水电安装工程预算定额》(2010 年)是在水利部 1999 年颁发的《水利水电设备安装工程预算定额》的基础上结合浙江省实际情况拟定定额的编制范围及章节子目设置内容。

(1) 编制范围。单机容量在 50 000 kW 以下,即水轮机设备每套自重 1 ~ 500 t、水轮发电机设备每套自重 1 ~ 500 t。其中:贯流(灯泡)式水轮机 5 ~ 600 t,贯流(灯泡)式水轮发电机 5 ~ 500 t。

电压等级在 220 kV 以下,即发电电压为 10 kV 以下、变电站的电压等级为 35(含 35) ~ 220kV。

其他按照以上机组容量、电压等级的水利水电工程配套所需的主要设备及装置。

(2) 定额章节子目的设置。本定额根据编制大纲中确定的编制原则、编制范围,拟编列水轮机、调速系统、水轮发电机、进水阀、大型水泵、水力机械辅助设备、电气设备、变电站设备、通信设备、电气调整、通风空调设备、起重设备、金属闸门制作、闸门安装、压力钢管、其他金属结构、设备工地运输共 17 章 81 节 1 132 个子目。

(三) 安装定额的使用

(1) 按设备重量划分子目的定额,当所求设备的重量界于同类型设备的子目之间时,可按插入法计算安装费。

(2) 除现行预算定额规定的工作内容外,还包括下列工作和费用。

① 设备安装前后的开箱、检查、清扫、滤油、注油、刷漆和喷漆工作。

② 安装现场100 m内的水平运输和±15 m垂直运输(不含压力钢管)。

③ 随设备成套供应的管路及部件的安装。

④ 设备本身试运转、管和罐的水压试验、焊接及安装的质量检查。

⑤ 现场临时设施的搭拆及其材料的摊销,专用特殊工器具的摊销。

⑥ 竣工验收移交生产前对设备的维护、检修和调整。

⑦ 次要的施工过程和工序。

⑧ 施工准备及完工后的现场清理工作。

(3) 本定额不包括以下工作内容和费用。

① 由设备供货商随设备供应的材料和部件,如水轮发电机定子线圈用的绝缘材料、油漆、绑线、焊锡和设备的连接螺栓、铆钉、基础铁件等。

② 设备腔体内定量填充物,如变压器油、透平油、六氟化硫气体等。

③ 鉴定设备制造质量的工作。

④ 设备基础的开挖回填、混凝土浇筑、灌浆、抹灰工作。

⑤ 设备、构件的喷锌、镀锌、镀铬及要求特殊处理的工作。

⑥ 材料的质量复检工作。

⑦ 按施工组织设计设置在各安装场地的总电源开关及以上线路敷设维护工作。

⑧ 大型临时设施。

⑨ 施工照明。

⑩ 属设备供货商责任的设备缺陷或缺件的处理。

⑪ 机组和系统联合试运行期间所发生的费用。

⑫ 由于设备运输条件的限制及其他原因需在现场的组装工作(应属设备制造厂工作内容),如水轮机水涡轮分瓣组焊、定子矽钢片现场叠装、定子线圈现场整体下线及铁损试验工作等。

(4) 使用水电(泵)站主厂房桥式起重机进行安装施工时,桥式起重机台班费中不应计算基本折旧费和安装拆卸费。

(5) 计算未计价装置性材料价值时,要按规定计入操作损耗率。未计价材料损耗率见表5-44。

(6) 定额套用及项目划分中应注意的几个问题:

① 水轮机以"台"为计量单位,按设备自重(包括随机附件及埋件重量)选用子目。随机到货的管路和器具等安装,以及与发电机联轴调整随机到货的管路和器具等安装,以及与发电机联轴调整。

② 调速器以"台"为计量单位,按调速器接力器容量或主配阀直径选用子目。当接力器容量与主配阀直径两种参数均有时,按后者选用子目。油压装置以"套"为计量单位,按油压装置额定油压(MPa)选用子目。调速器定额按额定工作油压(按6.3 MPa)拟定。额定工作油压小于6.3 MPa时,定额乘以系数0.9。额定工作油压大于6.3 MPa时,定额乘以系数1.1。

③ 进水阀:蝶阀、球阀以"台"为计量单位,按设备直径选用子目,其他主阀以"t"为计量单位,包括辅助设备安装。其他进水阀以"t"为计量单位。

④ 大型水泵以“台”为计量单位，按全套设备自重选用子目，水泵的主阀和辅助设备及管路安装，可按《浙江省水利水电安装工程预算定额》(2010)第四章进水阀和第六章水力机械辅助设备相应定额子目进行计算。

⑤ 水力机械辅助设备，包括油系统、压气系统、水系统、水力监视测量系统设备，油、气、水、测量系统(含管子、附件、阀门等)的安装。

辅助设备以“t”为计量单位，计算重量时应包括机座、机体、附件及电动机的全部重量。管路安装以“100 m”为计量单位，按公称直径选用子目。未计列材料包括管材、法兰、连接螺栓、阀门、表计及过滤器。

⑥ 厂坝区馈电工程、排灌站供电工程设备安装可套用厂用配电设备定额。

⑦ 电缆，本节包括电缆桥架、托盘、槽盒安装；电缆管敷设；电缆敷设；电缆头制作安装；电缆防火设施等项目安装共设列 67 个子目。未计价材料包括桥架、托盘、梯架、槽盒等。电缆敷设定额中均未考虑波形弯曲增加的长度及预留等长度。

⑧ 通风空调设备，本章包括风机和空调设备安装、通风管及附件制作安装、通风管保温共 4 节。消防设备、照明设备套用全国统一安装定额。

⑨ 桥式起重机安装，以“台”为计量单位，按桥式起重机主钩起重能力选用子目。如桥式起重机配置平衡梁时，其定额应按主钩起重能力加平衡梁重量之和选用子目，平衡梁安装不再单列。本节不包括轨道和滑触线安装及负荷试验物的制作和运输。

⑩ 门式起重机安装，以“台”为计量单位，按门式起重机自重选用子目。不包括门式起重机行走轨道的安装、负荷试验物的制作和运输(混凝土、钢锭)。

⑪ 金属闸门制作，以重量“t”为计量单位。按设计图纸计算工程量，包括本体及其附件等全部重量。不扣减焊接需要切除的坡口重量，也不计算电焊所增加的重量。未计列材料包括钢材(钢板、型钢、圆钢)、铸锻件、轴、轴承、轴套、止水水封、滑块、连接螺栓、尼龙件等。

⑫ 金属闸门安装，以重量“t”为计量单位。按设计图纸计算工程量，包括本体及其附件等全部重量。闸门埋设件的基础螺钉、闸门止水装置的橡皮水封和安装组合螺栓等均作为设备部件，不包括在本定额内。

⑬ 压力钢管，以重量“t”为计量单位，按钢管直径和壁厚选用子目。按设计图纸计算工程量，钢管重量应包括钢管本体和加劲环、支承环等全部构件重量。不扣减焊接需要切除的坡口重量，也不计算电焊所增加的重量。未计列材料包括钢管、加劲环、支承环本体材料。

⑭ 附录，包括 7 个附录：a. 水力机械管子重量；b. 单台机组全厂接地钢材用量；c. 单台机组保护网用量；d. 油桶重量；e. 立式储气罐重量；f. 概(估)算安装参考费率；g. 人、材、机电算编号表。

⑮ 设备体腔内的定量填充物，应视为设备，其价值计入设备费。

⑯ 厂房和副厂房内的生活给排水属于建筑工程。

(四) 工程量计算规则

(1) 本定额对应的工程量为有效工程量，即按设计几何轮廓尺寸计算的工程量，除另有说明外，定额及装置性材料损耗率表未包括因各种弯曲或弧垂而增加的长度及为连接电气设备而预留的长度等安装附加量。

（2）除另有规定外，对有效工程量以外规范允许的安装附加量所消耗的人工、材料和机械费用，均应按《水利工程工程量清单计价规范》的规定，摊入相应有效工程量单价内。

四、安装工程单价组成

安装工程费用由直接费、间接费、企业利润和税金4部分组成。

安装工程单价列式有两种：实物量形式和安装费费率形式。

安装工程单价计算程序：

（一）以实物量形式表现的定额

以实物量形式表现的定额，其安装工程单价的计算方法及程序见表5-45。

表5-45 实物量定额安装工程单价的计算方法及程序

序号	费用名称	计算方法
（一）	直接费	（1）+（2）
（1）	直接工程费	①+②+③
①	人工费	人工定额用量×人工预算单价
②	材料费（不含装置性材料）	∑材料定额用量×材料预算价格
③	机械使用费	∑定额机械台班用量×机械台班费
（2）	措施费	（1）×措施费费率之和
（二）	间接费	①×间接费费率
（三）	利润	[（一）+（二）]×利润费率
（四）	人工补差	人工定额用量（含机上人工）×单位价差
（五）	材料补差	∑材料定额用量×单位价差
（六）	装置性材料	∑装置性材料定额用量×材料预算价
（七）	税金	[（一）+（二）+（三）+（四）+（五）+（六）]×税率
（八）	工程单价	（一）+（二）+（三）+（四）+（五）+（六）+（七）

（二）以安装费费率形式表现的定额

以安装费费率形式表现的定额，其安装工程单价计算方法及程序见表5-46。

表5-46 以安装费率表示的安装工程单价计算方法及程序

序号	项目	计算方法
（一）	直接费/%	（1）+（2）
（1）	直接工程费/%	①+②+③
①	人工费/%	定额人工费费率
②	材料费/%	定额材料费费率
③	机械使用费/%	定额机械台班使用费费率
④	装置性材料费/%	定额装置性材料费费率

续表

序号	项目	计算方法
(2)	措施费/%	(1)×措施费费率之和
(二)	间接费/%	①×间接费费率
(三)	利润/%	[(一)+(二)]×利润费率
(四)	税金/%	[(一)+(二)+(三)]×税率
(五)	单价/%	(一)+(二)+(三)+(四)
(六)	安装工程单价	设备原价×安装单价(%)

微课
闸门制安费计算

五、安装工程单价计算案例

下面分别针对设备的安装费计算、材料的安装费计算及安装费费率计算进行案例讲解。

【例 5-15】 浙江遂昌某水闸工程(二类工程)有平板焊接钢闸门(定轮式不带充水装置),自重 10 t/扇。

问题:试计算闸门的制作费及安装费。

已知:(1) 从闸门堆放场至安装现场运距 1 km。

(2) 措施费费率取 5%,柴油价格 8 元/kg,电价 1.0 元/(kW · h),钢板(未计价)价格 3 005 元/t。

解题思路:本工程案例中,闸门作为设备,先计算闸门制作工程单价,再计算闸门的安装工程单价。

(1) 闸门制作查《浙江省水利水电安装预算定额》(2010 年)第十三章第 1 节,选用定额 13 003,本例闸门为定轮式,且不带充水装置,不需考虑调整定额。

(2) 闸门作为设备,本体钢板未列入制作定额中,根据定额总说明十一附表内容,钢板作为装置性材料,计算过程中需考虑损耗率 13%。见表 5-47。经计算,钢闸门制作单价为 10 037.86 元/t 。

表 5-47 闸门制作工程单价计算表

项目序号				1	
项目名称				平板焊接钢闸门制作	
定额编号				13003	
定额单位				t	
编号	工料名称	单位	单价/元	工料定额	合价/元
1	人工费	工日	48.76	25	1 219.00
2	材料费				863.52
	钢板	kg	5	15	75.00
	型钢	kg	5	11	55.00

续表

编号	工料名称	单位	单价/元	工料定额	合价/元
	氧气	m^3	5	29	145.00
	乙炔气	m^3	15	12	180.00
	电焊条	kg	5.5	48	264.00
	木材	m^3	800	0.08	64.00
	电	kWh	1	17	17.00
	探伤材料	张	1	5	5.00
	柴油	kg	3	1.3	3.90
	汽油	kg	9	1.5	13.50
	其他材料费	%	5	822.40	41.12
3	机械费				1 724.11
	门式起重机 10 t	台班	211.2	0.12	25.34
	桥式起重机 10 t	台班	140.49	0.37	51.98
	卷扬机 5 t	台班	84.73	0.39	33.04
	车床 ϕ600～800 mm	台班	144.56	0.45	65.05
	铣床	台班	546.43	1.05	573.75
	镗床	台班	294.5	0.94	276.83
	刨边机	台班	380.91	0.67	255.21
	数控切割机	台班	301.61	0.26	78.42
	超声波探伤机 CTS-26	台班	137.93	0.29	40.00
	龙门刨床	台班	537.9	0.42	225.92
	电焊机 直流 30 kVA	台班	58.79	0.28	16.46
	其他机械费	%	5	1 642.01	82.10
(一)	直接工程费	元			3 806.63
(二)	措施费	%	5.0		190.33
一	直接费	元			3 996.97
二	间接费	%	65		792.35
三	利润	%	6		287.36
四	材料补差	元			736.72
1	人工	工日	23.84	30.63	730.22
2	柴油	kg	5	1.3	6.50
五	未计价装置性材料	t	3 005	1.13	3 395.65
六	税金	%	9.0		828.81
七	单价	元			10 037.86

(3) 闸门安装查《浙江省水利水电安装预算定额》(2010 年)第十四章第 1 节,选用定额 14 002,本例闸门为定轮式,且不带充水装置,不需考虑调整定额;同时根据题意,运输定额选用 17 003,见表 5-48,表 5-49。经计算,钢闸门安装工程单价为 2 132.05+110.92=2 242.97(元/t)。

表 5-48 闸门安装工程单价计算表

项目序号				2	
项目名称				平板焊接钢闸门安装	
定额编号				14002	
定额单位				t	
编号	工料名称	单位	单价/元	工料定额	合价/元
1	人工费	工日	48.76	15	731.40
2	材料费				146.45
	钢板	kg	5	2.9	14.50
	氧气	m^3	5	1.8	9.00
	乙炔气	m^3	15	0.8	12.00
	电焊条	kg	5.5	3.9	21.45
	油漆	kg	24	2	48.00
	汽油	kg	9	2	18.00
	黄油	kg	22	0.2	4.40
	其他材料费	%	15	127.35	19.10
3	机械台班费				99.50
	门式起重机	台班	211.2	0.14	29.57
	电焊机 直流 30 kVA	台班	126.57	0.45	56.96
	其他机械费	%	15	86.52	12.98
(一)	直接工程费	元			977.36
(二)	措施费	%	5		48.87
一	直接费	元			1 026.22
二	间接费	%	65		475.41
三	利润	%	6		90.10
四	人工补差	工日	23.84	15.28	364.28
五	税金	%	9.0		176.04
六	单价	元			2 132.05

表 5-49 闸门运输工程单价计算表

项目序号	3
项目名称	闸门工地运输
定额编号	17003
定额单位	10 t

续表

编号	工料名称	单位	单价/元	工料定额	合价/元
1	人工费	工日	48.76	2.6	126.78
	零星材料费	%	5	126.78	6.34
2	材料费				0.00
3	机械台班费				439.53
	汽车起重机 10 t	台班	403.29	0.55	221.81
	载重汽车 10 t	台班	395.86	0.55	217.72
(一)	直接工程费	元			566.31
(二)	措施费	%	5		28.32
一	直接费	元			594.62
二	间接费	%	65		82.40
三	利润	%	6		40.62
四	补差	元			299.96
1	人工	工日	23.84	3.7	88.21
2	柴油	kg	5	42.35	211.75
五	税金	%	9.0		91.58
六	单价	元			110.92

【例 5-16】 编制浙江遂昌某枢纽工程(二类工程)电力电缆(截面面积≤10 mm^2)安装工程预算单价。

微课
电缆安装费计算

已知:措施费费率取 5%,柴油价格 8 元/kg,电价 1.0 元/(kW · h),电缆价格 50 元/m。

解题思路: 本工程案例中,电缆作为材料,计算安装费时,应列入材料本身价格。

查《浙江省水利水电安装预算定额》(2010 年)第七章第 5 节,选用定额 07142,根据定额总说明十一附表内容,电力电缆作为装置性材料需考虑损耗 1%。经计算,电力电缆安装工程单价 69.74 元/m,见表 5-50。

表 5-50　电缆安装工程单价计算表

项目名称				电缆铺设	
定额编号				07142	
定额单位				100 m	
编号	工料名称	单位	单价/元	工料定额	合价/元
1	人工	工日	48.76	7.1	346.20
2	材料费				456.37
	镀锌螺栓	kg	8	9.3	74.40
	封铅	kg	7	0.8	5.60
	镀锌铁丝	kg	6.5	0.93	6.05
	电缆卡子	个	1.75	68	119.00

续表

编号	工料名称	单位	单价/元	工料定额	合价/元
	电缆吊挂	套	10	5.5	55.00
	标志牌	个	5	6	30.00
	冲击钻头	只	15	0.76	11.40
	塑料膨胀管	个	1.8	53	95.40
	其他材料费	%	15	396.85	59.53
3	机械费				39.31
	5 t 汽车起重机	台班	483.03	0.04	19.32
	5 t 载重汽车	台班	453.01	0.04	18.12
	其他机械费	%	5	37.44	1.87
(一)	直接工程费	元			841.88
(二)	措施费	%	5		42.09
一	直接费	元			883.98
二	间接费	%	65		225.03
三	利润	%	6		66.54
四	补差	元			5 222.44
1	人工补差	工日	23.84	7.23	172.44
五	电力电缆(装置性材料)	m	50.00	101.00	5 050.00
六	税金	%	9.00		575.82
七	单价	元			69.74

【案例 5-17】 用费率计算某工程的厂用电系统(设备出厂价为 50 万元)的安装工程预算单价。

已知:本工程为二类工程,措施费费率 5%。

解题思路:查附录六的厂用电系统费率,根据浙水建[2016]14 号,现行水利安装工程预算定额中以费率形式(%)表示的。安装工程预算定额附录六的费率除以 1.10 调整系数。安装费率计算见表 5-51。

表 5-51 厂用电系统安装费率计算表

项目名称				厂用电系统	
定额编号:				附录六	
定额单位:				项	
编号	名称及规格	单位	单价	数量	合价
1	人工	%	3.3/1.1	1	3.0%
2	材料费	%	2.2/1.1	1	2.0%
3	机械费	%	1.6/1.1	1	1.45%

续表

编号	名称及规格	单位	单价	数量	合价
4	装置性材料费	%	4.7/1.1	1	4.27%
（一）	直接工程费小计				10.72%
（二）	措施费	%	5.00		0.54%
一	直接费	%			11.26%
二	间接费	%	65.0		1.95%
三	利润	%	6.00		0.79%
四	税金	%	9		1.26%
五	单价				15.26%

经计算该工程的厂用电系统的安装工程预算单价为50×15.26% =7.63(万元)。

思考与计算题

一、思考题

1. 建筑安装工程单价由哪几部分费用组成？如何进行计算？

2. 土石方填筑综合单价为什么不是各工序单价之和？其预算综合单价计算如何考虑？

3. 混凝土材料单价与混凝土工程单价有何区别？如何进行混凝土工程单价的编制？

4. 安装工程单价编制方法有哪几种？与建筑工程单价编制有何不同？

二、计算题(未给的基础单价可根据具体情况确定)

1. 编制某枢纽二类工程堆石坝堆石料填筑预算综合单价。

已知:(1) 料场覆盖层清除单价为3.56元/m^3,覆盖层清除率5%(占开采量的比例)。

(2) 料场堆石开采采用150型潜孔钻钻孔,深孔爆破,岩石为Ⅸ级,用3 m^3 液压挖掘机装20 t自卸汽车运输上坝,运距4 km,采用14 t振动碾压实。

(3) 另有30%的石料(占填筑料的比例)来自弃渣场,弃渣石料采用3 m^3 装载机装20 t自卸汽车运输上坝,运距3 km。

2. 某枢纽三类地下工程交通洞,洞深400 m,水平夹角5.3°,洞身岩性为白云岩,坚固系数f=11,设计开挖断面面积20m^2。采用光面爆破、风钻钻孔,0.2m^3 装岩机装8 t蓄电池机车配V形0.6 m^3 斗车出渣,试编制交通洞石方工程概算单价。

3. 某县城市防洪堤工程(三类工程),位于强涌潮地区,其护底护坡采用C20(二级配)细骨料混凝土灌砌块石结构(埋石率55%),其中30%的工作量位于平均潮位以下,试计算混凝土灌砌块石护坡工程预算单价(已知:混凝土运输单价为16.75元/m^3,水泥400元/t,碎石100元/m^3,块石80元/m^3,措施费费率4%)。

4. 某坝为三类工程,其坝基岩石需固结灌浆,Ⅷ级岩石,手风钻钻孔,孔深6 m。采用自上而下多孔并联法灌浆,吸水量为3 Lu,试计算其固结灌浆预算工程单价(已知:混凝土运输单价为16.75元/m^3,水泥400元/t,碎石100元/m^3,块石80元/m^3,措施费费率4%)。

5. 编制某偏远山区水电站 2 万 kW 竖轴混流式水轮车安装预算单价。已知:水轮机总重 130 t。

6. 某隧洞(二类工程)工程需铺设压力钢管 50 t(D=5 m,δ=12 mm,直管),已知钢板价格为 5 000 元/t,柴油价格为 8 000 元/t,电价为 1.06 元/度。试求压力钢管的预算单价。

项目六

设计工程概算

学习要求

了解设计概算编制的组成,概算各部分的编制方法及计算。

学习目标

1. 掌握设计概算的组成。
2. 掌握设计概算各部分概算的编制。
3. 了解分年度投资及资金流量的计算。
4. 掌握总概算编制的基本方法。

技能目标

能根据资料进行各部分项工程概算编制和总概算的汇总。

任务一 设计概算编制程序及文件组成

一、设计概算编制依据

(1) 国家和浙江省颁发的有关法律、法规、规章、规程。

(2)《浙江省水利水电工程设计概(预)算编制规定》(2018 年)。

(3) 有关定额:

①《浙江省水利水电建筑工程预算定额》(2010 年)。

②《浙江省水利水电安装工程预算定额》(2010 年)。

③《浙江省水利水电工程施工机械台班费定额》(2010 年)。

编制设计概算时,除计算半成品(如砂石料、混凝土、砂浆等)价格外,预算定额直接工程费单价乘以 1.03 的扩大系数后作为概算直接工程费单价。以上定额缺项部分可参照水利部现行有关定额或其他专业定额。

专项部分的环境保护工程、水土保持工程、送出工程、交通专项工程、专项提升工程等,参照浙江省或有关专业部委颁发的相应专业定额及概算编制办法。

(4)《浙江省水利工程工程量清单计价办法》(2012 年)。

(5)工程初步设计文件及图纸。

(6)有关合同协议及资金筹措方案。

(7)其他。

微课
设计概算组成

二、设计概算文件组成

概算文件由编制说明、设计概算表和概算附件 3 部分组成。

(一)编制说明

(1)工程概况:流域,河系,工程兴建地点,对外交通条件,工程规模,工程效益,工程布置形式,主体建筑工程量,主要材料用量,施工总工期,施工总工日,施工平均人数和高峰人数,资金筹措情况和投资比例等。

(2)投资主要指标:工程静态总投资和总投资,年度价格指数,基本预备费率,建设期融资额度,利率和利息等。

(3)编制原则和依据:① 初步设计概算原则和依据;② 人工预算单价,主要材料,施工用电、风、水及砂石料等基础单价的计算依据;③ 主要工程项目单价计算条件;④ 主要设备价格的编制依据;⑤ 费用计算标准;⑥ 征地和环境部分概算编制的简要说明和依据;⑦ 专项部分概算的简要说明和依据;⑧ 工程资金筹措方案。

(4)概算编制中其他应说明的问题。

(5)投资对比分析。分别说明工程部分、专项部分、征地移民补偿部分与可行性研究阶段投资变化情况(或可行性研究阶段与项目建议书阶段),并从价格变动、项目及工程量调整、国家政策性变化等方面进行原因分析,说明分析结论。

(二)设计概算表

1. 概算表

(1)工程部分概算。

工程部分概算包括:① 建筑工程概算;② 机电设备及安装工程概算;③ 金属结构设备及安装工程概算;④ 施工临时工程概算;⑤ 独立费用概算;⑥ 基本预备费。

(2)专项部分概算。

专项部分概算包括:① 环境保护工程概算;② 水土保持工程概算;③ 送出工程概算;④ 交通专项工程概算;⑤ 专项提升工程概算。

(3)征地移民补偿概算。

征地移民补偿概算包括:① 农村部分补偿概算;② 城(集)镇部分补偿概算;③ 企(事)业单位补偿概算;④ 专项项目补偿概算;⑤ 防护工程概算;⑥ 库底清理概算;

⑦ 其他费用;⑧ 基本预备费;⑨ 有关税费;⑩ 其他专项费用。

2. 概算附表

概算附表包括:① 建筑工程单价汇总表;② 安装工程单价汇总表;③ 施工机械台班费汇总表;④ 主要材料预算价格汇总表;⑤ 主要工程量汇总表;⑥ 主要材料用量汇总表;⑦ 征地移民实物成果汇总表。

(三) 概算附件

(1) 人工预算单价计算表。

(2) 主要材料预算价格计算表。

(3) 施工用风、水、电价格计算书。

(4) 砂石料预算价格计算书。

(5) 施工机械台班费计算书。

(6) 混凝土、砂浆材料单价计算书。

(7) 建筑工程单价计算表。

(8) 安装工程单价计算表。

(9) 独立费用计算书。

(10) 征地移民补偿标准计算书。

(11) 分年度投资表。

(12) 建设期融资利息计算书。

(13) 专项部分相关计算表。

三、设计概算文件程序

(一) 准备工作

(1) 了解工程概况,即了解工程位置、规模、枢纽布置、地质、水文情况、主要建筑物的结构形式和主要技术数据、施工总体布置、施工导流、对外交通条件、施工进度及主体工程施工方案等。

(2) 拟订工作计划,确定编制原则和依据;确定计算基础价格、基本条件和参数;确定所采用的定额、标准及有关数据;明确各专业提供的资料内容、深度要求和时间;落实编制进度及提交最后成果的时间;编制人员分工安排和提出计划工作量。

(3) 调查研究,收集资料。主要了解施工砂、石、土料的储量、级配、料场位置、料场内外交通运输条件、开挖运输方式等。收集物资、材料、税务、交通及设备价格资料,调查新技术、新工艺、新材料的有关价格等。

(二) 计算基础单价

基础单价是建安工程单价计算的重要依据。应根据收集到的各项资料,按工程所在地编制年价格水平,执行上级主管部门有关规定分析计算。

(三) 划分工程项目、计算工程量

按照水利水电基本建设项目划分的规定将工程项目进行划分,并按水利水电工程量计算规定来计算工程量。设计工程量就是编制概算的工程量。合理的超挖、超填和施工附加量及各种损耗和体积变化等均已按现行规范计入有关概算定额,设计工程量

中不再另行计算。

（四）套用定额计算工程单价

在上述工作的基础上，根据工程项目的施工组织设计、现行定额、费用标准和有关基础单价，分别编制工程单价。

（五）编制工程概算

根据工程量、设备清单、工程单价和费用标准分别编制各部分概算。

（六）进行工、料、机分析汇总

将各工程项目所需的人工工时和费用，主要材料数量和价格，施工机械的规格、型号、数量及台班，进行统计汇总。

（七）总概算汇总

各部分概算投资计算完成后，即可进行总概算汇总。主要内容如下。

（1）汇总建筑工程、机电设备及安装工程、金属结构设备及安装工程、施工临时工程、独立费用5部分投资。

（2）将5部分投资合计之后，再依次计算基本预备费、价差预备费、建设期融资利息，最终计算静态总投资和总投资。

（八）编写编制说明及装订整理

最后编写编制说明并将校核、审定后的概算成果一同装订成册，形成设计概算文件。

任务二　分部工程概算编制

一、建筑工程概算

微课
分部工程概算

建筑工程概算采用“建筑工程概算表”的格式编制，包括主体建筑工程、交通工程、供电设施工程、管理工程及其他建筑工程。通常采用单价法、指标法和百分率等方法编制。

（一）主体建筑工程

主体建筑工程按设计工程量乘以工程单价进行编制。按项目划分要求，计算到三级项目。当设计对混凝土施工有温控要求时，应根据温控措施设计，计算温控措施费用；也可以经过分析确定指标后，按建筑物混凝土方量进行计算。细部结构工程可参照有关水工建筑工程细部结构指标确定。

（二）交通工程

交通工程指水利水电工程的永久对外公路、铁路、桥梁、码头等工程，其主要工程的投资应按设计提供的工程量乘以单价计算，也可根据工程所在地区指标或有关实际资料，采用扩大单位指标编制。

（三）供电设施工程

根据设计电压等级、线路架设长度及所需配备的变配电设施要求，按照工程所在地区造价指标或有关资料计算。

（四）管理工程

1. 管理用房工程

水利工程管理用房工程又分为业务用房和生活用房两部分。

（1）业务用房。业务用房包括生产办公用房、附属用房等。参考建筑面积如下。

大型水利工程：2 000 ~ 4 000 m^2。

中型水利工程：1 000 ~ 2 500 m^2。

小型水利工程：200 ~ 1 500 m^2。

建筑面积由设计单位按有关规定结合工程规模确定，单位造价指标根据工程所在地类似工程造价指标确定。

（2）生活用房。在工程现场建设的生活用房，枢纽工程按主体建筑工程投资的百分率计算。

枢纽工程　　投资≤10 000 万元：1.5% ~ 2.0%。

　　　　　　投资>10 000 万元：1.0% ~ 1.5%

引水、围垦及河道工程，由设计单位按有关规定结合工程规模确定。

2. 安全监测设施工程

安全监测设施工程指属于永久建筑工程性质的内外部观测设施，应按设计资料计算该项费用。如无设计资料时，可根据坝型或其他工程形式，按主体建筑工程投资的百分率计算。

当地材料坝：0.9% ~ 1.1%。

混凝土坝：1.1% ~ 1.3%。

引水式电站（引水建筑物）：1.1% ~ 1.3%。

泵站、水闸工程：0.6% ~ 0.8%。

堤防围垦工程：0.2% ~ 0.5%。

3. 水情自动测报系统工程、标准化设施

水情自动测报系统工程、标准化设施等按设计工程量乘以单价或扩大单位指标进行编制。

（五）其他建筑工程

其他建筑工程包括照明线路、通信线路、厂坝区（闸、泵站）及生活区供水、供热、排水等公用设施工程，厂坝区环境建设工程等工程投资，按设计工程量乘以单价或扩大单位指标进行编制。

（六）建筑工程概算表

建筑工程概算见表 6-1。

表 6-1　建筑工程概算表

编号	工程或费用名称	单位	数量	单价/元	合计/万元
(1)	(2)	(3)	(4)	(5)	(6)
	第一部分　建筑工程				
一	挡水工程				

续表

编号	工程或费用名称	单位	数量	单价/元	合计/万元
	土方开挖 石方开挖 ……				
二	泄水工程				
	……				
三	引水工程				
	隧洞石方开挖 ……				
四	发电厂房工程				
	……				
五	升压站工程				
	……				
六	航运工程				
	……				
七	鱼道工程				
	……				
八	交通工程				
	……				
九	房屋建筑				
	……				
十	其他工程				
	……				

二、机电设备及安装工程概算

（一）机电设备及安装工程概算内容

机电设备及安装工程概算大致包括以下内容。

（1）机电设备，泛指水轮机、发电机、调速器、辅助设备及其安装。

（2）电气设备，泛指一次设备、二次设备及电气设备安装。

以上两部分设备及安装费共同构成总概算中第二部分费用（机电设备及安装工程费），其大部分集中在发电厂房和升压变电站中。各部分设备及安装工程费用由设备费和安装工程费组成。

（二）安装工程费

安装工程投资按设计提供的安装工程量乘以安装工程单价进行计算，非主要设备的安装费可采用安装费费率计算。

（三）机电设备及安装工程概算表

机电设备及安装工程概算见表6-2。

表 6-2　机电设备及安装工程概算表

编号	名称及规格	单位	数量	单价/元		合计/万元	
				设备费	安装费	设备费	安装费
(1)	(2)	(3)	(4)	(5)	(6)	(7)	(8)
	第二部分　机电设备及安装						
一	发电设备及安装工程						
	水轮机 发电机 ……						
二	升压和变电设备及安装工程						
	变压器 ……						
三	公用设备及安装工程						
	……						

三、金属结构设备及安装工程概算

金属结构设备及安装工程泛指机、门、管，即各种起重机械、各种闸门和压力钢管制作及安装，大部分集中于大坝、溢洪道、航运过坝和压力管道工程中。构成第三部分金属结构设备及安装工程费。编制方法同第二部分机电设备及安装工程概算。金属结构设备及安装工程概算见表 6-3。

表 6-3　金属结构设备及安装工程概算表

编号	名称及规格	单位	数量	单价/元		合计/万元	
				设备费	安装费	设备费	安装费
(1)	(2)	(3)	(4)	(5)	(6)	(7)	(8)
	第三部分　金属结构设备及安装						
一	挡水工程						
	闸门 闸门埋件 启闭设备 ……						
二	引水工程						
	拦污栅 启闭设备 ……						
三	压力钢管						
	……						

四、施工临时工程概算编制

（一）施工临时工程类型

施工临时工程费用包括建筑工程费和设备及安装工程费用，在概算编制中一般分为以下3个档次。

(1) 投资较大的施工临时工程，包括施工导流工程、施工交通工程、场外供电线路工程、施工房屋建筑工程和其他临时工程等。

(2) 属于施工现场的小型临时设施及环境保护措施等费用，已列入建安工程中的措施费内。

(3) 介于以上(1)、(2)之间的临时工程取名为“小型临时工程”或“其他施工辅助工程”，其项目繁多，投资预测时工程量难以具体，故将其合并后，采用建安工作量的百分率估算投资。

（二）施工临时工程概算编制方法

1. 施工导流工程

施工导流工程主要包括导流明渠、导流洞、围堰工程、蓄水期下游断流补偿设施工程等。概算编制方法与永久建筑工程概算编制方法相同，采用工程量乘以单价计算。

2. 施工交通工程

施工交通工程指施工现场内外为工程建设服务而建造的公路、桥梁、便道、码头、施工支洞等。概算编制方法与永久建筑工程概算编制方法相同，当设计深度不足时，也可采用概算指标计列。

3. 施工场外供电工程

施工场外供电工程指施工场外现有电网向施工现场供电的10kV及以上等级的供电线路工程及变配电设施（场内除外）。概算编制方法可采用工程所在地区造价指标或有关实际资料计列。

4. 施工房屋建筑工程

施工房屋建筑工程包括施工仓库和办公、生活及文化福利建筑两部分。施工仓库指为施工而临时兴建的设备、材料、工器具等仓库建筑工程；办公、生活及文化福利建筑指施工单位、建设单位、监理单位及设计代表在工程建设期所需的办公室、宿舍、招待所和其他文化福利设施等房屋建筑工程。

不包括列入临时设施和其他临时工程项目内的风、水、电、通信系统、砂石料系统、混凝土拌和系统及浇筑系统，木工、钢筋、机修等辅助工厂，混凝土预制构件厂，混凝土制冷、供热系统，施工排水等生产用房。

(1) 施工仓库。

施工仓库建筑面积和建筑标准由施工组织设计确定，单位造价指标根据生活及文化福利建筑的相应水平确定。

(2) 办公、生产及文化福利建筑。

① 施工单位用房。

a. 水利水电枢纽工程和大型引水工程采用下式计算：

$$I=\frac{A\cdot U\cdot P}{N\cdot L}K_1K_2K_3 \tag{6-1}$$

式中：I——房屋建筑工程投资，元；

A——建安工程量，按工程部分一至四部分建安工作量（不包括办公、生活及文化福利建筑和其他临时工程）之和乘以（1+其他临时工程指标）计算；

U——人均建筑面积综合指标，按 10～12 m^2/人标准计算；

P——单位造价指标，参考工程所在地的永久房屋造价指标（元/m^2）计算；

N——施工年限，根据施工组织设计确定的合理工期确定；

L——全员劳动生产力，元/（人·年），一般不低于 12 万～15 万元/（人·年），施工机械化程度高取大值，反之取小值或中值；

K_1——施工高峰人数调整系数，取 1.10；

K_2——室外工程系数，取 1.10～1.15，地形条件较差的可取大值；

K_3——单位工程造价指标调整系数，按不同施工年限，采用表 6-4 调整系数。

表 6-4 单位工程造价指标调整系数

工期	1 年以内	2 年	3 年	4 年	5 年	5 年以上
调整系数	0.25	0.30	0.40	0.50	0.55	0.65

b. 河道治理工程、围垦工程、灌溉工程、疏浚工程、堤防工程、改扩建加固工程及其他小型水利工程，按第一至四部分（建筑工程、机电设备及安装、金属结构设备及安装、施工临时工程）建筑安装工作量（不包括办公、生活及文化福利建筑和其他临时工程）的 0.5%～1.5% 计算。

② 建设、监理单位及设计代表用房。按定员人数，平均每人 30～40 m^2 计算，枢纽工程取上限，其他工程取中、下限。单位造价根据工程所在地区单位造价指标或有关实际资料确定。

5. 其他施工临时工程

其他施工临时工程指除施工导流、施工交通、施工场外供电、施工房屋建筑以外的临时工程。主要包括砂石料加工系统，混凝土拌和及浇筑系统，混凝土制冷系统，施工供水、供风（泵房及干管），施工供电，对外通信工程，防汛设施，大型施工机械安拆等。其他临时工程投资，按工程部分一至四部分（建筑工程、机电设备及安装、金属结构设备及安装、施工临时工程）建筑安装工作量（不包括其他临时工程）之和的百分率计算。

各类工程的百分率规定如下。

大中型水利、水电枢纽工程：2.0%～3.5%。

小型水利水电工程及单位建筑物工程：1.0%～2.5%。

河道治理、围垦及堤防工程：0.5%～1.0%。

缆机平台工程、防渗墙导向槽及泥浆系统、沥青浇筑系统、大型施工排架、隧洞支护、大型施工排水、大型疏浚机械转移等特殊类型的临时设施费用，应根据施工组织设计提供的工程量和相应单位单独列项计算。

（三）施工临时工程概算表

施工临时工程概算见表 6-5。

表 6-5 施工临时工程概算表

编号	工程或费用名称	单位	数量	单价/元	合计/万元
(1)	(2)	(3)	(4)	(5)	(6)
	第四部分 施工临时工程				
一	施工导流				
1	施工围堰				
2	导流明渠 ……				
二	施工交通工程				
	临时支线 施工便桥				
三	施工房屋建筑工程				
1	文化福利房屋				
2	施工仓库				
四	施工场外供电				
五	其他施工临时工程				

微课
独立费用

五、独立费用

独立费用由建设管理费、生产准备费、科研勘察设计费和其他 4 项组成。

(一) 建设管理费

建设管理费指建设单位在工程项目筹建和建设期间进行管理工作所需的费用，包括建设单位开办费、建设单位人员费、建设管理经常费、建设监理费、经济技术服务费共 5 项。

建设单位管理性质的实际支出按财政部《基本建设项目建设成本管理规定》(财建[2016]504 号)等有关文件执行。

1. 建设单位开办费

建设单位开办费指新组建的建设单位，为开展工作所必须购置的办公及生活设施、交通工具等，以及其他用于开办工作的费用。

新建工程，其开办费按建设单位定员来确定建设单位开办费标准。改扩建与除险加固工程，视建设单位组建情况适当减少。

2. 建设单位人员费

计算公式：建设单位人员费 = 费用指标[元/(人·年)]×定员人数×费用计算期(年)

式中，费用指标根据《浙江省水利水电工程设计概(预)算编制规定》(2018 年)，现阶段平均按每人每年 8.0 万 ~10 万元计取。

费用计算期根据施工组织设计确定的施工总进度，从工程筹建之日起，至工程竣工之日加 0.5 年止。其中：大型水利工程的筹建期 1 ~2 年，中小型水利水电工程的筹建期0.5～1.5年。

建设单位定员按建设单位定员标准表确定，见表6-6。

表6-6 建设单位定员标准

工程类别及规模		定员人数
水利枢纽工程	大型	25～35
	中型	15～25
	小型	10～15
引水工程	线路总长>50 km	25～35
	线路总长20～50 km	20～25
	线路总长≤20 km	15～20
河道整治及堤防加固工程	河道或堤防长度>30 km	20～30
	河道或堤防长度10～30 km	15～20
	河道或堤防长度≤10 km	10～15
扩建及加固工程	大型	15～20
	中型	10～15
	小型	5～10
电站(装机容量)	5万～23万kW	15～25
	1万～5万kW	10～15
	≤1万kW	5～10
围垦工程	围垦面积>5万亩	20～30
	围垦面积2万～5万亩	15～20
	围垦面积≤2万亩	10～15
单项建筑物	排涝闸、泵站、船闸等	5～10

注:1. 本表仅作为编制概算时计算建设单位开办费、建设单位人员费用等的依据，与建设单位的组成形式及实编人员无关。

2. 水电工程除按装机容量选择定员外，还应加上相应规模的水库工程定员的30%。

3. 单项建筑物一项，指单独修建且需成立建设单位的定员人数。

3. 建设管理经常费

费用指标：枢纽工程及引水工程，按建设单位开办费、建设单位人员经常费之和的30%～40%计取，其他工程按20%～30%计取。

4. 建设监理费

建设监理费包括工程建设监理费和爆破安全监理费。

(1)工程建设监理费。工程建设监理费指在工程建设过程中聘任监理单位，对工程质量、进度、安全和投资进行监理所发生的全部费用，包括监理单位为保证监理工作正常开展而需要购置的交通工具、办公及生活设备、检验试验设备以及监理人员的基本工资、辅助工资、工资附加费、劳动保护费、教育经费、劳动保险基金、办公费、差旅交通费、会议费、技术图书资料费、固定资产折旧费、零星固定资产购置费、低值易耗品摊消费、工具用具使用费、水电费、取暖费以及相应的利润和税金等。工程建设监理费收费基价及工程类型调整系数分别见表6-7、表6-8。

工程建设监理费=监理费收费基价×工程类型调整系数×工程复杂程度调整系数

表6-7 工程建设监理收费基价

万元

序号	计费额	收费基价	序号	计费额	收费基价
1	5 00	16.5	9	60 000	991.4
2	1 000	30.1	10	80 000	1 255.8
3	3 000	78.1	11	100 000	1 507.0
4	5 000	120.8	12	200 000	2 712.5
5	8 000	181.0	13	400 000	4 882.6
6	10 000	218.6	14	600 000	6 835.6
7	20 000	393.4	15	800 000	8 635.6
8	40 000	708.2	16	1 000 000	10 390.1

注:1. 水电、水库工程的计费额为一至四项建筑安装工程投资合计数。

2. 其他工程的计费额为一至四项投资合计数。若设备购置费超过一至四项投资合计数的40%,则其计费数为一至四项建筑安装工程投资+设备费×40%。

3. 按内插法计算收费基价。

表6-8 工程类型调整系数

工程类型	调整系数	工程类型	调整系数
枢纽工程	1.2	其他水利工程	0.9

工程复杂程度调整系数见表6-9。

表6-9 工程复杂程度调整系数

等级	工程特征	调整系数
Ⅰ级	(1) 最大坝高<70 m,边坡高度<50 m,基础处理深度<20 m的水库水电工程; (2) 施工明渠导流建筑物与土石围堰; (3) 总装机容量<50 MW的水电工程; (4) 单洞长度<1 km的隧洞; (5) 流量<15 m^3/s的引调水渠道管线工程; (6) 堤防等级Ⅴ级的河道治理建(构)筑物及河道堤防工程; (7) 灌区田间工程; (8) 水土保持工程; (9) 疏浚工程、垦区吹填工程	0.85

续表

等级	工程特征	调整系数
Ⅱ级	(1) 70 m≤最大坝高<100 m 或 1 000 万 m^3≤库容<1 亿 m^3 的水库水电工程； (2) 地下洞室的跨度<15 m，50 m≤边坡高度<100 m，20 m≤基础处理深度<40 m 的水库水电工程； (3) 施工隧洞导流建筑物（洞径<10 m）或混凝土围堰（最大堰高<20 m）； (4) 50 MW≤总装机容量<1 000 MW 的水电工程； (5) 1 km≤单洞长度<4 km 的隧洞； (6) 15 m^3/s ≤流量<25 m^3/s 的引调水渠道管线工程； (7) 引调水工程的建筑物工程； (8) 丘陵、山区地区的引调水渠道管线工程； (9) 堤防等级Ⅲ、Ⅳ级的河道治理建（构）筑物及河道堤防工程； (10) 防波堤、围垦工程	1.00
Ⅲ级	(1) 最大坝高≥100 m 或库容≥1 亿 m^3 的水库水电工程； (2) 地下洞室的跨度≥15 m，边坡高度≥100 m，基础处理深度≥40 m 的水库水电工程； (3) 施工隧洞导流建筑物（洞径≥10 m）或混凝土围堰（最大堰高≥20 m）； (4) 总装机容量≥1 000 MW 的水库水电工程； (5) 长度≥4 km 的水工隧洞； (6) 流量≥25 m^3/s 的引调水渠道管线工程； (7) 丘陵、山区地区的引调水渠道管线工程； (8) 堤防等级Ⅰ、Ⅱ级的河道治理建（构）筑物及河道堤防工程	1.15

（2）爆破安全监理费。爆破安全监理费指由具有相应资质要求的安全监理企业，对爆破工作进行监理所发生的全部费用。爆破安全监理的主要工作内容包括：爆破作业单位是否按照设计方案施工；爆破有害效应是否控制在设计范围内；审验爆破作业人员的资格，制止无资格人员从事爆破作业；监督民用爆破物品领取、清退制度的落实情况；监督爆破作业单位遵守国家有关标准和规范的落实情况，发现违章指挥和违章作业，有权停止其爆破作业，并向委托单位和公安机关报告。

费用标准：按炸药用量进行计算，每吨炸药的爆破安全监理费用为 2 500～4 000 元，爆破工作量大的取小值，工作量小的取大值。对于爆破作业工作量小不需要单独委托爆破监理工作或当地规定不需爆破安全监理的，该项费用不计列。

5. 经济技术服务费

经济技术服务费包括技术咨询费、招标业务费、工程审价费等。

(1) 技术咨询费。建设单位根据国家有关规定和项目建设管理的需要,委托具备资质的机构或聘请专家对项目建设的安全性、可靠性和经济性等有关工程技术、经济和法律等方面的专题进行咨询、评审和评估所发生的费用,包括勘测设计成果专项咨询、工程安全和技术鉴定、劳动安全和工业卫生测试与评审、竣工决算及项目后评估报告等咨询工作费用。

(2) 招标业务费。招标业务费包括工程招标代理费和招标服务费。工程招标代理费是指招标代理机构进行招标工作的全部服务费用,包括招标代理机构编制招标文件(含资格预审文件和最高投标限价),审查投标人资格,组织投标人踏勘现场并答疑,组织开标、评标、定标,以及提供招标前期咨询、协调合同的签订等工作。招标服务费指建设单位在对工程进行招标过程中,除招标代理费以外发生的其他招标工作服务费用,包括招投标交易中心服务费等。

(3) 工程审价费。工程审价费指建设单位委托具备资质的机构进行的工程审价工作所发生的费用。

经济技术服务费用指标:按工程部分概算一至四项投资合计数为计算基数,乘以费率,见表 6-10。

表 6-10 经济技术服务费用指标

概算一至四项投资合计数	费率/%
≤1 000 万元	2.8 ~ 3.5
1 000 万 ~ 5 000 万元	1.8 ~ 2.8
5 000 万 ~ 10 000 万元	1.3 ~ 1.8
10 000 万 ~ 20 000 万元	0.9 ~ 1.3
20 000 万 ~ 50 000 万元	0.4 ~ 0.7
>50 000 万元	0.2 ~ 0.4

注:枢纽工程、引调水工程等技术复杂、建设难度大、分标较多的项目取大值,反之取小值。

对于工期半年以内、投资小于 1 000 万元的改扩建及加固工程、小型水利水电工程以及其他水利工程,根据工程实际情况,建设单位开办费、建设单位人员费、建设管理经常费 3 项可以合并为"建设单位管理费",按工程部分一至四部分建安工作量的 3.5% ~5.5% 计算。改扩建及加固工程、小型水利水电工程取大值,河道堤防等工程取小值。

(二) 生产准备费

1. 生产及管理单位提前进厂费

生产及管理单位提前进厂费指在工程完工之前,生产、管理单位有一部分工人、技术人员和管理人员提前进厂进行生产筹备工作以及为创建工程标准化管理制度所需的各项费用,包括提前进厂人员的基本工资、辅助工资、职工福利费、劳动保护费、养老保险费、失业保险费、医疗保险费、住房公积金、工伤及生育保险费、教育经费、办公费、差旅交通费、会议费、技术图书资料费、零星固定资产购置费、低值易耗品摊销、工具用具使用费、修理费、水电费、采暖费等,以及工程管理和保护范围划定、管理手册、控运计划、应急预案等标准化制度创建和其他属于生产筹建期间应开支的费用。

枢纽工程以及泵站、水闸、船闸及水电站等单项建筑物工程按一至四部分建安工程量的0.2%～0.5%计算，大型工程取小值，小型工程取大值。

引调水工程视工程规模参照枢纽工程计算。

其他水利工程、除险加固工程原则上不计此项费用。

2. 生产职工培训费

生产职工培训费指工程在竣工验收之前，生产及管理单位为保证生产、管理工作能顺利进行，需对工人、技术人员和管理人员进行培训所发生的费用，包括基本工资、辅助工资、职工福利费、劳动保护费、养老保险费、失业保险费、医疗保险费、住房公积金、工伤及生育保险费、差旅交通费、会议费、技术图书资料费、零星固定资产购置费、低值易耗品摊销、工具用具使用费、实习费，以及其他属于职工培训应开支的费用。

枢纽工程以及泵站、水闸、船闸、水电站等单项建筑物工程按一至四部分建安工作量的0.2%～0.5%计算，大型工程取小值，小型工程取大值。

引调水工程视工程规模参照枢纽工程计算。

其他水利工程、除险加固工程原则上不计此项费用。

3. 管理用具购置费

管理用具购置费指为保证新建项目的正常生产和管理所必须购置的办公和生活用具等费用，包括办公室、会议室、资料档案室、阅览室、文娱室、医务室等公用设施需要配置的家具、器具。

枢纽工程及引调水工程按一至四部分建安工作量的0.10%～0.20%计算，大型工程取小值，小型工程取大值。

其他水利工程按建安工作量的0.05%～0.10%计算。

4. 工器具及生产家具购置费

工器具及生产家具购置费指设计规定，为保证初期生产正常运行所必须购置的不属于固定资产标准的生产工具、器具、仪表、生产家具等的购置费，不包括设备价格中已包括的专用工具。

工器具及生产家具购置费按设备费的0.2%～0.5%计算。大型工程取小值，小型工程取大值。

（三）科研勘察设计费

科研勘察设计费指为工程建设所需的科研、勘测和设计等费用，包括科学研究试验费、前期勘察设计费和工程勘察设计费。

1. 科学研究试验费

科学研究试验费指在工程建设过程中，为解决工程的技术问题而进行必要的科学研究试验所需的费用。

科学研究试验费按一至四项建安工作量的百分率计算。

其中：河道治理、围垦、堤防、灌溉工程为0.2%。

枢纽、引水工程为0.5%。

对河口、潮汐、泥沙等进行大型专项科研试验的费用，可根据试验项目名称和内容分项单列。

2. 前期勘察设计费

前期勘察设计费指项目建议书、可行性研究等前期阶段发生的勘察费、设计费、除险加固工程安全鉴定费等前期工作费用。

前期勘察费=前期勘察费收费基价×专业调整系数×综合调整系数

前期勘察费收费基价和前期勘察费专业调整系数分别见表6-11、表6-12。

表 6-11 前期勘察费收费基价 万元

序号	计费额	收费基价	序号	计费额	收费基价
1	500	12.00	10	80 000	1 008.25
2	1 000	22.20	11	100 000	1 215.10
3	3 000	59.50	12	200 000	2 207.50
4	5 000	92.70	13	400 000	4 002.60
5	8 000	139.10	14	600 000	5 626.50
6	10 000	168.07	15	800 000	7 145.80
7	20 000	307.32	16	1 000 000	8 591.20
8	40 000	560.80	17	2 000 000	15 506.20
9	60 000	791.50			

注:计费额为一至四项投资合计数,按内插法计算收费基价。

表 6-12 前期勘察费专业调整系数

<table>
<tr><th>序号</th><th colspan="2">工程类型</th><th>调整系数</th></tr>
<tr><td>1</td><td colspan="2">枢纽工程</td><td>0.9</td></tr>
<tr><td>2</td><td colspan="2">水土保持工程</td><td>0.61</td></tr>
<tr><td rowspan="2">3</td><td rowspan="2">引调水工程、灌区骨干工程和河道治理工程</td><td>建筑物</td><td>1.08</td></tr>
<tr><td>渠道管线、河道堤防</td><td>0.80</td></tr>
<tr><td rowspan="2">4</td><td rowspan="2">城市防洪工程、河口整治工程</td><td>建筑物</td><td>1.15</td></tr>
<tr><td>其他工程</td><td>0.82</td></tr>
<tr><td rowspan="2">5</td><td rowspan="2">围垦工程</td><td>建筑物</td><td>1.03</td></tr>
<tr><td>其他工程</td><td>0.75</td></tr>
</table>

前期勘察费综合调整系数是对工程勘察自然条件、作业内容、复杂程度和工作量差异进行调整的系数,调整系数为0.7~1.0,对于工程勘察难度大、工作量大的取大值,反之取小值。

项目建议书、可行性研究等前期阶段发生的设计费,按相应阶段工程勘察收费基准价的35%~50%计取。

除险加固工程安全鉴定费:对已经运行的水库、水闸等存在安全隐患的水工建筑物,需要进行除险加固而发生的前期勘察、试验、评估、鉴定等工作费用。按实际合同额或参考类似项目确定。

前期勘察设计过程中应用BIM技术的,应用部分的前期勘察费乘以1.15的调整系数;应用部分的前期设计费按照其应用深度,以1.10~1.20的调整系数。

3. 工程勘察设计费

工程勘察设计费指工程初步设计、招标设计和施工图设计阶段发生的勘察费、设计费、施工图审查费和为勘察设计服务的科研试验费用，不包括工程建设征地移民安置规划设计、专项部分设计各设计阶段发生的勘测设计费。

勘察设计的工作内容和范围，按各设计阶段编制规程确定。

工程勘察设计费包括初步设计、招标设计、施工图设计3个阶段的勘察费设计费，不包括项目建议书、可行性研究两阶段的勘察费设计费。

工程勘察费=勘察费收费基价×专业调整系数×综合调整系数

勘察费、设计费收费基价和勘察费专业调整系数分别见表6-13和表6-14。

表6-13 勘察费、设计费收费基价 万元

序号	计费额	收费基价	序号	计费额	收费基价
1	200	9.00	10	60 000	1 515.20
2	500	20.90	11	80 000	1 960.10
3	1 000	38.80	12	100 000	2 393.40
4	3 000	103.80	13	200 000	4 450.80
5	5 000	163.90	14	400 000	8 276.70
6	8 000	249.60	15	600 000	11 897.50
7	10 000	304.60	16	800 000	15 391.40
8	20 000	566.80	17	1 000 000	18 793.80
9	40 000	1 054.00	18	2 000 000	34 948.90

注：计费额为一至四项投资合计数，按内插法计算收费基价。

表6-14 勘察费专业调整系数

序号	工程类型	调整系数
1	枢纽工程	1.00
2	水土保持工程	0.50
3	引调水和河道治理工程	0.80
4	灌区田间工程	0.35
5	城市防护、河口整治工程	0.90
6	围垦工程	0.80

勘察费综合调整系数是对工程勘察自然条件、作业内容、复杂程度和工作量差异进行调整的系数，调整系数为0.7～1.00，对于勘察难度大、工作量大的取大值，反之取小值。

工程设计费=设计费收费基价×专业调整系数×综合调整系数

设计费专业调整系数见表6-15。

表 6-15 设计费专业调整系数

<table>
<tr><th>序号</th><th colspan="2">工程类型</th><th>调整系数</th></tr>
<tr><td>1</td><td colspan="2">枢纽工程</td><td>1. 20</td></tr>
<tr><td>2</td><td colspan="2">水土保持工程</td><td>0. 56</td></tr>
<tr><td rowspan="2">3</td><td rowspan="2">引调水工程和河道治理工程</td><td>建(构)筑物</td><td>1. 05</td></tr>
<tr><td>渠道管线、河道堤防</td><td>0. 70</td></tr>
<tr><td>4</td><td colspan="2">灌区田间工程</td><td>0. 20</td></tr>
<tr><td>5</td><td colspan="2">城市防洪工程、河口整治工程</td><td>1. 00</td></tr>
<tr><td>6</td><td colspan="2">围垦工程</td><td>0. 75</td></tr>
</table>

注:1. 改扩建和技术改造建设项目,设计费在综合调整的基础上,再乘以 1. 10 ~ 1. 40 的调整系数。
2. 需单独编制工程施工图预算的,设计费在综合调整的基础上,再乘以 1. 05 ~ 1. 10 的调整系数。

设计费综合调整系数是对工程设计复杂程度和工作量差异进行调整的系数,调整系数为 0. 80 ~ 1. 20,对于配套建筑物多,设计复杂的取大值,反之取小值。

勘察设计过程中应用 BIM 技术的,应用部分的前期勘察费乘以 1. 15 的调整系数;应用部分的设计费按照其应用深度,乘以 1. 20 ~ 1. 30 的调整系数。

施工图审查费:指建设单位委托具有相应资质的工程咨询中介机构或设计单位进行施工图审查复核的费用。施工图审查费在编制概算时包含在工程勘察设计费总费用中,不再另行计列。

(四) 其他

1. 工程质量检测费

工程质量检测费指工程建设期间,为检验工程质量,在施工单位自检的基础上,由建设单位委托具有相应资质的检测机构进行质量检测的费用。

费用标准:枢纽工程、引调水工程等,按一至四项建筑安装工程投资的 0. 50% ~ 0. 80% 计算。其他工程,按一至四项建筑安装工程投资的 0. 20% ~ 0. 50% 计算。

2. 安全施工费

费用标准:按设计提供的本工程文明施工措施和标准化工地建设内容、施工安全作业环境和安全防护措施等列项计算费用,并不小于按费率计算的安全施工费。

当设计未提供具体安全文明施工的项目和费用时,安全施工费按一至四项建筑安装工程投资的百分率计取。

其中,枢纽工程:2% 。

引水工程、河道治理工程:1. 4% ~ 1. 8% 。

围垦工程、灌区田间工程、疏浚工程:1. 0% ~ 1. 2% 。

对于建筑物较多、施工条件复杂或离城区较近的工程,其安全文明施工费费率取上限。

在工程招标阶段,安全文明施工费费率可按各标段工程类型调整,加权平均费率不得低于批复概算的费率。安全文明施工费不得作为竞争性费用,且实行标外管理。安全文明施工费的使用管理办法按国家和省里有关规定执行。

3. 工程保险费

工程保险费指工程建设期间，为使工程能在遭受火灾、水灾等自然灾害和意外事故造成损失后得到经济补偿，而对建筑、设备及安装工程保险所发生的保险费用，包括建筑工程一切险、安装工程一切险、第三者责任险等。

费用标准：按第一至第四部分（建筑工程、机电设备及安装、金属结构设备及安装、施工临时工程）投资合计的4.5‰~5.0‰计算。

4. 其他税费

其他税费指按国家规定应缴纳的与工程建设有关的税费，按国家、省有关部门现行规定计取。

（五）独立费用概算表

独立费用概算见表6-16。

表6-16　独立费用概算表

编号	工程或费用名称	单位	数量	单价/元	合计/万元
(1)	(2)	(3)	(4)	(5)	(6)
	第五部分　独立费用				
一	建设管理费				
1	建设单位开办费				
2	建设单位人员费				
3	建设管理经常费				
4	工程建设监理费				
5	经济技术服务费				
二	生产准备费				
1	生产及管理单位提前进厂费				
2	生产职工培训费				
3	管理用具购置费				
4	工器具及生产家具购置费				
三	科研勘察设计费				
1	科学研究试验费				
2	前期勘察设计费				
3	工程勘察设计费				
四	其他				
1	工程质量检测费				
2	安全施工费				
3	工程保险费				

（六）独立费用概算案例

【例6-1】　某水库枢纽工程，最大坝高45 m，总库容3 500万 m^3，中型水库，施工总工期3年，在初步设计阶段，项目建筑工程投资20 286万元，机电设备采购投资2 510万元，机电设备安装工程投资498万元，金属结构设备采购投资1 203万元，金属结构设备安装工程投资393万元，临时工程投资2 912万元。该项目所地区不需要爆破监理，该项目需单独编制工程施工图预算，费用计算过程中有区间取费的按上限取费，金额计算结果以万元为单位。

问题：计算该项目的独立费用。

解：先计算出本工程 3 个投资。

一至四项建筑安装工程投资：20 286+498+393+2 912＝24 089（万元）。

一至四项工程投资：20 286+2 510+498+1 203+393+2 912＝27 802（万元）。

设备费：2 510+1 203＝3 713（万元）。

再按独立费用组成，计算各项投资。

1. 建设管理费

（1）建设单位开办费：根据建设单位定员标准表，该中型水库定员人数为 25 人。

开办费用：（120+150）÷2＝135（万元）。

（2）建设单位人员费。

费用计算期：1. 5+0. 5+3＝5（年）。

建设单位人员费：10×25×5＝1 250（万元）。

（3）建设管理经常费：（135+1250）×40%＝554（万元）。

（4）工程建设监理费收费基价：393. 4+（708. 2－393. 4）÷（40 000－20 000）×（24 089－20 000）＝457. 76（万元）。

工程建设监理费：457. 76×（工程类型调整系数）1. 2×（工程复杂程度调整系数）1. 0＝549. 31（万元）。

（5）经济技术服务费：27 802×0. 9%＝250. 22（万元）。

建设管理费小计：135+1 250+554+549. 31+250. 22＝2 738. 53（万元）。

2. 生产准备费

（1）生产及管理单位提前进厂费：24 089×0. 5%＝120. 45（万元）。

（2）生产职工培训费：24 089×0. 5%＝120. 45（万元）。

（3）管理用具购置费：24 089×0. 2%＝48. 18（万元）。

（4）工具及生产家具购置费：3 713×0. 5%＝18. 57（万元）。

3. 科研勘察设计费

（1）科学研究试验费：24 089×0. 5%＝120. 45（万元）。

（2）前期勘察收费基价：

307. 32+（560. 80－307. 32）÷（40 000－20 000）×（27 802－20 000）＝406. 20（万元）。

前期勘察收费：406. 20×（专业调整系数）1. 2×（综合调整系数）1＝487. 44（万元）。

前期设计费：487. 44×50%＝243. 72（万元）。

（3）勘察费、设计费收费基价：

566. 80+（1 054－566. 80）÷（40 000－20 000）×（27 802－20 000）＝756. 86（万元）。

勘察费：756. 86×（专业调整系数）1×（综合调整系数）1＝756. 86（万元）

设计费：756. 86×（专业调整系数）1. 2×（综合调整系数）1. 2×（施工图预算调整系数）1. 1＝1 198. 87（万元）。

4. 其他

（1）工程质量检测费：24 089×0. 8%＝192. 71（万元）。

（2）安全文明施工费：24 089×2% = 481.78（万元）。

（3）工程保险费：27 802×0.5% = 139.01（万元）。

综合计算，该项目独立费用合计 6 667.02 万元，见表 6-17。

表 6-17　独立费用概算表

编号	费用名称	计算式	费用/万元
五	独立费用		
（一）	建设管理费		2 738.53
1	建设单位开办费	按 25 人，（120+150）÷2	135.00
2	建设单位人员费	25×10 万元×5 年	1 250.00
3	建设管理经常费	按（1+2）×40%	554.00
4	工程建设监理费	457.76×1.2×1	549.31
5	经济技术服务费	（一至四项工程投资）×0.9%	250.22
（二）	生产准备费		307.65
1	生产及管理单位提前进厂费	（一至四项建安工程投资）×0.5%	120.45
2	生产职工培训费	（一至四项建安工程投资）×0.5%	120.45
3	管理用具购置费	（一至四项建安工程投资）×0.2%	48.18
4	工器具及生产家具购置费	设备费×0.5%	18.57
（三）	科研勘察设计费		2 807.34
1	科学研究试验费	（一至四项建安工程投资）×0.5%	120.45
2	前期勘察设计费		731.16
（1）	勘察费	406.20×1.2×1.0	487.44
（2）	设计费	前期勘察费×50%	243.72
3	工程勘察设计费		1 955.73
（1）	勘察费	756.86×1.0×1.0	756.86
（2）	设计费	756.86×1.2×1.2×1.1	1 198.87
（四）	其他费用		813.50
1	工程质量检测费	（一至四项建安工程投资）×0.8%	192.71
2	安全文明施工费	（一至四项建安工程投资）×2%	481.78
3	工程保险费	（一至四项工程投资）×0.5%	139.01
	合计		6 667.02

任务三　分年度投资及资金流量

一、分年度投资

分年度投资是根据施工组织设计确定的施工进度和合理工期而计算出的各年度预计完成的投资额。

（一）建筑工程

（1）建筑工程分年度投资表应根据施工进度的安排，对于主要工程，按各单项工程分年度完成的工程量和相应的工程单价计算；对于次要的和其他工程，可根据施工进度，按各年所占完成投资的比例，摊入分年度投资表。

（2）建筑工程分年度投资的编制至少应按二级项目中的主要工程项目分别反映各自的建筑工作量。

（二）设备及安装工程

设备及安装工程分年度投资应根据施工组织设计确定的设备安装进度计算各年预计完成的设备费和安装费。

（三）费用

根据费用的性质和费用发生的时段，按相应年度分别进行计算。

二、资金流量

资金流量是为满足工程项目在建设过程中各时段的资金需求，按工程建设所需资金投入时间计算各年度使用的资金量。资金流量表的编制以分年度投资表为依据，按建筑安装工程、永久设备工程和独立费用3种类型分别计算。

（一）建筑安装工程资金流量

（1）建筑工程可根据分年度投资表的项目划分，考虑一级项目中的主要工程项目，以归项划分后各年度建筑工作量作为计算资金流量的依据。

（2）资金流量是在原分年度投资的基础上，考虑预付款、预付款的扣回、保留金和保留金的偿还等编制出的分年度资金安排。

（3）预付款一般可划分为工程预付款和工程材料预付款两部分。

① 工程预付款。按划分的单个工程项目的建安工作量的10%～20%计算，一般都安排在第一年支付。工程预付款的扣回从完成建安工作量的20%起开始，按完成建安工作量的20%～30%扣回至预付款全部回收完毕为止。对于需要购置特殊施工机械设备或施工难度较大的项目，工程预付款可取大值，其他项目取中值或小值。

② 工程材料预付款。水利工程一般规模较大，所需材料的种类及数量较多，提前备料所需资金较大，因此可考虑向承包商支付一定数量的材料预付款。可按分年度投资中次年完成建安工作量的20%在本年提前支付，并于次年扣回，依此类推，直至本项目竣工（河道工程和灌溉工程等不计此项预付款）。

（4）保留金。水利工程的保留金，按建安工作量的2.5%计算。在概算资金流量计算时，按分项工程分年度完成建安工作量的5%扣留至该项工程全部建安工作量的2.5%（即完成建安工作量的50%）时终止，并将所扣的保留金100%计入该项工程终止后一年（如该年已超出总工期，则此项保留金计入工程的最后一年）的资金流量表内。

（二）永久设备工程资金流量

永久设备工程资金流量的计算，划分为主要设备和一般设备两种类型分别计算。

（1）主要设备资金流量的计算，按设备到货周期确定各年资金流量比例，具体比例见有关规定。

（2）其他设备，其资金流量按到货前一年预付15%定金，到货年支付85%的剩余价款。

（三）独立费用资金流量

独立费用资金流量主要是勘测设计费的支付方式应考虑质量保证金的要求，其他项目均按分年度投资表中的资金安排计算。

（1）可行性研究和初步设计阶段勘测设计费按合理工期分年平均计算。

（2）技施阶段勘测设计费的95%按合理工期分年平均计算，其余5%的勘测设计费用作为设计保证金计入最后一年的资金流量表内。

三、分年度投资、资金流量表

1. 分年度投资表

分年度投资见表6-18。

表6-18　分年度投资表　万元

工程或费用名称	第一年	第二年	……	合计
一、建筑工程				
二、安装工程				
三、设备工程				
四、独立费用				
一至四部分合计				
基本预备费				
价差预备费				
建设期融资利息				
静态总投资				
总投资				

2. 资金流量表

资金流量见表6-19。

表6-19　资金流量表　万元

工程或费用名称	第一年	第二年	……	合计
一、建筑工程				
二、安装工程				
三、设备工程				
四、独立费用				
一至四部分合计				
基本预备费				
价差预备费				
建设期融资利息				
静态总投资				
总投资				

任务四　总概算编制

在各部分概算完成后，即可编制总概算表。其中包括工程部分的概算与专项部分的概算两部分。工程部分包括各分项部分总概算表、预备费、建设期融资利息、总投资等。

一、总概算表

水利工程总概算由工程部分、专项部分与征地移民补偿部分3部分概算构成，见表6-20。

表6-20　总概算表　　万元

编号	序号	工程或费用名称	建筑安装工程费	设备购置费	独立费用	合计
	Ⅰ	工程部分				
1	一	建筑工程				
2	二	机电设备及安装工程				
3	三	金属结构设备及安装工程				
4	四	施工临时工程				
5	五	独立费用				
6		一至五项合计(1+2+3+4+5)				
7		基本预备费				
8		静态总投资(6+7)				
	Ⅱ	专项部分				
9	一	环境保护工程				
10	二	水土保持工程				
11	三	交通专项工程				
12	四	送出工程				
13	五	专项提升工程				
14		一至五项合计(9+10+11+12+13)				
	Ⅲ	征地移民补偿部分				
15	一	农村部分补偿费				
16	二	城(集)部分补偿费				
17	三	企(事)单位补偿费				
18	四	专业项目补偿费				
19	五	防护工程				
20	六	库底清理费				
21	七	其他费用				
22		一至七项合计(15+16+17+18+19+20+21)				

续表

编号	序号	工程或费用名称	建筑安装工程费	设备购置费	独立费用	合计
23		基本预备费				
24		有关税费				
25		其他专项费用				
26		静态总投资(22+23+24+25)				
	Ⅳ	工程总投资合计				
27		静态总投资(8+14+26)				
28		价差预备费				
29		建设期还贷利息				
30		工程总投资(27+28+29)				

二、工程部分总概算表

(一) 分项部分总概算表

分项部分总概算表见表 6-21 ~ 表 6-25。

1. 建筑工程费总概算表

表 6-21　建筑工程费总概算表　万元

序号	工程或费用名称	建筑安装工程费	设备购置费	独立费用	合计
一	挡水建筑工程				
二	泄水工程				
三	引水工程				
四	发电厂房工程				
五	升压及变电工程				
六	航运工程				
七	鱼道工程				
八	交通工程				
九	房屋建筑工程				
十	其他				

2. 机电设备及安装工程总概算表

表 6-22　机电设备及安装工程总概算表　元

序号	工程或费用名称	建筑安装工程费	设备购置费	独立费用	合计
一	发电设备及安装工程				
二	升压设备及安装工程				
三	公用设备及安装工程				

3. 金属结构设备及安装工程总概算表

表 6-23　金属结构设备及安装工程费总概算表　元

序号	工程或费用名称	建筑安装工程费	设备购置费	独立费用	合计
一	挡水工程				
二	引水工程				
三	压力钢管				

4. 施工临时工程总概算表

表 6-24　施工临时工程总概算表　万元

序号	工程或费用名称	建筑安装工程费	设备购置费	独立费用	合计
一	施工导流				
二	施工交通工程				
三	施工房屋建筑工程				
四	施工场外供电				
五	其他施工临时工程				

5. 独立费用总概算表

表 6-25　独立费用总概算表　万元

序号	工程或费用名称	建筑安装工程费	设备购置费	独立费用	合计
一	建设管理费				
二	生产准备费				
三	科研勘察设计费				
四	其他				

6. 基本预备费

计算方法：根据工程规模、施工年限和地质条件等不同情况，按工程一至五部分投资合计数的百分率计算。

初步设计阶段为 3.0% ~5.0% 。

可行性研究阶段为 5.0% ~7% 。

项目建设书阶段为 8% ~10% 。

（二）动态投资

1. 价差预备费

微课
价差预备费

(1) 计算方法：根据施工年限，不分设计阶段，以分年度静态投资为计算基数。

计算公式为

$$E=\sum_{n=1}^{N}F_n[(1+P)^n-1] \tag{6-2}$$

式中：E——价差预备费；

N——合理建设工期；

n——施工年度；

F_n——建设期间第 n 年的分年投资；

P——年物价指数(按国家有关部门发布的年物价指数计算)。

(2) 价差预备费计算案例。

【例 6-2】 某项目的建设期为 4 年,静态投资为 5 890 万元。4 年的投资分年度使用比例分别为:第一年为 20%,第二年为 25%,第三年为 25%,第四年为 30%,建设期内年均价格变动率为 5%。

问题:试估算该项目建设期的价差预备费。

解:第一年的投资计划数:$F_1=5\,890\times20\%=1\,178$(万元)。

第一年的价差预备费:$E_1=F_1\times[(1+5\%)-1]=58.9$(万元)。

第二年的投资计划数:$F_2=5\,890\times25\%=1\,472.5$(万元)。

第二年的价差预备费:$E_2=F_2\times[(1+5\%)^2-1]=150.93$(万元)。

第三年的投资计划数:$F_3=5\,890\times25\%=1\,472.5$(万元)。

第三年的价差预备费:$E_3=F_3\times[(1+5\%)^3-1]=232.10$(万元)。

第四年的投资计划数:$F_4=5\,890\times30\%=1\,767$(万元)。

第四年的价差预备费:$E_4=F_4\times[(1+5\%)^4-1]=380.80$(万元)。

最后,建设期的价差预备费为 $E=E_1+E_2+E_3+E_4=822.73$(万元)。

2. 建设期融资利息

(1) 根据合理建设工期,以工程概(估)算一至五部分分年投资、基本预备费、价差预备费之和为基数,按国家规定的贷款利率复利计息。

计算公式为

$$S=\sum_{n=1}^{N}\left[\left(\sum_{m=1}^{n}F_m b_m-\frac{1}{2}F_n b_n\right)+\sum_{m=0}^{n-1}S_m\right]i \tag{6-3}$$

式中:S——建设期融资利息;

N——合理建设工期,年;

n——施工年度;

m——还息年度;

F_n、F_m——建设期资金流量表内第 n、m 年的投资;

b_n、b_m——各施工年份融资额占当年投资比例;

i——建设期融资利率,%;

S_m——第 m 年的付息额度;

该公式也可用文字表达为

$$建设期融资利息=\sum\left[\left(年初贷款额合计+年初利息合计+\frac{当年贷款额}{2}\right)\times融资利率\right]$$

(2) 建设期融资利息案例。

【例 6-3】 某工程设备及工器具购置费、建筑安装工程费和工程建设其他费(一至三部分)3 部分投资为 4 000 万元,基本预备费费率为一至三部分的 5%;建设期为 3 年,投资分年度比例分别为 30%、40%、30%;资金全部来自银行贷款,贷款利率为 7.5%。

微课
建设期利息

问题:试计算该项目建设期的贷款利息。

解:(1) 一至三部分总投资:4 000(万元)。

(2) 基本预备费:$4\,000\times5\%=200$(万元)。

(3) 静态总投资:4 000+200=4 200(万元)。

(4) 建设期贷款利息。

$P_0=0$;$A_1=4\,200\times30\%=1\,260$(万元)

$S_1=1\,260\div2\times7.5\%=47.25$(万元)

$P_1=1\,260+47.25=1\,307.25$(万元);$A_2=4\,200\times40\%=1680$(万元)

$S_2=(1\,307.25+1\,680\div2)\times7.5\%=161.04$(万元)

$P_2=1\,260+47.25+1\,680+161.04=3\,148.29$(万元);$A_3=4\,200\times30\%=1\,260$(万元)

$S_3=(3\,148.29+1\,260/2)\times7.5\%=283.37$(万元)

贷款利息=47.25+161.04+283.37=491.66(万元)

(三) 工程分部总概(估)算表

工程分部总概(估)算见表6-26。

表6-26 工程分部总概(估)算表 万元

编号	序号	工程或费用名称	建筑安装工程费	设备购置费	独立费用	合计
	Ⅰ	工程部分				
1	一	建筑工程				
2	二	机电设备及安装工程				
3	三	金属结构设备及安装工程				
4	四	施工临时工程				
5	五	独立费用				
6		一至五项合计(1+2+3+4+5)				
7		基本预备费				
8		静态总投资(6+7)				
	Ⅱ	工程部分总投资合计				
9		价差预备费				
10		建设期还贷利息				
11		工程部分总投资(8+9+10)				

三、概算工程案例

【例6-4】 浙江某水库工程的年度投资如下,且已知该工程的基本预备费费率为5%,物价上涨指数为3%,各年贷款比例为年投资额的70%,银行贷款利率为4.95%。计算中不考虑预付款和保留金,即均用分年度投资表计算,数据见表6-27。

表6-27 某水库工程分年度概算投资 万元

序号	项目名称	第一年	第二年	第三年	合计
一	建筑工程	5 548.02	5 232.12	4 314.00	
二	机电设备及安装工程	3 000.00	3 230.00	3 210.38	
三	金属设备及安装工程	73.24	413.27	48.96	
四	临时工程	854.26	454.83	228.46	

续表

序号	项目名称	第一年	第二年	第三年	合计
五	独立费用	368.72	574.68	473.94	
六	一到五项合计				
	基本预备费				
	静态总投资				
	价差预备费				
	建设期融资利息				
	总投资				

问题:试计算工程投资。

解题思路:第一步,根据以上所学知识点,先分别计算出各年基本预备费,然后计算出静态总投资;第二步,根据提供数据计算出3年的价差预备费及建设期贷款利息,汇总工程总投资。

解:(1) 3年价差预备费计算。

$E_1=10\,336.45\times[(1+3\%)-1]=310.09$(万元)

$E_2=10\,440.15\times[(1+3\%)^2-1]=633.37$(万元)

$E_3=8\,689.53\times[(1+3\%)^3-1]=805.75$(万元)

(2) 3年建设期融资利息。

$S_1=0.5\times(10\,336.45+310.09)\times70\%\times4.95\%=184.45$(万元)

$S_2=\{[10\,336.45+310.09+(10\,440.15+633.37)\times0.5]\times70\%+184.45\}\times4.95\%=569.19$(万元)

$S_3=\{[10\,336.45+310.09+10\,440.15+633.37+(8\,689.53+805.75)\times0.5]\times70\%+184.45+569.19\}\times4.95\%=953.02$(万元)

(3) 3年工程总投资为32 882.00万元,见表6-28。

表6-28　某水库工程分年度概算投资　万元

序号	项目名称	第一年	第二年	第三年	合计
一	建筑工程	5 548.02	5 232.12	4 314.00	15 094.14
二	机电设备及安装工程	3 000.00	3 230.00	3 210.38	9 440.38
三	金属设备及安装工程	73.24	413.27	48.96	535.47
四	临时工程	854.26	454.83	228.46	1 537.55
五	独立费用	368.72	574.68	473.94	1 417.34
六	一到五项合计	9 844.24	9 904.9	8 275.74	28 024.88
	基本预备费	492.21	495.25	413.79	1 401.25
	静态总投资	10 336.45	10 400.15	8 689.53	29 426.13
	价差预备费	310.09	633.37	805.75	1 749.21
	建设期融资利息	184.45	569.19	953.02	1 706.66
	总投资	10 830.99	11 602.71	10 448.30	32 882.00

任务五　专项部分及征地移民补偿概算编制

本任务由专项部分和征地移民补偿两部分概（估）算组成。

一、专项部分概算

专项部分由环境保护工程、水土保持工程、送出工程、交通专项工程及专项提升工程等组成。各专项部分投资按照相应专业计价依据计算静态总投资。专项部分概算的编制说明及投资组成表应附在工程部分概算文件之后。

（一）环境保护工程

环境保护工程指由于兴建水库（含其他水利工程）对环境等造成不利影响进行补偿以及环境保护措施而需要的费用。

环境保护工程投资由环境保护措施、环境监测措施、仪器设备及安装、环境保护临时设施、独立费用、基本预备费等组成。概算投资按水利部《水利水电工程环境保护概估算编制规程》（SL 359—2006）进行编制，由于工程单价中已包括施工环境保护费，因此在将环境保护工程投资汇总到项目设计概算总投资时，应将其涉及的施工环境保护投资剔除。

（二）水土保持工程

根据《中华人民共和国水土保持法》《水土保持补偿费征收使用管理办法》《浙江省水土保持条例》等有法律法规，建设单位应编制水土保持工程方案报水行政主管部门审批。

水土保持工程投资由工程措施、植物措施、临时措施、监测措施、独立费用、基本预备费、水土保持补偿费等组成。主体工程已经考虑的水土保持措施，经方案论证后计列入水土保持方案投资。水土保持未考虑的，根据水土保持工作要求必须增加的水土保持投资，经方案论证审核后作为新增水土保持投资列入建设项目概（估）算总投资。

1. 工程措施

工程措施按照主体工程的行业规定计列。

2. 植物措施

植物措施按照主体工程的行业规定计列。

3. 临时措施

（1）临时防护工程。临时防护工程指施工期为防止水土流失采取的临时防护措施，按设计工程量乘以单价编制。

（2）其他临时工程。其他临时工程按水土保持投资中第一至第二部分（工程措施、植物措施）投资合计的2%计列。

4. 监测措施

监测措施指主体工程建设期内为监测水土流失危害和监测水土流失防治效果所发生的各项费用。

（1）土建设施及设备按设计工程量或设备清单乘以工程（设备）单价进行编制。

(2) 安装费按设备费的百分率计算。

(3) 建设期监测运行费,包括系统运行材料费、维护检修费和常规监测费。按照水土保持方案投资[水土保持工程投资中第一至第三部分(工程措施、植物措施、临时措施投资合计)]以及监测工作工期测算。

$$建设期监测运行费=收费基价\times难度调整系统\times\frac{实际监测时长(年)}{基准监测时长(年)} \quad (6-4)$$

水土保持监测建设期监测运行费收费基价和水土保持监测建设期监测难度调整系数分别见表6-29、表6-30。

表 6-29　水土保持监测建设期监测运行费收费基价

序号	水土保持方案投资/万元	收费基价/万元	基准监测时长/年
1	≤500	8	≤1.0
2	1 000	15	1.5
3	2 000	28	2.0
4	5 000	60	3.0
5	10 000	100	4.0
6	>10 000	>100	>4.0

注:根据需要,按照内插法计算收费基价。

表 6-30　水土保持监测建设期监测难度调整系数

序号	项目类型	难度调整系数
1	公路	1.0
2	铁路(城市轨道交通)	1.0
3	机场	1.0
4	风电	1.0
5	涉水交通	0.9
6	电力(包括光伏等新能源)	0.8
7	城建(房地产、市政、园林等)	0.7
8	水库枢纽、水电(包括抽水蓄能)	1.0
9	引调水工程	1.0
10	其他水利,包括城市防洪、排涝、围垦、河道、灌区改造等	0.9
11	管道(天然气管道等)	0.9
12	农林开发	0.8
13	金属矿	井工0.8;露天0.9
14	非金属矿	井工0.8;露天0.9

注:监测难度调整系数主要考虑项目的监测工作难度、监测方法等因素。难度系数1.0的项目要求采用无人机、遥感影像等新技术、新方法进行监测。

5. 独立费用

独立费用包括建设管理费、科研勘察设计费、水土保持监理费等。

(1) 建设管理费。建设管理费指建设单位从工程项目筹建至竣工期间所发生的各种管理性费用,包括建设单位水土保持工作管理费和水土保持设施验收及报告编制费用。

建设单位水土保持工作费,以新增水土保持工程投资中一至四项(工程措施、植物措施、临时措施、监测措施)投资合计的1% ~2.5%计列。

水土保持设施验收及报告编制费用,根据《水利部关于加强事中事后监管规范生产建设项目水土保持设施自主验收的通知》(水保〔2017〕365 号)明确规定,生产建设单位须组织第三方机构编制水土保持设施验收技术报告。水土保持设施验收及报告编制费按水土保持方案编制费的70%计列。

(2) 科研勘察设计费。科研勘察设计费指为建设本工程所发生的科研勘察设计、水土保持方案编制等费用,包括科研试验费、水土保持方案编制费和勘察设计费。

科研试验费,一般情况不列此项费用;对大型、特殊水土保持工程可列此项费用,按新增水土保持工程投资中一至四项(工程措施、植物措施、临时措施、监测措施)投资合计的0.2% ~0.5%计列。

水土保持方案编制费,参照《浙江省物价局关于公布规范后的水土保持方案报告书编制费等收费的通知》(浙价服〔2013〕251 号)计列。

水土保持方案编制计费标准见表6-31。

勘察设计费,以方案新增水土保持工程投资中一至四项(工程措施、植物措施、临时措施、监测措施)投资合计为计费额,参照《浙江省水利水电工程概(预)算编制规定》(2018 年)第四章第五节中的勘察设计费的相关规定计列。

表6-31 水土保持方案编制计费标准

主体工程土建投资额项目	3 000 万元以下	3 000 万~5 000 万元	5 000 万~2 亿元	2 亿~5 亿元	5 亿~10 亿元	10 亿~20 亿元	20 亿元以上
水土保持方案报告书编制费/万元	4~10	7~18	13~35	25~60	42~85	60~120	双方协商

(3) 水土保持监理费。水土保持监理费指工程开工后,建设单位聘请监理工程师对水土保持工程的质量、进度和投资进行监理所需的各项费用。

以方案新增水土保持工程投资中一至四项(工程措施、植物措施、临时措施、监测措施)投资合计为计费额,参照《浙江省水利水电工程概(预)算编制规定》(2018 年)第四章第五节中的勘察设计费的相关规定计列。

6. 基本预备费

基本预备费按方案新增水土保持工程投资中一至五项(工程措施、植物措施、临时措施、监测措施、独立费用)投资合计为基数,可行性研究阶段基本预备费费率5%,初步设计阶段为3%。

7. 水土保持补偿费

水土保持补偿费按照浙江省物价局、浙江省财政厅、浙江省水利厅《关于水土保持补偿费收费标准的通知》(浙价费[2014]224 号)、《浙江省人民政府办公厅关于深入推进收费清理改革的通知》(浙政办发[2015]107 号)标准计列。

(三) 送出工程

送出工程指水电站工程,从电站厂房至电网变电站系统的高压输电线路。

(四) 交通专项工程

引水、河道及围垦工程中的等级公路、桥梁等专业项目。按照交通或市政等专业计价依据计算项目投资。其投资由建筑安装工程费、设备及工具、器具购置费、工程建设其他费用、基本预备费组成。

(五) 专项提升工程

专项提升工程包括河湖整治工程,结合城市发展规划要求,为提升管理范围内的水环境,而采取的苗木栽植、园路铺装、绿道工程、景观构筑物、水生态修复等工程措施。按照相应专业计价依据计算项目投资,包括工程费用、工程建设其他费用、基本预备费。

交通专项工程及专项提升工程的建设标准和投资原则上应编制专题报告,由地方政府有关部分确认后列入工程总投资。

二、征地移民补偿概算

(一) 征地移民补偿概算编制的依据和原则

1. 编制依据

(1)《大中型水利水电工程建设征地补偿和移民安置条例》(中华人民共和国国务院令第 471 号)。

(2)《国务院关于修改〈大中型水利水电工程建设征地补偿和移民安置条例〉的决定》(中华人民共和国国务院令第 679 号)。

(3)《水利水电工程建设征地移民安置规划设计规范》(SL 290—2009)。

(4)《水利工程设计概(估)算编制规定(建设征地移民补偿)》(水总[2014]429 号)。

(5)《水电工程建设征地移民安置规划设计规范》(DL/T 5064—2007)。

(6)《水电工程建设征地移民安置补偿费用概(估)算编制规范》(DL/T 5382—2007)。

(7) 国家和省颁布的有关法律、法规及行业标准。

(8) 征地移民实物调查和移民安置规划等设计成果。

(9) 主管部门的审查、审批文件。

(10) 有关协议和承诺文件。

2. 编制原则

(1) 征地移民补偿补助标准应执行国家及省的有关法律法规,国家和省没有规定的,以地方人民政府或行政主管部门公布的标准为基础,结合区域的实际情况分析确定,地方人民政府没有规定的,由编制单位自行采集测算确定。

(2) 征地移民补偿概算应以移民实物调查成果和移民安置规划设计成果为基础进行编制。

(3) 征地移民涉及的专业项目补偿投资概算,应采用相关专业的概算编制办法、计算标准和定额进行编制或采用综合单价法进行编制,必要时应编制专题报告,经相关部门确认后作为征地移民补偿概算编制的依据。

(4) 居民点基础设施建设费就采用相关行业定额及概算编制办法。农村居民点基础设施建设标准应按当地农村居民小区建设标准执行。

(5) 建设征地涉及农村、城镇和集镇基础设施建设、企(事)业单位处理和专业项目恢复改建以及防护工程建设,应按照原规模、原标准或者恢复原功能的原则编制工程概算。凡需要扩大规模、提高标准(等级)、增加(改变)功能的,其增加的投资由产权单位自行承担,不列入征地移民补偿概算。对不需要或难以恢复或改建的企(事)业单位和专业项目,可给予合理的补偿。

(6) 对建设征地影响较大的企(事)业单位,应开展企业资产评估工作,评估方法宜采用成本法,评估报告可作为编制征地移民补偿概算的依据。

(7) 有关部门利用水库水域发展兴利事业所需投资,应按"谁投资,谁受益"的原则,由有关部门自行承担,不列入征地移民补偿概算。

(8) 库底清理中的一般清理费用列入建设征地补偿投资,特殊清理费用按照"谁投资,谁受益"的原则,不列入征地移民补偿概算。

(9) 征地移民补偿概算编制的价格水平年应与枢纽(主体)工程概算的价格水平年相一致。

(10) 建设征地移民分年投资应根据移民安置年度实施进度计划确定。

(11) 水库、水电站工程征地移民补偿概算应按建设区和水库区分别计列。

(12) 对水库、水电站以外的其他水利水电工程,"征地移民补偿概算"应改为"征地搬迁补偿概算"。

(二) 征地移民补偿概算

1. 农村部分补偿费

农村部分补偿费的费用包括征地补偿补助费、房屋及附属建筑物补偿费、居民点新址征地及基础设施建设费、农村集体设施补偿费、搬迁补助费、其他补偿补助费、坟墓补偿费、过渡期补助费和生产安置措施费等。

(1) 征地补偿补助费。征地补偿补助费包括土地补偿及安置补助费、临时用地补偿费、临时用地复垦费、林木和青苗补偿费等。

① 征收集体土地的土地补偿及安置补助费标准,根据国家和浙江省有关规定,执行地方县(市、区)人民政府制定的本行政区域征地的区片综合价。

② 使用国有农用地的土地补偿及安置补助费标准,参照征收集体土地的补偿标准;使用国有未利用地,不予补偿;使用国有建设用地的补偿费列入第十部分(其他专项费用)。

③ 临时用地补偿费包括土地使用期补偿费、恢复期补助费。

a. 土地使用期补偿费。根据临时用地面积、土地年产值及使用年限计算确定,土地年产值的计列中,耕地按前3年平均年产值计算,林地按林地年产值或可按耕地年产值的50%计算。

b. 恢复期补助费。耕地恢复期一般按3年考虑,3年的补助费分别按年产值的

50%、30%、20%计算。

④ 临时用地复垦费。临时用地复垦费应根据临时用地类别、使用方式、损毁程度等因素开展土地复垦设计，并采用相关行业的概算编制办法，计算标准和定额进行概算编制，未开展复垦设计的项目，可采用综合单价法计算。对临时使用耕地的复垦费纳入征地移民补偿概算，对临时使用林地、未利用地等其他土地的复垦费纳入水土保持工程概算。

⑤ 林木和青苗补偿费。林木和青苗补偿费包括永久征地及临时用地范围内的林木和青苗补偿费，应根据作物类别、种植面积及当地人民政府规定的补偿标准计算确定。

(2) 房屋及附属建筑物补偿费。房屋及附属建筑物补偿费包括房屋结构补偿费、房屋装修补助费、附属物补偿费。

① 房屋结构补偿费。房屋结构补偿费应根据实物量与相应结构补偿标准确定。房屋结构补偿标准宜根据典型设计成果、地方人民政府或行政主管部门公布的重置价格分析确定。对不同结构的房屋应选择其主要类型进行典型设计，按重置成本(不考虑旧料利用)计算其造价，并以此为基础确定相应结构的房屋结构补偿标准。

② 房屋装修补助费。房屋装修补助费应根据实物量与相应补助标准确定。房屋装修补助标准可按县级地方人民政府的有关规定，以装修的类别及量纲计算确定；没有规定的或未开展装修调查的，可按房屋的基本结构(不含简易结构)补偿标准的10%～20%计列。

③ 附属物补偿费。附属物补偿费包括附属建筑物补偿费及附属设施、设备补偿费，其补偿标准根据县级地方人民政府的有关规定确定，没有规定的可根据附属物的类别及量纲分析确定，其中附属建筑物按照重置价格确定，附属设备包括可搬迁设备及不可搬迁设备，可搬迁设备补助标准根据拆卸包装费、运输费、安装调试费等分析确定，不可搬迁设备补偿标准根据重置成本、变现价值及变现费用分析确定。

(3) 居民点新址征地及基础设施建设费。居民点新址征地及基础设施建设费包括新址征地补偿费和基础设施建设费。

① 新址征地补偿费。新址征地补偿费包括土地补偿及安置补助费、临时用地补偿费、临时用地复垦费、林木和青苗补偿费、建(构)筑物补偿费等。土地补偿及安置补助费、临时用地补偿费、临时用地复垦费、林木和青苗补偿费参照农村部分相关补偿标准计算；建(构)筑物补偿费包括房屋及附属物补偿费、坟墓补偿费、专项设施补偿费等，参照农村部分的相关规定执行。

② 基础设施建设费。基础设施工程包括场地平整和新址防护、居民点内道路、广场、供水、排水、供电、通信、广播电视、燃气、消防减灾、环节、绿化等项目。基础设施建设费按居民安置点规划设计成果计列工程费用及工程建设其他费用。对于采用分散安置的，应计列基础设施补偿费，基础设施补偿费应根据安置规模，采用综合单价法计算确定。

(4) 农村集体设施补偿费。农村集体设施补偿费包括移民集体所有的农田水利设施、文化教育和医疗卫生设施的补偿费，对在安置区建设中已恢复其原有功能的集体设施不予补偿，对不需要恢复的根据重置价格确定补偿标准。

(5) 搬迁补助费。搬迁移民个人和集体的物资时发生车船运输费、途中食宿费、物资搬迁运输费、搬迁保险费、误工补助费、物资损失补偿费和临时住房补贴费等。其补助标准应执行地方人民政府有关规定，没有规定的，可按人均或户均指标分项分析确定。

① 车船运输费。车船运输费根据移民安置规划确定的搬迁距离、运输方案等综合分析确定。

② 途中食宿费。途中食宿费根据移民安置规划确定的搬迁距离、途中时间等综合分析确定。

③ 物资搬迁运输费。可以人、户或房屋单位面积(主房)为单位，对物资搬运量进行典型推算，根据移民安置规划确定的搬迁距离、运输方式等综合分析确定物资搬运单价。

④ 搬迁保险费。搬迁保险费根据保险业相关人身意外伤害险规定确定。

⑤ 误工补助费。误工补助费包括搬迁期和建房期的误工补助，根据搬迁距离，建房时间和当地人均可支配收入情况综合分析确定。

⑥ 物资损失补偿费。物资损失补偿费按搬迁过程中物资损失价值计列。

⑦ 临时住房补贴费。临时住房补贴费一般以户为单位，按当地基本住房面积、租期和租房价格分析确定，租期一般可按 1 ~2 年考虑。

(6) 其他补偿补助费。其他补偿补助费包括零星林(果)木补偿费、生产设施(渔业设施、生产大棚等)补偿费和贫困移民建房补助费等。按补偿补助的数量分项计算。

(7) 坟墓补助费。坟墓补助费包括坟墓搬迁费及公墓建设费。坟墓搬迁费可按县级地方人民政府的有关规定确定，或采用相近地区同类工程的补偿单价确定；采用公墓安置的，应根据生态公益性公墓建设标准，按照坟墓迁移数量，将公墓建设费用或公墓扩容费用纳入征地移民补偿概算。

(8) 过渡期补助费。过渡期补助费指移民搬迁和生产恢复过渡期间的生活补助费，以规划生产安置人口或搬迁安置人口为基数计算，过渡期一般可按 1 ~3 年考虑，补助标准可参照安置地农村居民人均可支配收入或最低生活保障水平综合确定。

(9) 生产安置措施费。以集体经济组织为单元，根据生产安置规划投资平衡分析确定，当生产安置规划投资大于征收集体土地中主要生产资料的土地补偿补助费时，可增列生产安置措施费。生产安置人口一般采用人耕地或人土比的方法计算，即扣除农村集体经济组织中已参加被征地农民社会保障的人口和已转化城镇居民的原农业人口。采用被征地农民基本生活保障安置方式的，不列生产安置措施费。

2. 城(集)镇部分补偿费

城(集)镇部分补偿费的费用包括房屋及附属建筑物补偿费、新址征地补偿及基础设施建设费、搬迁补助费、其他补偿补助费。

(1) 房屋及附属建筑物补偿费。房屋及附属建筑物补偿费包括移民个人的房屋补偿费、房屋装修补偿费、附属建筑物补偿费，按照不同结构类型、质量标准的重置价格确定。

(2) 新址征地补偿及基础设施建设费。新址征地补偿及基础设施建设费包括新址征地补偿费和基础设施建设费。

① 新址征地补偿费。新址征地补偿费包括征收土地的土地补偿及安置补助费、临时用地补偿费、临时用地复垦费、林木和青苗补偿费、建(构)筑物补偿费等,根据规划新址范围内的实物成果分项计算。

② 基础设施建设费。基础设施工程包括规划新址范围内场地平整和新址防护、道路、广场、供水、排水、供电、通信、广播电视、燃气、防灾减灾、环卫、园林绿化等。基础设施建设费根据新址规划设计成果分项计列工程费用及工程建设其他费用。

(3) 搬迁补助费。搬迁补助费包括搬迁时的车船运输费、途中住宿费、物资装卸费、搬迁保险费、物资损失补助费、误工补助费和临时住房补贴等。

(4) 其他补偿补助费。其他补偿补助费包括移民个人所有的零星林(果)木补偿费、贫困移民建房补助费。

3. 企(事)业单位补偿费

企(事)业单位补偿费宜采用一次性货币补偿的处理方式,包括农用地及未利用地补偿费、建设用地补偿费、基础设施补偿费、房屋及附属建筑物补偿费、设备补偿费、存货处理费、停产损失补偿费、户口在企业人员的搬迁补助费、房屋装修补助费、矿业权补偿费、水电站补偿费、其他项目补偿费等。对采用迁建处理的企(事)业单位,应增列存货处理费、停产损失补偿费及其他费用。

(1) 农用地及未利用地补偿费。企业依法使用的农用地及未利用地补偿标准参照农村部分相应土地的补偿标准。

(2) 建设用地补偿费。企业依法使用的农村集体所有建设用地补偿标准参照农村部分补偿费的有关标准,使用国有建设用地补偿费用列入第十部分(其他专项费用)。采用迁建处理的企业,应计列新址征地补偿费,并参照农村部分确定基补偿标准及费用列项。

(3) 基础设施补偿费。基础设施工程主要包括场地平整和防护工程、道路、广场、供水、排水、供电、通信、广播电视、燃气、防灾减灾、环卫、园林绿化等,基础设施补偿费可根据还原设计成果计算确定,也可采用综合单价法分析确定。采用迁建处理的企业,应计列基础设施建设费,基础设施建设费根据新址规划设计成果分项计列工程费用及工程建设其他费用。

(4) 房屋及附属建筑物补偿费。房屋及附属建筑物补偿费包括各种结构、类型、用途的房屋及附属建筑物补偿费,按重置价格分项计算。

(5) 设备补偿费。设备补偿费包括可搬迁设备和不可搬迁设备的补偿费。采用一次性货币补偿的企业,设备补偿费应根据设备的重置成本、变现价值和变现费用,结合成新率分析确定。采用迁建处理的企业,可搬迁设备仅考虑设备的拆卸、包装、运输、安装和调试费用;不可搬迁设备补偿费应考虑可折现的残值,并根据需要补偿的各类设备数量乘以相应的补偿单价计算。对闲置的设备可适当补偿,对淘汰、报废的设备一般不予补偿。

(6) 存货处理费。存货数量以实物调查数量为基础,结合企业正常生产需要量综合确定。当存货处理费大于其重置成本时,按重置成本计算补偿费用。对长期停产的、破产的、需关停的及建设征地不影响其正常生产的企业,不计存货处理费。

(7) 停产损失补偿费。根据停产期及停产期补助标准计算确定。停产期根据企业规模、行业特点、设备搬迁、安装和调试难易程度等综合确定，停产期补助包括停产期职工薪酬、企业必须发生的成本（不含职工薪酬）和净利润；对长期停产的、破产的、需关停的及建设征地不影响其正常生产的企业，不计停产损失补偿费。

（8）户口在企业人员的搬迁补助费。参照农村部分或城（集）镇居民的补助标准计算。

（9）房屋装修补助费。参照农村部分或城（集）镇居民的补助标准计算。

（10）矿业权补偿费。建设项目实施后，压覆已设置矿业权（包括采矿权和探矿权）矿产资源的，应计列矿业权补偿费用。补偿费用包括矿业权人被压覆资源储量在当前市场条件下所应缴纳的价款（无偿取得的除外），所压覆的矿产资源分担的勘查投资、已建的开采设施投入及搬迁相应设施等直接损失。

（11）水电站补偿费。采取改建措施处理的水电站，补偿费用应根据改建工程费、固定资产损失费、改建期间的停产损失计算确定。

（12）其他项目补偿费。其他项目补偿费包括零星树木等与农村、城（集）镇相同项目的补偿费用，参照农村部分、城（集）镇部分的补偿标准计算。

4. 专业项目补偿费

专业项目补偿费指库区内的工矿企业、铁路、公路、航运、电信、广播电视、输变电、水利设施、库周交通及文物古迹保护的恢复改建补偿费等。

5. 防护工程费

防护工程费指对库区内不做淹没补偿和迁建的受淹对象进行防护处理所需的工程费用，包括建筑工程、机电设备及安装工程、金属结构设备及安装工程、施工临时工程、独立费用和基本预备费。按照选定的防护工程方案设计所需的费用计列。

6. 库底清理费

库底清理费指库区内一般性清理和卫生防疫措施的费用，如建筑物拆除与清理，卫生清理与消毒，林地清理等。

库底一般性清理费按照清库设计工作量和清理措施，计列所需投资。

库底特殊清理指有关部门根据库区开发利用的不同要求而确定的清理。特殊清理所需投资由有关部门自行承担。

7. 其他费用

其他费用包括前期工作费、勘测设计科研费、实施管理费、实施机构开办费、技术培训费和监督评估费（专业项目中已计列上述费用的不再重复计列其他费用）。

（1）前期工作费。前期工作费指在水利水电工程项目建议书阶段和可行性研究报告阶段开展建设征地移民安置前期工作所发生的各种费用，主要包括前期勘测设计、移民安置规划大纲编制、移民安置规划配合工作以及咨询服务费等，枢纽工程可按一至六项费用之和的 2% ~3% 计列，河道工程可按一至六项费用之和的 1% ~2% 计列。

（2）勘测设计科研费。为初步设计和技施设计阶段征地移民设计工作所需要的勘测设计科研费用称为勘测设计科研费。根据工程建设征地移民的类型和规模，可按一至六项费用之和的 2% ~3% 计列。河道引水工程，初步设计阶段占 50%，技施设计阶段占 50%；枢纽工程，初步设计阶段占 40%，技施设计阶段占 60%。

(3) 实施管理费。实施管理费包括移民实施机构和项目建设单位的经常性管理费用,可按一至六项费用之和的 2% ~3% 计列。

(4) 实施机构开办费。实施机构开办费指为移民实施机构启动和运作所必须配置的办公用房、车辆和设备购置及其他用于开办工作所需要的费用,根据移民规模和机构人员编制情况,分项计算确定。考虑征地移民管理工作要求,可按表 6-32 参考取值。

表 6-32　实施机构开办费标准

移民人数	200 以下	500	1 000	5 000	10 000 以上
开办费/万元	20	50	100	200	300 ~ 500

(5) 技术培训费。技术培训费指为提高农村移民生产技能、文化素质和移民干部管理水平所需要的费用,可按第一项费用的 0.5% 计列。未涉及移民搬迁的不计此项费用。

(6) 监督评估费。监督费主要为对移民搬迁、生产开发、城(集)镇迁建、工业企业和专业项目处理等活动进行监督所发生的费用。评估费主要为对移民搬迁过程中生产生活水平的恢复进行跟踪监测、评估所发生的费用。根据工程征地移民的规模和特点,可按一至六项费用之和的 0.5% ~1% 计列。

8. 基本预备费

初步设计阶段基本预备费按征地移民补偿投资中第一至第七部分投资之和的 8% 计列。

9. 有关税费

这里的有关税费指与征收土地有关的国家规定应交纳的税费。是否计列这些税费及计列标准,按国家和浙江省有关部门的相关规定及工程性质等实际情况确定。主要有耕地占用税、耕地开垦费、森林植被恢复费、海域使用金、占用水域补偿费等。

10. 其他专项费用

其他专项费用包括搬迁安置增加费用、国有建设用地补偿费、被征地农民转入企业职工基本养老保险的相关费用。

(三) 征地移民补偿总概算表

征地移民补偿总概算见表 6-33。

表 6-33　征地移民补偿总概算表　　万元(或元)

编号	序号	工程或费用名称	建筑安装工程费	设备购置费	独立费用	合计
	Ⅲ	征地移民补偿部分				
15	一	农村部分移民				
16	二	城(集)镇部分补偿费				
17	三	企(事)业单位补偿费				
18	四	专业项目补偿费				
19	五	防护工程费				

续表

编号	序号	工程或费用名称	建筑安装工程费	设备购置费	独立费用	合计
20	六	库底清理费				
21	七	其他费用				
22		一至七项合计				
23		基本预备费				
24		有关税费				
25		其他专项费用				
26		静态投资(22+23+24+25)				
27		价差预备费				
28		建设期融资利息				
29		征地移民补偿部分总投资(26+27+28)				

任务六 工程量计算

水利水电工程各设计阶段的设计工程量是设计工作的重要成果和编制概预算的主要依据之一。工程量计算的准确性是衡量工程造价编制质量的重要标准。因此,工程造价专业人员除应具有本专业的知识外,还应具有一定程度的水工、施工、机电等专业知识,掌握工程量计算的基本要求、计算方法、计算规则。按照造价文件编制有关规定,正确处理各类工程量。

一、水利建筑工程量分类

水利建筑工程按其性质,工程量可以划分为以下几类。

(一) 设计工程量

设计工程量由图纸工程量和设计阶段扩大工程量组成。

1. 图纸工程量

图纸工程量指按设计图纸计算出的工程量。对于各种水工建筑物,也就是按其设计的几何轮廓尺寸计算出的工程量。对于钻孔灌浆工程,就是按设计参数(孔距、排距、孔深等)求得的工程量。

2. 设计阶段扩大工程量

设计阶段扩大工程量指由于可行性研究阶段和初步设计阶段勘测、设计工作的深度有限,有一定的误差,为留有一定的余地而设置的工程量。

根据水利部发布的水利行业标准《水利水电工程设计工程量计算规定》(SL 328—2005),设计工程量阶段系数见表6-34。

表 6-34　水利水电工程设计工程量阶段系数表

类别	设计阶段	土石方开挖工程量/万 m^3				混凝土工程量/万 m^3			
		>500	500～200	200～50	<50	>300	300～100	100～50	<50
永久工程或建筑物	项目建议书	1.03～1.05	1.05～1.07	1.07～1.09	1.09～1.11	1.03～1.05	1.05～1.07	1.07～1.09	1.09～1.11
	可行性研究	1.02～1.03	1.03～1.04	1.04～1.06	1.06～1.08	1.02～1.03	1.03～1.04	1.04～1.06	1.06～1.08
	初步设计	1.01～1.02	1.02～1.03	1.03～1.04	1.04～1.05	1.01～1.02	1.02～1.03	1.03～1.04	1.04～1.05
施工临时工程	项目建议书	1.05～1.07	1.07～1.10	1.10～1.12	1.12～1.15	1.05～1.07	1.07～1.10	1.10～1.12	1.12～1.15
	可行性研究	1.04～1.06	1.06～1.08	1.08～1.10	1.10～1.13	1.04～1.06	1.06～1.08	1.08～1.10	1.10～1.13
	初步设计	1.02～1.04	1.04～1.06	1.06～1.08	1.08～1.10	1.02～1.04	1.04～1.06	1.06～1.08	1.08～1.10
金属结构工程	项目建议书								
	可行性研究								
	初步设计								

类别	设计阶段	土石方开挖工程量/万 m^3				钢筋	钢材	模板	灌浆
		>500	500～200	200～50	<50				
永久工程或建筑物	项目建议书	1.03～1.05	1.05～1.07	1.07～1.09	1.09～1.11	1.08	1.06	1.11	1.16
	可行性研究	1.02～1.03	1.03～1.04	1.04～1.06	1.06～1.08	1.06	1.05	1.08	1.15
	初步设计	1.01～1.02	1.02～1.03	1.03～1.04	1.04～1.05	1.03	1.03	1.05	1.10
施工临时工程	项目建议书	1.05～1.07	1.07～1.10	1.10～1.12	1.12～1.15	1.10	1.10	1.12	1.18
	可行性研究	1.04～1.06	1.06～1.08	1.08～1.10	1.10～1.13	1.08	1.08	1.09	1.17
	初步设计	1.02～1.04	1.04～1.06	1.06～1.08	1.08～1.10	1.05	1.05	1.06	1.12
金属结构工程	项目建议书						1.17		
	可行性研究						1.15		
	初步设计						1.10		

注：1. 若采用混凝土立模面系数乘以混凝土工程量计算模板工程量，不应再考虑模板阶段系数。

2. 若采用混凝土含钢率或含钢量乘以混凝土工程量计算钢筋工程量，不应再考虑钢筋阶段系数。

3. 截流工程的工程量阶段系数可取 1.25～1.35。

4. 表中工程量是总工程量。

（二）施工超挖工程量

为保证建筑物的安全，施工开挖一般都不允许欠挖，以保证建筑物的设计尺寸，施工超挖自然不可避免。影响施工超挖工程量因素主要有施工方法、施工技术、管理水平及地质条件等。

（三）施工附加量

施工附加量是指为完成本项目工程必须增加的工程量。例如：小断面圆形隧洞为满足交通需要扩挖下部而增加的工程量；隧洞工程为满足交通、放炮的需要设置洞内错车道、避炮洞所增加的工程量；为固定钢筋网而增加固定筋工程量等。

（四）施工超填工程量

施工超填工程量是指由施工超挖工程量、施工附加量相应增加的回填工程量。

（五）施工损失量

（1）体积变化损失量。体积变化损失量包括土石方填筑工程中的施工期沉陷而增加的工程量、混凝土体积收缩而增加的工程量等。

（2）运输及操作损耗量。运输及操作损耗量包括混凝土、土石方在运输、操作过程中的损耗，以及围垦工程堵坝、抛填工程的冲损等。

（3）其他损耗量。其他损耗量包括土石方填筑工程施工后，按设计边坡要求的削坡损失工程量，接缝削坡损失工程量，黏土心（斜）墙及土坝的雨后坝面清理损失工程量，混凝土防渗墙一、二期墙槽接头孔重复造孔及混凝土浇筑增加的工程量。

（六）质量检查工程量

（1）基础处理工程检查量。基础处理工程大多采用钻一定数量检查孔的方法进行质量检查。

（2）其他检查工程量。例如，土石方填筑工程通常采用挖试坑的方法来检查其填筑成品方的干密度。

（七）试验工程量

例如，土石坝工程为取得石料场爆破参数和坝上碾压参数而进行的爆破试验、碾压试验增加的工程量，为取得灌浆设计参数专门进行的灌浆试验增加的工程量。

二、各类工程量的处理

上述各类工程量在编制造价文件时，应按《浙江省水利工程造价计价依据》（2010年）中的项目划分和工程量计算规则等有关规定正确处理。

（一）设计工程量

设计工程量就是编制概（估）算的工程量。图纸工程量乘以工程量设计阶段系数就是设计工程量。可行性研究、初步设计阶段应采用《水利水电工程设计工程量计算规定》（SL 328—2005）中“水利水电工程设计工程量阶段系数表”的数值。利用施工图设计阶段成果计算工程造价的，不论是预算或是调整概算，其工程量阶段系数均为1.00，即设计工程量就是图纸工程量，不再预留设计阶段扩大工程量。

（二）施工超挖量、施工附加量及施工超填量

《浙江省水利水电建筑工程预算定额》（2010 年）中（除钢筋制作安装定额外）均未计入施工超挖量、施工附加量及施工超填量这三项工程量，采用《浙江省水利水电建筑

工程预算定额》(2010 年)编制概(估)算单价时,应将这三项合理的工程量,采用相应的超挖、超填《浙江省水利水电建筑工程预算定额》(2010 年)计算超挖、超填费用,再摊入相应的有效工程量的单价中,但不能简单地乘以这三项工程量的扩大系数。

(三) 施工损失量

混凝土场内操作运输损耗量,《浙江省水利水电建筑工程预算定额》(2010 年)中已计入。

土石坝施工沉陷、削坡、雨后清理等损失工程量,应按《浙江省水利水电建筑工程预算定额》(2010 年)规定的方法计入填筑工程单价中。

混凝土防渗墙的一、二期混凝土墙接头孔增加的重复造孔及浇筑工程量,《浙江省水利水电建筑工程预算定额》(2010 年)未计入。

根据浙江省实际情况,沿海围垦工程中的筑堤土方、筑堤抛石等沉降量较大,按《浙江省水利水电建筑工程预算定额》(2010 年)规定,该项目的沉降工程量仍计入设计工程量中。

(四) 质量检查工程量

《浙江省水利水电建筑工程预算定额》(2010 年)基础处理工程一章中均未计入检查孔,故采用《浙江省水利水电建筑工程预算定额》(2010 年)编制预算或概算时,应按检查孔的参数选取相应的检查孔的钻、灌定额。

《浙江省水利水电建筑工程预算定额》(2010 年)中已计入了一定数量的土石坝填筑质量检测所需的挖坑试验工程量,故编制概、预算时不应再计列。

(五) 试验工程量

爆破试验、碾压试验、重点部位级配试验及灌浆试验等大型试验均为设计工作提供重要参数,应列入勘测设计费的专项费用或工程科研试验费中。

三、计算工程量应注意的问题

(一) 工程项目的划分

工程项目的划分必须满足《浙江省水利工程造价计价依据》(2010 年)的基本要求和适应定额章节子目的需要。例如,土石方开挖工程,应按不同土壤、岩石类别分别列项,开挖应将平洞、斜井、竖井分列;土石方填筑工程应按抛石、堆石料、过渡料、垫层料分列;混凝土工程按不同标号分列;固结灌浆应按深孔(地质钻机钻孔)、浅孔(风钻钻孔)分列等。

(二) 计量单位的选取

工程量计量单位的选取,必须与定额单位相一致。

有的工程项目,其单位可以有两种表示方式,如喷混凝土可以用 m^2,也可以用 m^3;混凝土防渗墙可以用 m^2(阻水面积),也可以用 m(进尺)和 m^3(混凝土浇筑);高压喷射防渗墙可以用 m^2(阻水面积),也可以用 m(进尺)。设计采用的工程量单位应与定额单位相一致,如不一致,则应按定额的规定进行换算。

工程量计量中,凡涉及体积、比重、容重等的换算,应以国家标准或定额规定为准。如砂石料“t”与“m^3”、土方填筑中松实方等的单位的换算。

（三）计算内容的设置

工程计算内容的设置，必须与定额章节、子目的内容一致。如灌浆工程中的检查孔，应单独计算。压水试验，一般已在钻孔灌浆定额中包含，但检查孔压水试验需另计。

四、工程量计算案例

【例 6-5】 某灌溉工程修筑一条 10 km 长的渠道，渠道开挖深度 1.6 m，其中上部 1.3 m 为种植土或壤土，下部 0.3 m 为黏土；渠道底部混凝土垫层宽度 2 m。采用放坡开挖方式。

问题：计算渠道可行性研究阶段土方开挖的设计工程量。

解：种植土或壤土为Ⅰ、Ⅱ类土，黏土为Ⅲ类土。

根据建筑定额土方开挖工程量计算规则，同一项目中土类不同时，以厚度大者选用放坡标准，按Ⅰ、Ⅱ类土选用放坡系数取 0.5。

渠道底部为混凝土垫层，每边各增加工作面 0.3 m。

图纸工程量：$(2+0.5\times1.6+2\times0.3)\times1.6\times10\ 000=54\ 400(\mathrm{m}^3)$。

设计工程量：$54\ 400\times1.07=58\ 208(\mathrm{m}^3)$。

思考与计算题

一、思考题

1. 工程静态总投资由哪些内容组成？如何进行计算？工程总投资由哪些内容组成？

2. 试述设计概算的编制程序。

3. 设计概算文件的组成包括哪些内容？

4. 设计概算的工程量计算应注意哪些问题？

二、计算题

1. 某枢纽二类工程的分年度投资如表 6-35 所示，试根据《浙江省水利水电工程设计概(预)算编制规定》(2010 年)计算资金流量。已知：基本预备费费率 6%，年物价指数 5%，建设期融资利率 4.5%，各施工年份融资额占当年投资比例 70%。

表 6-35 分年度投资表 万元

序号	项目	合计	建设工期/年			
			1	2	3	4
一	建筑工程	18 000	4 000	6 000	5 000	3 000
二	安装工程	1 300	50	450	500	300
三	设备工程	4 150	150	1 200	1 800	1 000
四	独立费用	1 000	350	300	250	100

2. 某工程从国外进口一套设备，经海运抵达港口，再转运至工地。

已知：资料如下。

① 设备到岸价 200 万美元/套,汇率为 1 美元=6.5 元人民币。
② 外贸手续费费率 1.5%。
③ 进口关税税率 10%。
④ 增值税税率 13%。
⑤ 同类国产设备原价为 3.2 万元/t(该套设备重量 260t)。
⑥ 同类国产设备港口至工地运杂费费率 6%。
⑦ 运输保险费费率 0.4%。
⑧ 采购及保管费费率 0.7%。

请计算该套进口设备的设备费(单位:万元;保留两位小数点)。

项目七

其他阶段工程造价文件编制

学习要求

了解各阶段工程造价文件的组成，掌握竣工决算书的编制方法。

学习目标

1. 熟悉投资估算、施工图预算、施工预算编制程序及文件组成。
2. 熟悉投资估算、施工图预算、施工预算的作用。
3. 掌握施工图预算、施工预算编制的方法和步骤。
4. 了解竣工结算的作用和内容。
5. 了解竣工决算的主要内容。
6. 熟悉项目后评价的主要内容。
7. 掌握竣工决算书的编制方法。

技能目标

能根据工程资料，区分各阶段的工程造价。

任务一 投资估算

一、投资估算的作用

投资估算是可行性研究阶段的造价文件，是可行性研究报告的重要组成部分，是国家为选定近期开发项目做出科学决策和批准开展初步设计的依据之一。

投资估算在项目划分和费用构成、估算文件组成上与初步设计概算基本相同，但由于两者的设计深度不同，所以在编制方法和计算标准上，投资估算要比概算更具有概括性和综合性。

二、编制方法和计算标准

（一）基础单价

基础单价即人工、材料、施工用电风水预算单价、施工机械台班费、砂石料单价等，可根据现行编规编制。

（二）建筑、安装工程单价

建筑、安装工程单价的组成与设计概算相同，一般采用概算定额，但考虑投资估算的深度和精度，应在《浙江省水利水电建筑工程预算定额》（2010 年）的基础上增加 8% 的定额扩大系数。

（三）分部工程估算编制

（1）建筑工程。主体建筑工程、交通工程、管理工程投资估算编制基本与概算编制方法相同，其他建筑工程可视工程规模按主体建筑工程投资的 1% ~3% 估算。

（2）机电设备及安装工程。主要机电设备及安装工程（电站指水轮机、发电机、主阀、主变压器、厂内起重设备、组合电器等。泵站指泵、电动机、主阀、起重机等）估算编制与概算编制方法相同。其他机电设备费可根据装机规模，按占主要机电设备费的 40% ~50% 估列，安装费按 10% ~20% 估列。水库和其他水项目的设备及安装工程，编制方法与概算基本相同。

（3）金属结构设备及安装工程。编制方法与设计概算基本相同。

（4）施工临时工程。编制方法与设计概算基本相同。

（5）独立费用。编制方法与设计概算基本相同。

（6）专项部分。按照相应专业的计价依据投资估算编制方法编制。

（7）征地移民补偿部分。编制方法及补偿标准与设计概算基本相同。

三、预备费、建设期融资利息

（1）工程部分。可行性研究投资估算的基本预备费费率取 5% ~7%；项目建议书阶段投资估算的基本预备费费率取 8% ~10%。

（2）征地移民补偿部分。可行性研究投资估算的基本预备费费率取 10%；项目建议书阶段投资估算的基本预备费费率取 15%。

（3）价差预备费的计算方法与初步设计概算相同。

（4）建设期融资利息的计算方法与初步设计概算相同。

四、投资估算文件组成

投资估算文件由编制说明、投资估算表和投资估算附件 3 部分组成，表格的格式和内容与初步设计概算文件基本相同。

任务二 项目管理预算

水利部《水利工程造价管理暂行规定》(2012 年)中明确指出,水利工程建设实施阶段造价管理的基本原则是“静态控制、动态管理、各负其责”。

水利工程项目管理预算是工程建设实施阶段造价管理工作的重要组成部分,是静态控制的有力措施。

一、项目管理预算的概念

工程项目实施过程中,项目法人不仅要了解总投资,更要系统了解各个标段的投资。由于初步设计阶段分标方案尚未明确,因而设计概算是无法按照标段反映投资的。因此,在批准的设计概算静态总投资额度之内,不同的建设阶段编制不同形式的投资文件很有必要。项目管理预算是在国家批准的初步设计概算基础上,以有利于投资人和项目法人对投资进行有效的管理为目的,根据工程分标方案和招标文件的工程量清单进行编制的投资文件。

二、项目管理预算的作用

设计概算是前期工作中向主管部门及投资人提供投资规模的重要文件,设计概算作为项目的总控目标,其作用无可置疑,但它不是工程实施过程控制投资的唯一文件。在项目实施过程中,仍然用设计概算控制投资则操作困难,具体表现在设计概算的项目划分与实际的标段划分完全不同,设计概算按照 5 部分划分投资,而实施过程是依据标段划分项目的;设计概算的设计深度有局限,在实施过程中设计方案、施工方案以及工程量等变更在所难免;设计概算采用的定额整体水平及计费标准是全国的平均水平,这与不同标段的承包商的投标报价水平及施工实际存在较大出入,难以体现个性。例如,按照定额计算的砂石料单价与实际差别颇大,有些项目甚至余度很大。

为了有效控制静态投资,就要解决工程量、中标价及风险预留金等关键问题。根据分标方案的标段划分项目和招标文件,按照“实事求是、合理调整、留出空间”的原则来编制项目管理预算,以此作为项目法人控制各招标工程项目、各独立费用项目投资限额的主要依据。静态投资是项目法人制订年度投资计划、编报统计报表、考核造价盈亏、项目法人绩效评价的重要依据。这样的投资文件与工程施工的标段一致,在控制投资方面可操作性强,也有助于计划、统计、财务、审计、稽查统一尺度和标准。

目前,多数项目法人委托有一定资质的工程造价咨询单位编制项目管理预算。项目管理预算价与合同价两种价格体系相抵的预算盈余额是考核造价管理水平的重要指标。

三、项目管理预算的编制

根据项目分标方案和招标文件编制项目管理预算。编制项目管理预算一般在主体工程招标完成后进行,按照招标文件提供的工程量清单,以批准的设计概算编制年价格水平进行编制，允许在批准的静态投资额度内进行合理调整，预留风险费用，总投资控制在批准的设计概算总投资之内。

（一）项目管理预算的项目划分

项目管理预算原则上划分为3~4个层次，第一层次一般划分为建安工程采购、设备采购、专项工程采购、技术服务采购、地方政府包干项目、项目法人管理费用、预留风险费用以及价差预留费和建设期融资利息等部分，前7部分构成工程静态总投资，后2部分构成工程动态投资。

上述项目划分也可以根据投资管理的要求和工程的具体情况增删调整；每个部分一般可再划分2~3个层次的项目，2或3层次的项目划分，可参照《浙江省水利水电工程设计概（预）算编制规定》（2010年）的工程项目划分、工程招标标段划分、招标工程量清单等结合工程的具体情况设置。

第一部分　建安工程采购

主体建安工程和大型临时建安工程按照工程分标项目分别独立列项；一般招标工程项目，可参照设计概算采用的项目划分方法适度合并。

第二部分　设备采购

机电主要设备按照招标项目独立列项；水力机械辅助设备、电气设备等可按招标项目合并为系统列项；公用设备按通信、通风采暖、机修等分类列项。金属结构设备按闸门设备、启闭设备和拦污设备分类列项。

第三部分　专项工程采购

专业工程采购指专业技术相对独立的工程项目，列入专项工程采购部分。

第四部分　技术服务采购

技术服务采购指科学研究试验等技术服务项目，列入技术服务采购部分。

第五部分　地方政府包干项目

地方政府包干项目指水库淹没处理补偿费、水土保持工程、环境保护工程等项目。若这些项目中有不由政府包干的工程，可列入专项工程采购项下。

第六部分　项目法人管理费用

项目法人管理费用项目指项目法人自身开支和管理的费用项目，如项目建设管理费、联合试运转费及生产准备费等。

第七部分　预留风险费用

预留风险费用指可调剂预留费、基本预留费和建设期融资利息。

（二）编制方法

1. 工程量

（1）已完工的工程项目，按结算工程量编制。

（2）已完成招标设计的工程项目，按招标设计工程量编制。

（3）未完成招标设计的一般工程项目，按初步设计工程量编制。

2. 工程单价

（1）基础价格。编制工程单价所依据的人工、电、风、水、砂石料、主要材料预算价格和施工机械台班费用，应与设计概算所采用的价格水平保持一致。

（2）定额依据。编制工程单价所选取的人工、机械效率，应根据该工程实际情况或施工企业可能达到的效率，在留有余地的基础上，对设计概算中相应工程单价所采用定额的人工和机械的效率予以提高；编制工程单价所选取的材料消耗量，在取得试验资料和有准确定量的前提下，可对设计概算中相应工程单价所采用定额的材料消耗量适当降低(如混凝土水泥用量、石方开挖炸药用量等)。总之，其调整幅度，应视其招标工程的风险程度，予以区别对待。

(3) 措施费。可直接采用设计概算的费率计算，也可按各招标工程的具体情况，适当降低费率。如部分临时工程摊入工程单价的，应增列临时工程摊销费。同时，相应降低其他临时工程费用。

(4) 间接费和利润。可直接采用设计概算的费率计算，也可根据工程具体情况，适当降低费率。

(5) 税金。直接按设计概算的税费计算。如设计概算采用的税率与国家现行税费率有出入时，应执行国家现行税费率。

(6) 施工组织设计。可根据招标工程的施工组织设计方案，修改设计概算中相应单价采用的施工条件和施工方法。

上述工程单价的编制方法，适用于项目管理预算中需编制工程单价的所有项目。

3. 设备价格

(1) 已招标的设备采用中标价。

(2) 未中标的设备采用设计概算价。

4. 费用项目

费用项目包括技术服务采购、项目法人管理费用和预留风险费用。

(1) 技术服务采购项目不得突破设计概算相应额度，可根据项目的招标价和国家有关规定分别编制。

(2) 项目法人管理费用项目原则上按设计概算相应值计列。

(3) 预留风险费用项目。基本预备费，按设计概算值计列；可调剂预留费用，根据工程可能存在的风险预测分析计列。

5. 地方政府包干项目

地方政府包干项目按设计概算值计列。

6. 价差预备费

价差预备费可按设计概算规定计算，作为投资动态管理的依据。

7. 建设期融资利息

建设期融资利息按设计概算值计列。

任务三　施工图预算

施工图预算(又称设计预算)是依据施工图设计文件、施工组织设计、现行的水利水电工程《浙江省水利水电建筑工程预算定额》(2010 年)及费用标准等文件编制的。

微课
施工图预算与施工预算

一、施工图预算的作用

施工图预算是在施工图设计阶段，在批准的概算范围内，根据国家现行规定，按施工图纸和施工组织设计综合计算的造价。其主要作用如下。

(1) 施工图预算是确定单位工程项目造价的依据。施工图预算比主要起控制造价作用的概算更为具体和详细,因而可以起确定造价的作用。对工业与民用建筑而言尤为突出。如果施工图预算超过了设计概算,应由建设单位会同设计部门报请上级主管部门核准,并对原设计概算进行修改。

(2) 施工图预算是签订工程承包合同,实行投资包干和办理工程价款结算的依据。因施工图预算确定的投资较概算准确,故对于不进行招投标的特殊或紧急工程项目等,常采用预算包干。按照规定程序,经过工程量增减、价差调整后的预算作为结算依据。

(3) 施工图预算是施工企业内部进行经济核算和考核工程成本的依据。施工图预算确定的工程造价是工程项目的预算成本,其与实际成本的差额即为施工利润,是企业利润总额的主要组成部分。这就促使施工企业必须加强经济核算,提高经营管理水平,以降低成本,提高经济效益。同时也是编制各种人工、材料、半成品、成品、机具供应计划的依据。

(4) 施工图预算是进一步考核设计方案经济合理性的依据。施工图预算更详尽和切合实际,可以进一步考核设计方案的技术先进性和经济合理性程度。施工图预算也是编制固定资产的依据。

二、施工图预算编制方法

施工图预算与设计概算的项目划分、编制程序、费用构成、计算方法等基本相同。施工图是工程实施的蓝图,建筑物的细部结构构造、尺寸、设备及装置性材料的型号、规格都已明确,所以据此编制的施工图预算,较概算编制要精细。编制施工图预算的方法与设计概算的不同之处具体表现在以下几个方面。

(一) 主体工程

施工图预算与概算都采用工程量乘以单价的方法计算投资,但深度不同。

概算根据概算定额和初步设计工程量编制,其三级项目经综合扩大,概括性强,而施工图预算则依据《浙江省水利水电建筑工程预算定额》(2010 年)和施工图设计工程量编制,其三级项目较为详细。如概算的闸、坝工程,一般只需套用定额中的综合项目计算其综合单价;而施工图预算需根据《浙江省水利水电建筑工程预算定额》(2010 年)将各部位划分更详细的三级项目,分别计算单价。

(二) 非主体工程

概算中的非主体工程以及主体工程中的细部结构采用综合指标(如铁路单价以元/km 计,遥测水位站单价以元/座计等)或百分率乘以二级项目工程量的方法估算投资;而施工图预算则均要求按三级项目乘以工程单价的方法计算投资。

(三) 造价文件形成和组成

概算是初步设计报告的组成部分,在初步设计阶段一次完成,概算完整地反映整个建设项目所需的投资。由于施工图的设计工作量大、历时长,故施工图设计大多以满足施工为前提,陆续出图。因此,施工图预算通常以单项工程为单位,陆续编制,各单项工程单独成册,最后汇总形成总预算投资。

任务四　施工预算

施工预算是施工企业根据施工图纸、施工措施及企业施工定额编制的建筑安装工程在单位工程或分部分项工程上的人工、材料、施工机械台班消耗数和直接费标准，是建筑安装产品及企业基层成本考核的计划文件。施工预算、施工图预算、竣工结算是施工企业进行施工管理的“三算”。

一、施工预算的作用

施工预算的作用主要有以下几个方面。

（1）施工预算是施工企业进行经济活动分析的依据。进行经济活动分析是企业加强经营管理，提高经济效益的有效手段。经济活动分析，主要是应用施工预算的人工、材料和机械台班数量等与实际消耗对比，同时与施工图预算的人工、材料和机械台班数量进行对比，分析超支、节约的原因，改进操作技术和管理手段，以有效地控制施工中的消耗，节约开支。

（2）施工预算是编制施工作业计划的依据。施工作业计划是施工企业计划管理的中心环节，也是计划管理的基础和具体化。编制施工作业计划，必须依据施工预算计算单位工程或分部分项工程的工程量、材料构配件数量、劳力数量等。

（3）施工预算是计算超额奖和计算计件工资、实行按劳分配的依据。施工预算所确定的人工、材料、机械使用量与工程量的关系是衡量工人劳动成果、计算应得报酬的依据，它把工人的劳动成果与劳动报酬联系起来，很好地体现了多劳多得、少劳少得的按劳分配的原则。

（4）施工预算是施工单位向施工班组签发施工任务单和限额领料的依据。施工任务单是把施工作业计划落实到班组的计划文件，也是记录班组完成任务情况和结算班组工人工资的凭证。施工任务单的内容可以分为两部分：第一部分是下达给班组的工程任务，包括工程名称、工作内容、质量要求、开工日期和竣工日期、计量单位、工程量、定额指标、计件单价和平均技术等级；第二部分是实际任务完成的情况记载和工资结算，包括实际开工日期和竣工日期、完成工程量、实际工日数、实际平均技术等级、完成工程的工资额、工人工时记录表和每人工资分配额等。其主要工程量、工日消耗量、材料品种和数量均来自施工预算。

二、施工预算的编制依据

编制施工预算的主要依据包括施工图纸、施工定额、施工组织设计和实施方案、有关的手册资料等。

（一）施工图纸

施工图纸和说明书必须是经过建设单位、设计单位和施工单位会审通过的，不能采用未经会审通过的图纸，以免返工。

（二）施工定额

施工定额包括全国建筑安装工程统一劳动定额和各部、各地区颁发的专业施工定额。凡是已有施工定额可以查照使用的，应参照施工定额编制施工预算中的人工、材料及机械使用费。在缺乏施工定额作为依据的情况下，可按有关规定自行编排定额。施工定额是编制施工预算的基础，也是施工预算与施工图预算的主要差别之一。

（三）施工组织设计

由施工单位编制详细的施工组织设计，所确定的施工方法、施工进度以及所需的人工、材料和施工机械的数量作为编制施工预算的基础。例如，混凝土浇筑工程，应根据设计施工图，结合工程具体的施工条件，确定拌和、运输浇筑机械的数量，具体的施工方法和运输距离等。

（四）其他资料

其他资料包括建筑材料手册，人工、材料、机械台班费用标准，施工机械手册等。

三、施工预算的编制步骤和方法

（一）编制步骤

编制施工预算和编制施工图预算的步骤相似。首先应熟悉设计图纸及施工定额，对施工单位的人员、劳力、施工技术等有大致了解；对工程的现场情况、施工方法要比较清楚；对施工定额的内容、所包括的范围应了解。为了便于与施工图预算相比较，编制施工预算时，应尽可能与施工图预算的分部分项工程相对应。在计算工程量时所采用的计算单位要与定额的计量单位相适应。具备施工预算所需的资料，在熟悉了基础资料和施工定额的内容后，就可以按以下步骤编制施工预算。

1. 计算工程量

工程实物量的计算是编制施工预算的基本工作，要认真、细致、准确，不得错算、漏算和重算。凡是能够利用施工图预算的工程量，就不必再算，但工程项目、名称和单位一定要符合施工定额。工程量计算应仔细核查无误后，再根据施工定额的内容和要求，按工程项目的划分逐项汇总。

2. 按施工图纸内容进行分项工程计算

套用的施工定额必须与施工图纸的内容相一致。分项工程的名称、规格、计量单位必须与施工定额所列的内容相一致，逐项计算分部分项工程所需的人工、材料、机械台班使用量。

3. 工料分析和汇总

确定工程量后，按照工程的分项名称顺序，套用施工定额的单位人工、材料和机械台班消耗量，逐一计算出各个工程项目的人工、材料和机械台班的用工和用料量，最后将同类项目工料相加予以汇总，便成为一个完整的分部分项工料汇总表。

4. 编写编制说明

编制说明包括的内容：编制依据，如采用的图纸名称及编号，采用的施工定额，施工组织设计或施工方案；遗留项目或暂估项目的原因；存在的问题以及处理的办法等。

（二）编制方法

编制施工预算的方法有两种：一是实物法；二是实物金额法。

1. 实物法

实物法的应用比较普遍。它是根据施工图和说明书，按照劳动定额或施工定额规定计算工程量，汇总、分析人工和材料数量，向施工班组签发施工任务单和限额领料单。实行班组核算，与施工图预算的人工和主要材料进行对比，分析超支、节约原因，以加强企业管理。

2. 实物金额法

实物金额法是根据实物法编制施工预算的人工和材料数量分别乘以人工和材料单价，求得直接费，或根据施工定额规定计算工程量，套用施工定额单价计算直接费。其实物量用于向施工班组签发施工任务单和限额领料单，实行班组核算。直接费与施工图预算的直接费进行对比，以改进企业管理。

四、施工预算和施工图预算对比

施工预算和施工图预算对比是建筑企业加强经营管理的手段，通过对比分析，找出节约、超支的原因，研究解决措施，防止人工、材料和机械使用费的超支，避免发生计划成本亏损。

施工预算和施工图预算对比是将施工预算计算的工程量，套用施工定额中的人工定额、材料定额，分析出人工和主要材料数量，然后按施工图预算计算的工程量套用预算定额中的人工、材料定额，得出人工和主要材料数量，对两者人工和主要材料数量进行对比，对机械台班数量也应进行对比，这种对比称为实物对比法。

将施工预算的人工和主要材料、机械台班数量分别乘以单价，汇总成人工、材料、机械使用费，与施工图预算相应的人工、材料和机械使用费进行对比。这种对比法称为实物金额对比法。

由于施工图预算与施工预算的定额水平不一样，施工预算的人工、材料、机械使用量及其相应的费用一般应低于施工图预算。当出现相反情况时，要调查分析原因，必要时要改变施工方案。

任务五 竣工结算

工程竣工结算是指工程项目或单项工程竣工验收后，施工单位向建设单位结算工程价款的过程，通常通过编制竣工结算书来办理。而施工过程中的结算属于中间结算，这里不再赘述。

单位工程或工程项目竣工验收后，施工单位应及时整理交工技术资料，绘制主要工程竣工图，编制竣工结算书，经建设单位审查确认后，由建设银行办理工程价款拨付。因此，竣工结算是施工单位确定建筑安装工程施工产值和实物工程完成情况的依据，是建设单位落实投资额，拨付工程价款的依据，是施工单位确定工程的最终收入，进行经济考核及考核工程成本的依据。

一、竣工结算资料

（1）工程竣工报告及工程竣工验收单。

（2）施工单位与建设单位签订的工程合同或双方协议书。

(3) 施工图纸、设计变更通知书、现场变更签证及现场记录。

(4)《浙江省水利水电建筑工程预算定额》(2010 年)、材料价格、基础单价及其他费用标准。

(5) 施工图预算、施工预算。

(6) 其他有关资料。

二、竣工结算书的编制

竣工结算书的编制内容、项目划分与施工图预算基本相同。其编制步骤如下。

(1) 以单位工程为基础,根据现场施工情况,对施工图预算的主要内容逐项检查核对,尤其应注意以下三方面的核对:第一,施工图预算所列工程量与实际完成工程量不符合时应做调整。其中包括:设计修改和增漏项而需要增减的工程量,应根据设计修改通知单进行调整;现场工程的变更,例如基础开挖后遇到古墓,施工方法发生某些变更等应根据现场记录按合同规定调整;施工图预算发生的某些错误,应做调整。第二,材料预算价格与实际价格不符合时应做调整。其中包括:因材料供应或其他原因,发生材料短缺时,需以大代小,以优代劣,这部分代用材料应根据工程材料代用通知单计算材料价差进行调整;材料价格发生较大变动而与预算价格不符时,应根据当地规定,对允许调整的进行调整。第三,间接费和其他费用,应根据具体的相关规定,由承担责任的一方负担。

(2) 对单位工程增减预算查对核实后,按单位工程归口。

(3) 对各单位工程结算分别按单项工程进行汇总,编出单项工程综合结算书。

(4) 将各单项工程综合结算书汇编成整个建设项目的竣工结算书。

(5) 编写竣工结算说明,其中包括编制依据、编制范围及其他情况。

工程竣工结算书编写好后,送业主(或主管部门)、建设单位等审批,并与建设单位办理工程价款的结算。

任务六　项目竣工决算

一、竣工决算的概念

基本建设项目竣工财务决算报告(以下简称竣工决算)是反映建设项目实际工程造价的技术经济文件,应包括建设项目的投资使用情况和投资效果,以及项目从筹建到竣工验收的全部费用,即建筑工程费、安装工程费、设备费、临时工程费、独立费用、预备费、建设期融资利息和移民征地补偿费、水土保持费及环境保护费用。竣工决算是竣工验收报告的重要组成部分。竣工决算的主要作用包括总结竣工项目设计概算和实际造价的情况,考核投资效益,经审定的竣工决算是正确核定新增资产价值、资产移交和投资核销的依据。竣工决算的时间段是项目建设的全过程,包括从筹建到竣工验收的全部时间,其范围是整个建设项目,包括主体工程、附属工程以及建设项目前期费用和相关的全部费用。

竣工决算应由项目法人或项目责任单位编制，项目法人应组织财务、计划、统计、工程技术和合同管理等专业人员，组成专门机构共同完成此项工作。设计、监理、施工等单位应积极配合，向项目法人提供有关资料。项目法人一般应在项目完建后规定的期限内完成竣工决算的编制工作，大中型项目的规定期限为 3 个月，小型项目的规定期限为 1 个月。竣工决算是建设项目重要的经济档案，内容和数据必须真实、可靠，项目法人应对竣工决算的真实性、完整性负责。编制完成的竣工决算必须按国家发布的《会计档案管理办法》要求整理归档，永久保存。

竣工决算报告依据水利部颁发的《水利基本建设项目竣工财务决算编制规程》（SL 19—2014）执行，该规程要求所有水利基本建设竣工项目，不论投资来源、投资主体、规模大小，不论工程项目还是非工程项目，或利用外资的水利项目，只要列入国家基本建设投资计划都应按新规程编制竣工决算。

二、编制竣工决算的依据

（1）国家有关法律法规等有关规定。

（2）经批准的设计文件、项目概（预）算。

（3）年度投资和资金安排表。

（4）合同（协议）。

（5）会计核算及财务管理资料。

（6）其他资料。

三、竣工决算编制条件

（1）经批准的初步设计、项目任务书所确定的内容已完成。

（2）建设资金全部到位。

（3）竣工（完工）结算已完成。

（4）未完工程投资和预留费用不超过规定的比例。

（5）涉及法律诉讼、工程质量、征地及移民安置的事项已处理完毕。

（6）其他影响竣工财务决算编制的重大问题已解决。

四、竣工决算的编制内容

竣工决算应包括封面及目录、竣工项目的平面示意图及主体工程照片、竣工决算说明书及决算报表 4 部分。

（一）竣工决算说明书

竣工决算说明书是竣工决算的重要文件，它是以文字说明为主全面反映竣工项目建设过程、建设成果的书面文件，其主要内容如下。

（1）项目基本情况：项目建设理由，历史沿革，项目设计，建设过程，以及“四大制度”（项目法人责任制、招标投标制、建设监理制、合同管理制）的实施情况。

（2）财务管理情况。

（3）年度投资计划、预算（资金）下达及资金到位情况。

（4）概（预）算执行情况。

(5) 招(投)标、政府采购及合同(协议)执行情况。

(6) 征用补偿和移民安置情况。

(7) 重大设计变更及预备费动用情况。

(8) 未完工程投资及预留费用情况。

(9) 审计、稽查、财务检查等发现问题及整改落实情况。

(10) 其他需说明的问题。

(11) 报表编表说明。

(二) 竣工决算报表

1. 工程类竣工决算报表

工程类竣工决算报表应包括 8 个报表,具体内容如下。

(1) 水利基本建设基本情况表。反映竣工项目主要特性、建设过程和建设成果等基本情况。

(2) 水利基本建设项目财务决算表。反映竣工项目历年投资来源、基建支出、结余资金等情况。

(3) 水利基本建设项目投资分析表。以单项工程、单位工程和费用项目的实际支出与相应的概(预)算费用相比较,用来反映竣工项目建设投资状况。

(4) 水利基本建设项目未完工程投资及预留费用表。

(5) 水利基本建设项目成本表。反映竣工项目建设成本结构以及形成过程情况。

(6) 水利基本建设竣工项目待核销基建支出表。反映竣工项目发生的待核销基建支出的明细情况。

(7) 水利基本建设竣工项目交付使用资产表。反映竣工项目向不同资产接收单位交付使用资产情况,资产应包括固定资产(建筑物、房屋、设备及其他)、流动资产、无形资产及递延资产等。

(8) 水利基本建设竣工项目转出投资表。反映竣工项目发生的转出投资的明细情况。

2. 非工程类竣工决算报表

非工程类竣工决算报表应包括 5 个报表,具体内容如下。

(1) 水利基本建设基本情况表。

(2) 水利基本建设项目财务决算表。

(3) 水利基本建设项目支出表。

(4) 水利基本建设项目技术成果表。

(5) 水利基本建设竣工项目交付使用资产表。

3. 编制竣工决算表应注意的问题

(1) 不同类型的项目,其主要特征及效益指标应有不同的反映。项目法人应根据项目的不同特征,选择适宜的技术经济指标,以准确反映竣工项目概况。根据水利工程的不同类型,反映的主要特征如下。

① 水库类。水库类包括总库容、控制流域面积、坝型、坝体尺寸、溢洪道尺寸、闸门孔数、电站总装机容量、干渠总长度等。

② 河道治理类。河道治理类包括治理堤防长度、堤顶宽度、新建涵闸数量、护坡面

积、治理后的防洪能力、行洪能力等。

③ 行蓄洪区治理类。行蓄洪区治理类包括治理堤垸个数，堤防治理长度，新建涵闸、桥梁、排灌站数量，新建道路长度，新建避洪房屋面积，新建通信线路长度，治理后行蓄洪能力等。

④ 水电站类。水电站类包括水电站装机容量，年发电量，主厂房形式，主坝坝型，总库容，闸门形式，船闸形式及尺寸，发电机组，输变电线路长度等。

⑤ 其他。根据项目实际情况，选用适当的指标准确反映项目特征。

根据水利工程不同的类型，分别选用适当的指标反映项目效益。

① 水库类。水库类包括防洪控制面积，灌溉面积，控制水土流失面积，居民、工业年供水量。

② 河道治理类。河道治理类包括灌溉面积，保护面积，控制水土流失面积，保护耕地、增加耕地等。

③ 堤防治理类。堤防治理类包括保护耕地面积，保护人口，造地面积，治理后的防洪标准等。

④ 行蓄洪区治理类。行蓄洪区治理类保护耕地面积，保护人口，造地面积，治理后的行蓄标准等。

⑤ 水电站类。水电站类防洪能力，灌溉面积，年通航能力，居民及工业年供水能力，养鱼面积等。

⑥ 其他。根据项目的实际情况，选用适当的指标准确反映项目的效益。

(2) 新增资产价值的确定。

① 新增资产的分类。新增资产按资产的性质可分为固定资产、流动资产、无形资产、递延资产和其他资产 5 大类。

a. 固定资产。固定资产是指使用期限超过一年，单位价值在规定标准以上，并且在使用过程中保持原有物质形态的资产，包括房屋、建筑物、机电设备、运输设备、工具器具等。不同时具备以上两个条件的为低值易耗品，列入流动资产范围内，如企业自身使用的工具用具、家具等。

b. 流动资产。流动资产是指使用期限不超过一年或超过一年的一个营业周期内变现或者运用的资产，包括现金及各种存货，应收或预付款项等。

c. 无形资产。无形资产是指企业长期使用但没有实物形态的资产，包括专利权、著作权、非专利技术、商标等。

d. 递延资产。递延资产是指不能全部计入当年损益，应当在以后年度分期摊销的各项费用，包括开办费、延长固定资产使用寿命的改造翻修费用支出等。

e. 其他资产。其他资产是指具有专门用途但不参加生产经营的经国家批准的特种物质、银行冻结存款和冻结物质，涉及诉讼的财产等。

② 新增资产价值的确定。

a. 新增固定资产价值的确定。新增固定资产价值是指投资项目竣工投产后所增加的固定资产价值，即交付使用的固定资产价值，它是以价值形态表示的建设项目固定资产最终成果的指标，包括以下几项。

- 已投入生产或交付使用的建筑、安装工程造价。

● 达到固定资产标准的设备、工器具的购置费用。

● 增加固定资产价值的其他费用，包括移民及土地征用费、联合试运转费、勘测设计费、资源规划统筹费、报废工程损失费和建设单位管理费中达到固定资产标准的办公设备、生活家具、交通工具等的购置费。

新增固定资产价值的计算，应以单项工程为对象；单项工程建成经有关部门验收鉴定合格，正式移交使用，即应计算新增固定资产价值。一次性交付生产或使用的工程一次计算新增固定资产价值；分期分批交付生产或使用的工程，应分期分批计算新增固定资产价值。计算时应注意以下几点。

对于为了提高产品质量，改善劳动条件，节约材料消耗，保护环境而建设的附属辅助工程，只要全部建成，正式验收或交付使用后就计入新增固定资产价值。

对于单项工程中不构成生产系统，但能独立发挥效益的非生产性工程，如住宅、生活福利建筑等在建成并交付使用后，也应计算新增固定资产价值。

凡购置达到固定资产标准不需要安装的设备、工器具，均应在交付使用后计入新增固定资产价值。

其他投资，如与建设项目配套的专用铁路、专用公路、专用通信设施、专用码头、送变电站等，由本项目投资，其产权归属本项目所在单位的，应随同受益工程交付使用的同时，一并计入新增固定资产价值。

b. 流动资产价值的确定。

● 货币资金，即现金、银行存款和其他货币资金，一律按实际入账价值核定计入流动资产。

● 应收和预付款应按实际或合同金额入账核定。

● 各种存货是指建设项目在建设过程中耗用而储存的各种自制和外购的货物，包括各种装置性材料、低值易耗品和其他商品等。外购的按采购价加运杂费、保险费、采保费、加工整理费及税金等计价，自制的按制造中发生的各项实际支出计价。

c. 无形资产价值的确定。

● 无形资产计价原则。应按取得时的实际成本计价，具体计算应遵循以下原则。

Ⅰ 投资者以无形资产作为资本金或合作条件投入的，按照对其评估确认或合同协议约定的金额计价。

Ⅱ 企业购入的无形资产按照实际支付的价款计价。

Ⅲ 企业自制并依法申请取得的无形资产，按其开发过程中的实际支出计价。

Ⅳ 企业接受捐赠的无形资产，可以按照发票单所持金额或类似无形资产的市价计算。

● 无形资产价值的确定。

Ⅰ 专利权的计价。专利权分为自制和外购两种。自制专利权，其价值为开发过程中的实际支出计价。专利转让时(包括购入或卖出)，其价值主要包括转让价格和手续费用。由于专利是具有专有性并能带来超额利润的生产要素，因此其转让价格不能按其成本估价，而应依据所带来的超额收益来估价。

Ⅱ 非专利技术的计价。非专利技术是指具有某种专有技术或技术秘密、技术诀窍，是先进行的、未公开的、未申请专利的，可带来经济效益的专门知识和特有经验，如工业专有技术、商业(贸易)专有技术、管理专有技术等。

Ⅲ 商标权的计价。商标权是商标经注册后,商标所有者依法享有的权益,它受法律保障。分为自制和购入两种。企业购入或转让商标时,商标权的计价一般根据被许可方新增的收益来确定;自制的,尽管在商标设计、制作、注册和保护、广告宣传都要花费一定费用,一般不能按无形资产入账,而直接以销售费用计入当期损益。

Ⅳ 土地使用权的计价。取得土地使用权的方式有两种,则计价的方式也有两种:一是建设单位向土地管理部门申请,通过出让方式取得有限期的土地使用权而支付的出让金,应以无形资产计入核算;二是建设单位获得土地使用权原先是通过行政划拨的,就不能作为无形资产核算,只有在将土地使用权有偿转让、出租、抵押、作价入股和投资,按规定补交土地出让金后,才能作为无形资产计入核算。

无形资产入账后,应按其有限使用期内分摊。

d. 递延资产的确定。

• 开办费的计价。筹建期间建设单位管理费中未计入固定资产的其他各项费用,如建设单位经营费,包括筹建期间工作人员工资、办公费、旅差费、印刷费、生产职工培训费、注册登记费等以及不计入固定资产和无形资产购建成本的汇兑损益、利息支出。按新财务制度规定,除筹建期间不计入资产价值的汇兑净损失外,开办费从企业开始生产经营月份的次月起,按不短于5年的期限平均摊入管理费中。

• 以经营租赁方式租入的固定资产改良工程支出的计价。以经营租赁方式租入的固定资产改良工程支出是指能增加以经营租赁方式租入的固定资产的效用或延长其使用寿命的翻修、改建等支出,应在租赁有效期内分期摊入制造费用或管理费用中。

e. 其他资产计价。主要以实际入账价值核算。

③ 关于基建支出的计算。所谓基建支出,是指建设项目从开工起至竣工止发生的全部基建支出。包括形成资产价值的交付使用资产,即固定资产、流动资产、无形资产、递延资产支出,以及不形成资产价值按规定应核销的非经营性项目的待核销基建支出和转出投资。在填写基建支出时应注意以下几点。

a. 建筑安装工程支出、设备工器具、投资支出、待摊投资支出和其他投资支出构成建设项目建设成本。

b. 待核销基建支出是指非经营性项目发生的河道清障、航道清淤、水土保持、项目报废等不能形成资产部分的投资。但是,若形成资产部分的投资,应计入交付使用资产价值。

c. 非经营性项目转出投资支出是指非经营性项目为项目配套的专用设施投资,包括专用道路、专用通信设施、送变电站、地下管道等,其产权不属于本单位的投资支出。但是,若产权归属本单位的,则应计入交付使用的资产价值。

④ 扫尾工程。扫尾工程是指全部工程项目验收后还遗留的少量扫尾工程。所留投资额(实际成本)可根据具体情况加以说明,完工后不再编制竣工决算。

五、竣工决算的编制步骤

竣工决算的编制拟分3个阶段进行。

（一）准备阶段

建设项目完成后，项目法人必须着手工作，进入准备阶段。这一阶段的重点是做好各项基础工作，主要内容包括以下几点。

（1）资金、计划的核实、核对工作。

（2）财产物资、已完工程的清查工作。

（3）合同清理工作。

（4）价款结算、债权债务的清理、包干节余及竣工结余资金的分配等清理工作。

（5）竣工年财务决算的编制工作。

（6）有关资料的收集、整理工作。

（二）编制阶段

各项基础资料收集整理后，即进入编制阶段。这阶段的重点是3个方面：一是工程造价的比较分析；二是正确分摊待摊费用；三是合理分摊项目建设成本。

（1）工程造价的比较分析。

经批准的概、预算是考核实际建设工程造价的依据，在分析时，可将决算报表中所提供的实际数据和相关资料与批准的概预算指标进行对比，以反映竣工项目总造价和单位工程造价是节约还是超支，并找出节约或超支的具体内容和原因，总结经验，吸取教训，以利改进。

（2）正确分摊待摊费用。对能够确定由某项资产负担的待摊费用，直接计入该资产成本；不能确定负担对象的待摊费用，应根据项目特点采用合理的方法分摊计入受益的各项资产成本。目前常用的方法有两种。

① 按概算额的比例分摊。首先从概算中求出预定分配率，然后再求出某资产应分摊待摊费用。

$$N_1=\frac{A}{M}\times100\%$$

式中：N_1——预定分配率；

A——概算中各项待摊费用项目的合计数（扣除可直接计入资产成本部分）；

M——概算中建筑安装工程费+设备费+其他投资中应负担待摊费用的部分。

某资产应分摊待摊费用=该资产应负担待摊费用部分的实际价值$\times N_1$

② 按实际数的比例分摊。首先从实际数中求出实际分配率，然后再求出某资产应分摊待摊费用。

$$N_2=\frac{C}{B}\times100\%$$

式中：N_2——实际分配率；

C——上期结转和本期发生的待摊费用的合计数（扣除可直接计入部分）；

B——上期结转和本期发生的建筑安装工程费+设备费+其他投资中应负担待摊费用的部分。

某资产应分摊待摊费用=该资产应负担待摊费用部分的实际价值$\times N_2$

（3）合理分摊项目建设成本。

一般水利工程均同时具有防洪、发电、灌溉、供水等多种效益，因此，应根据项目实际,合理分摊建设成本,分摊的方法有3种。

① 采用受益项目效益比进行分摊。

② 采用占用水量进行分摊。

③ 采用剩余效益进行分摊。

(三) 总结汇编阶段

在说明书撰写及8种表格填写后,即可汇编,加上目标及附图,装订成册,即成为建设项目竣工决算,上报主管部门及验收委员会审批。

六、竣工决算的审计

依据国家审计法和相关规定,国家审计机关对建设项目竣工决算要进行审计。工程竣工决算审计内容主要有以下几方面。

(1) 审查决算编制工作是否符合国家有关规定,资料是否齐全,手续是否完备。

(2) 审查项目建设概算执行情况。工程建设是否严格按批准的概算内容执行,是否超概算,有无概算外项目和提高建设标准、扩大基建规模的问题,有无重大质量事故和经济损失。

(3) 审查交付使用财产是否真实、完整,是否符合交付条件,移交手续是否齐全、合规。核对在建工程投资完成额,有无挤占建设成本、提高造价、转换投资。查明未能全部建成、及时交付使用的原因。

(4) 审查尾工工程的未完工程量的真实性,有无虚列建设成本。

(5) 审查基建结余资金的真实性,有无隐瞒、转移、挪用、隐匿结余资金。

(6) 审查基建收入是否真实、完整,有无隐瞒、转移收入。

(7) 审查核实投资包干结余,是否按投资包干协议或合同有关规定计取、分配、上交投资包干结余。

(8) 审查竣工决算报表的真实性、完整性、合规性。

(9) 评价项目投资效益。

任务七　项目后评价

建设项目后评价是在项目已经建成,通过竣工验收,并经过一段时间的生产运行后进行,是对项目全过程进行总结和评价,为了保证后评价工作的"客观、公正、科学",选择项目后评价工作人员,应独立于该项目的决策者和前期咨询评估者。水利项目后评价依据《水利建设项目后评价报告编制规程》(SL 489—2010)编制。

微课
项目后评价

一、项目后评价的目的

水利建设项目后评价是水利工程基本建设程序中的一个重要阶段,是在水利建设项目竣工验收经过1~2年的运行后,对项目决策、实施过程和运行等各阶段工作及其变化的原因与影响,通过全面系统的调查和客观的对比分析、总结并进行的综合评价。其目的是通过工程项目的后评价,总结经验,吸取教训,不断提高项目决策、工程实施和运营管理水平，为合理利用资金、提高投资效益、改进管理、制定相关政策等提供科学依据。

二、项目后评价的内容

水利建设项目后评价的内容包括项目过程评价、经济评价、环境影响评价、水土保持评价、移民安置评价、社会影响评价、目标和可持续性评价等方面。其中项目过程评价包括前期工作评价、建设实施评价、运行管理评价。经济评价包括财务评价、国民经济评价。不同类型项目后评价的内容可以有所侧重。

（一）项目后评价的特殊要求

水利工程是国民经济的基础产业，对社会和环境的影响十分巨大，其内容也十分复杂，包含防洪、治涝、灌溉、发电、水土保持、航运等。水利工程的类型、功能、规模不同，后评价的目的和侧重点也就不同，因而比较复杂，与其他建设项目相比，它具有以下几个特殊要求。

（1）应进行投资分摊。由于水利工程建设目标及功能不同，财务收益和社会效益也就不一样。例如，防洪、治涝、水土保持、河道治理、堤防等工程属于社会公益性项目，其本身财务收益很少，甚至没有收入，但社会效益较大；有的水利项目，如水力发电和城镇供水，既有财务收益，又有社会效益；而有些水利项目是多目标综合利用水利枢纽，其各项功能所产生的财务收益和社会效益又各不相同。因此，在后评价时，首先需要进行投资分摊计算。

（2）要十分注意费用和效益对应期的选定。由于水利项目的使用期较长，一般为30～50年，而进行后评价时，工程的运行期往往还只有一二十年或者更短。因此，在进行后评价时，大都存在投资和效益的计算期不对应的问题，即效益的计算期偏短，后期效益尚未发挥出来，导致后评价的国民经济效益和财务评价效益都过分偏低的虚假现象。对此有两种解决办法：一种是把尚未发生年份的年效益、年运行费和年流动资金均按后评价开始年份的年值或按发展趋势延长至计算期末；另一种则是后评价开始年份列入回收的固定资产余值和回收的流动资金作为效益回收，这两种办法都可以采用，在后评价时应选定其中一种进行计算，以确保费用和效益相对应。

（3）对固定资产价值进行重估。由于水利工程建设工期较长，一般均要5～10年，甚至10年以上，目前已投入运行的水利工程都是十多年以前修建的，十多年间，由于物价变动，原来的投资或固定资产原值已不能反映其真实价值。因此，在后评价时应对其固定资产价值进行重新评估。

（4）正确选择基准年、基准点及价格水平年。由于资金的价值随时间而变，相同的资金，在不同的年份，其价值不相同，由于水利工程施工期较长，这个问题比其他建设项目更为突出。因此，在后评价中，需要选择一个标准年份，作为计算的基础，这个标准年份就叫做基准年。基准年可以选择在工程开工年份、工程竣工年份或者开始进行后评价的年份，为了避免所计算的现值太大，一般以选在工程开工年份为宜。由于基准年长达一年，因此，还有一个基准点问题，因为所有复利公式都是采用年初作为折算的基准点，因此，后评价时必须选择年初作为折算的基准点，不能选用年末或年中作为基准点，这在后评价时必须注意。

（二）项目后评价的内容及步骤

1. 概述

概述包括项目概况、后评估工作简述。项目概况应简述项目在地区国民经济和社会发展及流域、区域规划的地位和作用，说明项目建设目标、规模及主要技术经济指标等，简述项目建议书、可行性研究报告、初步设计、施工准备、建设实施、生产准备、竣工验收等各阶段的工作情况。后评价工作简述要求简述项目后评价的委托单位、承担单位、协作单位等；后评价的目的、原则、内容；主要工程过程。

2. 过程评价

过程评价应包括前期工作评价、建设实施评价、运行管理评价。

前期工作评价要分析项目建设的必要性和合理性，评价项目立项的正确性；要简述工程任务与规模、工程总体布置方案、主要建筑物结构、建设征地范围、投资等技术经济指标，评价前期工作质量，以及前期工作程序是否符合国家法律法规和技术标准。

建设实施评价包括施工准备评价、建设实施评价、生产准备评价、验收工作评价。主要分析评价建设实施过程中各阶段的工作情况。

运行管理评价包括评价工程运行管理体制的建立及运行情况、工程管理范围和保护范围、生产设施是否满足技术规定和工程安全运行的需要等。

3. 经济评价

财务评价：说明项目的财务盈利能力、清偿能力；提出财务不确定性分析成果；提出财务评价结论。财务评价应以《建设项目经济评价方法与参数》（第三版）和《水利建设项目经济评价规范》（SL 72—2013）为依据，对投资、年运行费和财务效益均采用历年实际收支数字列表计算，但应考虑物价指数进行调整，调整计算时，要注意采用与国民经济评价相同的价格水平年。

国民经济评价：说明国民经济评价指标的计算方法，计算国民经济评价指标；提出国民经济不确定性分析成果；提出国民经济评价结论。

固定资产价值重估：资产评估方法主要有收益现值法、重置成本法、现行市场法和清算价格法。

（1）收益现值法。收益现值法是将评估对象剩余寿命期间每年（或每月）的预期收益，用适当的折现率折现，累加得出评估基准日的现值，以此作为估算资产的价值。

（2）重置成本法。重置成本法是指现时条件下被评估资产全新状态的重置成本减去该资产的实体性贬值、功能性贬值和经济性贬值后，得出资产价值的方法。实体性贬值是由于使用磨损和自然损耗造成的贬值，可用折旧率方法进行计算。功能性贬值是指由于技术相对落后造成的贬值。经济性贬值是指由于外部经济环境变化引起的贬值。

（3）现行市价法。现行市价法是通过市场调查，选一个或几个与评估对象相同或类似的资产作为比较对象，分析比较对象的成交价格和交易条件，进行对比调整，估算出资产价值的方法。

（4）清算价格法。清算价格法适用于依照《中华人民共和国企业破产法》的规定，经人民法院宣告破产的企业的资产评估方法，评估时应当根据企业清算时期资产可变现的价值，评定重估价值。

上述各种方法中，以重置成本法比较适合水利工程固定资产价值重估。即按照竣工报告中的工程量（水泥、木材、钢材、石方等）和劳动工日，按照现行的价格进行调整计算，再加上淹没占地和移民搬迁费用。

淹没占地和移民搬迁费用也要采用重估数字，可根据现时价格和实际情况，并参考附近新修水利工程竣工费用进行估算。

在完成固定资产价值重估后，即可进行国民经济评价，其计算参数和计算方法应以《建设项目经济评价方法与参数》（第三版）和《水利建设项目经济评价规范》（SL 72—2013）为依据。对综合利用水利工程除计算工程总体的经济效果外，还应计算各组成部门的经济效果，因此，应该进行投资和年运行费分摊计算。在分摊前，应把重估投资和重估年运行费换算为影子投资和影子年运行费，效益也应按影子价格进行调整，并应注意所有费用和效益均应采用相同的价格水平年。

4. 环境影响评价

水利项目的环境评价应以《水利水电工程环境影响评价》（2006 年）为依据，并应按照工程项目的具体情况，有重点地确定评价范围和评价内容。对建有水库的水利工程，其环境影响评价范围一般包括库区、库区周围及水库影响下游河段，但以库区及库区周围为重点。对跨流域调水工程、分（滞）洪工程、排灌工程等，也应根据工程特性确定评价范围。

环境影响评价应采用有无项目对比法，并结合国家和地方颁发的有关环境质量标准进行评价。对主要不利影响，应提出改善措施。最后应对评价结果提出结论和建议。

5. 水土保持评价

水土保持评价应以《水利水电工程水土保持技术规范》（SL 575—2012）为依据，分析评价工程区自然条件及水土流失特征，水土保持执行情况，新增水土流失的重点部位和重点时段，水土保持措施实施情况及实施效果，水土保持检测方案，水土保持管理，水土保持效益等。

6. 移民安置评价

大型水库工程项目，往往有大量移民搬迁，大量的专用设施改建，遗留问题很多，是后评价工作的重点。移民安置评价应进行大量调研工作，包括移民区分布，移民数量，淹没及浸没耕地、林木、果园、牧场面积，城镇情况，交通、邮电、厂矿、水利工程设施，移民经费使用和补偿情况，移民安置区情况，移民生产、生活情况，移民生活水平前后对比，移民群众的意见和遗留问题等。特别要摸清生活水平下降、生活困难移民的具体情况，研究提出帮助这部分移民如何提高经济收入，早日脱贫走向小康生活的措施和建议。

移民安置不当、移民生活困难往往会引起社会动荡不安，会影响社会稳定的大局，因此对移民评价必须给予足够的重视。

7. 社会影响评价

社会评价包括社会经济、文教卫生、人民生活、就业效果、分配效果、群众参与和满意程度等内容。主要是调查研究项目对地区经济发展、提高人民生活水平、促进文教卫生事业发展、增加就业等方面的影响和群众满意程度以及项目带来的负效果等，并做出评价。在调研中要走群众路线，在广泛收集各种资料的基础上，充分听取各阶层各方面群众的意见。重点应复核本工程对社会环境、社会经济的影响以及社会相互适应性分析，从中发现问题，提出对策和结论性建议。

8. 目标和可持续性评价

目标评价：分析初步设计时拟定的近期和远期建设目标的实现程度和确定的正确程度。

可持续性评价：对项目能否持续运转和实现持续运转的方式提出评价。可持续性评价包括外部条件和内部条件两方面。外部条件指自然环境因素、社会经济发展、政策法规及宏观调控、资源调配、生态环境保护、水土流失控制、当地管理体制及部门协作等。内部条件指组织机构、技术水平、人员素质、内部管理制度、运行状况、财务运营能力、服务情况等。

9. 结论和建议

结论和建议部分用于概括项目在技术、经济、管理等方面的主要成功经验和存在的主要问题。

三、项目后评价的方法

水利项目后评价的方法很多，从使用方法的属性分，可分为定性方法和定量方法；从使用方法的内容分，可分为调查收资法、市场预测法和分析研究法，通称“三法”，这3种方法中，既含有定性方法，也含有定量方法。本节简要说明经常采用的调查收资法及分析研究法。

1. 调查收资法

调查收集资料是水利工程后评价过程中非常重要的环节，是决定后评价工作质量和成果可信度的关键，调查收集资料的方法很多，主要有利用现有资料法、参与观察法、专题调查会法、问卷调查法、访谈法、抽样调查法等。应视水利工程的具体情况、后评价的具体要求和资料收集的难易程度来选用适宜方法。在条件许可时，往往采用多种方法对同一调查内容相互验证，以提高调查成果的可信度和准确性。调查收集资料，重点是利用现有资料，这些资料包括以下几种。

（1）前期工作成果。前期工作成果包括规划、项目建议书、项目评估、立项批文、可行研究报告、初步设计、招标设计等资料。

（2）项目实施阶段工作成果。项目实施阶段工作成果包括施工图、开工报告、招投标文件、合同、监理报告、审计报告、竣工验收及竣工决算等。

（3）项目运行管理成果。项目运行成果包括历年运行管理情况、水库调度情况、财务收支情况，以及各种建筑物观测资料。

（4）工程项目有关的技术、经济、社会及环境方面的资料。

（5）工程所在地区社会发展及经济建设情况。

2. 分析研究法

水利工程后评价的基本原理是比较法，也称对比法。就是对工程投入运行后的实际效果与决策时期的目标和目的进行对比分析，从中找出差距，分析原因，提出改进措施和意见，进而总结经验教训，提高对项目前期工作的再认识。常用的后评价分析研究方法有定量分析法、定性分析法、逻辑框架法、有无工程对比分析法和综合评价法等。其中有无工程对比法和综合评价法最常用。

(1) 有无工程对比法。有无工程对比法是指有工程情况与无工程情况的对比分析,通过有无对比分析,可以确定工程引起的经济技术、社会及环境变化,即经济效益、社会效益和环境效益的总体情况,从而判断该工程的经济技术、社会、环境影响情况。后评价有无对比分析中的无工程情况,是指经过调查确定的基线情况,即工程开工时的社会、经济、环境状况。对于基线的有关经济、技术、人文方面的统计数据,可以依据工程开工年或前一年的历史统计资料,采用一般的科学预测方法,预测这些数据在整个计算期内可能的变化。有工程情况是指工程运行后实际产生的各种经济、技术、社会、环境变化情况,有工程情况减去无工程情况,即为工程引起的实际效益和影响。

(2) 综合评价法。对单项有关经济、社会、环境效益和影响进行定量与定性分析评价后,还需进行综合评价,求得工程的综合效益,从而确定工程的经济、技术、社会、环境总体效益的实现程度和对工程所在地的经济技术、社会及环境的影响程度,从而得出后评价结论。综合评价的方法很多,常用的有成功度评价和对比分析综合评价法。

所谓成功度评价,就是依靠后评价专家,综合后评价各项指标的评价结果,对项目的成功度做出定性的结论。项目成功度可分为完全成功、成功、部分成功、不成功、失败 5 个等级。所谓对比分析综合评价法,就是将后评价的各项定量与定性分析指标列入“水利工程后评价综合表”中,然后对表中所列指标逐一进行分析,阐明每项指标的分析评价结果及对工程的经济、技术、社会、环境效益的影响程度,排除那些影响小的指标,重点分析影响大的指标,最后分析归纳,找出影响工程总体效益的关键所在,提出工程后评价的结论。

项目后评价的内容广泛,是一门新兴的综合性学科,因此,其评价方法也是多种多样的,前面介绍的一些方法,可以结合项目的实际情况,分别采用。项目后评价十分强调科学性和合法性,项目的国民经济评价和财务评价方法应以《建设项目经济评价方法与参数》(第三版)和《水利建设项目经济评价规范》为依据,环境影响评价方法应遵循相应环境影响评价规范进行,工程评价、管理评价、勘测设计评价、移民评价、社会评价等也应参照相应的有关规程、规范进行。

思考与计算题

1. 投资估算与设计概算有什么区别?
2. 项目管理预算的项目划分有什么特点?
3. 施工图预算与施工预算的区别是什么?
4. 投资估算、设计概算、施工图预算、施工预算造价文件编制的方法和步骤主要有哪些?
5. 竣工结算的作用是什么?
6. 竣工结算的资料包括哪些?竣工结算书如何编制?
7. 竣工决算的主要内容有哪些?
8. 如何编制竣工决算?竣工决算报告有 9 个表格?
9. 项目后评价的主要内容有哪些?

项目八

水利工程工程量清单

学习要求

本项目主要学习水利工程工程量清单计价办法的内容、工程量清单编制和工程量清单计价办法。

学习目标

1. 了解水利工程工程量清单计价办法的内容。
2. 掌握水利工程工程量清单编制方法。
3. 掌握水利工程工程量清单计价方法。

技能目标

通过本项目的学习，了解水利工程工程量清单计价办法的内容，熟悉工程量清单编制和工程量清单计价原则和依据，掌握水利工程工程量清单编制和工程量清单计价办法。

微课

工程量清单计价规范

任务一　水利工程工程量清单计价办法概述

一、水利工程工程量清单计价办法的主要内容

本项目清单计价办法内容是指《浙江省水利工程工程量清单计价办法》(2012 年)的内容，计价办法是根据现行国家标准《水利工程工程量清单计价规范》(GB 50501—2007)制定。《浙江省水利工程工程量清单计价办法》(2012 年)共分 5 章和 2 个附录，

包括总则、术语、工程量清单编制、工程量清单计价、工程量清单及其计价格式、附录A水利建筑工程工程量清单项目及计算规则、附录B水利安装工程工程量清单项目及计算规则等内容。

二、水利工程工程量清单计价办法的总则

(1) 为规范浙江省水利工程工程量清单计价行为，统一水利工程工程量清单的编制和计价方法，按照国家标准《水利工程工程量清单计价规范》(GB 50501—2007)的原则，制定《浙江省水利工程工程量清单计价办法》(2012年)。

(2) 本计价办法适用于浙江省范围内的水利水电枢纽、引(调)水、供水、灌溉、河道整治围垦、堤防等新建、扩建、改建、加固工程的招标投标工程量清单和计价活动。

(3) 全部使用国有资金投资或国有资金为主的水利工程建设项目，必须采用工程量清单计价。

(4) 非国有资金投资的水利工程建设项目，可采用工程量清单计价。

(5) 水利工程工程量清单计价活动应遵循客观、公正、公平的原则。

(6) 水利工程工程量清单计价活动，除应遵循本计价办法外，还应符合国家有关法律、法规、规章及标准规范的规定。

(7) 本计价办法附录A、附录B应作为编制水利工程工程量清单的依据，与正文具有同等效力。

① 附录A为水利建筑工程工程量清单项目及计算规则，适用于水利建筑工程。

② 附录B为水利安装工程工程量清单项目及计算规则，适用于水利安装工程。

三、水利工程工程量清单计价办法的术语

(1) 工程量清单。表现招标工程的分类分项工程项目、措施项目、其他项目的名称和相应数量的明细清单。

(2) 项目编码。采用12位阿拉伯数字表示(由左到右计位)，1~9位为统一编码，其中1、2位为水利工程顺序码，3、4位为专业工程顺序码，5、6位为分类工程顺序码，7~9位为分项工程顺序码；10~12位为清单项目名称顺序码。

(3) 工程单价。完成工程量清单中一个质量合格的规定计量单位项目所需的直接费、间接费、利润、补差和税金，以及一定范围内的风险费用。

(4) 措施项目。招标人要求计列的，为辅助永久工程施工的必须修建的生产和生活用临时性工程。

(5) 其他项目。为完成工程项目施工，发生于该工程施工过程中招标人要求计列的费用项目。

(6) 零星工作项目(或称“计日工”，下同)。完成招标人提出的零星工作项目所需的人工、材料、机械单价。

(7) 预留金(或称“暂定金额”，下同)。招标人为暂定项目和可能发生的合同变更而预留的金额。

(8) 企业定额。施工企业根据本企业的施工技术、生产效率和管理水平制定的，供本企业使用的生产一个质量合格的规定计量单位项目所需的人工、材料和机械台班

消耗量标准。

(9) 招标控制价。招标控制价由招标人根据浙江省现行水利工程造价计价依据和办法，按招标文件的内容要求进行编制，是招标的水利工程限定的最高工程造价。

(10) 投标价。投标人投标时报出的工程造价。

任务二　水利工程工程量清单编制

一、工程量清单编制说明

(1) 工程量清单的编制主体。工程量清单应由具有编制招标文件能力的招标人，或受其委托具有相应资质的单位进行编制。

(2) 水工程量清单适用阶段——招投标阶段。采用工程量清单方式招标，工程量清单必须作为招标文件的组成部分，其准确性和完整性由招标人负责。

(3) 工程量清单作用。工程量清单是工程量清单计价的基础，应作为招标控制价、投标报价、计算工程量等的依据。

(4) 工程清单组成内容。工程量清单是由分类分项工程量清单、措施项目清单、其他项目清单和零星工作项目清单组成。

二、工程量清单编制的原则和依据

1. 工程清单编制的原则

(1) 遵循市场经济活动的基本原则，客观、公正、公平。

(2) 符合计价规范的原则。

(3) 工程量实物分项与描述准确的原则。

2. 工程量清单编制的依据

(1) 国家及浙江省水行政主管部门颁发的计价依据和办法。

(2) 工程设计文件。

(3) 与工程项目有关的标准、规范、技术资料。

(4) 招标文件及其补充通知、答疑纪要。

(5) 施工现场情况、工程特点及常规施工方案。

(6) 其他相关资料。

三、工程量清单的编制程序与步骤

微课
清单编制程序

(1) 收集并熟悉有关资料文件，分析图纸，确定清单分项。收集设计文件（含设计报告、设计图纸、设计概算书）、招标文件初稿及技术条款、本地区相关的计价条例及造价信息，了解工程项目现场施工条件及建设单位的指导性意见等，分析设计图纸，确定清单分项。

(2) 按分项及计算规则计算清单工程量，编制分类分项工程量清单、措施项目清单和其他项目清单。

根据设计文件及工程项目实际情况，依据计价规范、预算定额对原设计的工程量重新计算并认真核对、审核，避免错漏项、少算或多算工程量等现象发生。

四、分类分项工程量清单

（1）分类分项工程量清单包括序号、项目编码、项目名称、项目主要特征、计量单位、工程数量、主要技术条款编码和备注。

（2）根据《浙江省水利工程工程量清单计价办法》（2012 年）附录 A 和附录 B 规定的项目编码、项目名称、项目主要特征、计量单位、工程量计算规则、主要工作内容和一般适用范围进行编制。

（3）分类分项工程量清单编制时需满足以下要求。

① 通过序号正确反映招标项目的各层次项目划分。

② 通过项目编码严格约束各分类分项工程项目的主要特征、工作内容、适用范围和计量单位。

③ 通过工程量计算规则，明确招标项目计列的工程数量一律为有效工程量，施工过程中一切非有效工程量发生的费用，均应摊入有效工程量的工程单价中，防止和杜绝后期结算时由于工程量计量不规范而引发的合同变更和索赔纠纷。

④ 应列明完成该分类分项工程应执行的相应主要技术条款，以确保施工质量符合国家标准。

⑤ 除上述要求以外的一些特殊因素，可在备注栏中予以说明。

（4）项目编码。应采用 12 位阿拉伯数字表示（由左到右计位）。1 ~ 9 位为统一编码，其中 1、2 位为水利工程顺序码（50），3、4 位为专业工程顺序码（建筑工程为 01，安装工程为 02），5、6 位为分类工程顺序码（按工程分类进行编码，建筑工程分为 14 节 132 个子目，安装工程分为 4 节 58 个子目），7 ~ 9 位为分项工程顺序码；10 ~ 12 位为清单项目名称顺序码。1 ~ 9 位按《浙江省水利工程工程量清单计价办法》（2012 年）附录 A 和附录 B 的规定设置，不得变动；10 ~ 12 位根据招标工程的工程量清单项目名称由编制人设置，自 001 起顺序编码，同一招标工程的项目不得有重编码，见表 8-1、表 8-2。

表 8-1 建筑工程分类工程顺序码一览表

序号	分类项目名称	分类项目顺序码
1	土方开挖工程	01
2	石方开挖工程	02
3	土石方填筑工程	03
4	疏浚和吹填工程	04
5	砌筑工程	05
6	锚喷支护工程	06
7	钻孔和灌浆工程	07
8	基础防渗和地基加固工程	08
9	混凝土工程	09

续表

序号	分类项目名称	分类项目顺序码
10	钢板工程	10
11	钢筋、钢构件加固及安装工程	11
12	预制混凝土工程	12
13	原料开采及加工工程	13
14	其他建筑工程	14

表 8-2　安装工程分类工程顺序码一览表

序号	分类项目名称	分类项目顺序码
1	机电设备安装工程	01
2	金属结构设备及安装工程	02
3	安全监测设备采购及安装工程	03
4	其他设备安装工程	04

当缺某分类分项工程时，9 位编码数会间断不连续，当在不同部位有相同分类分项工程时，则会重复出现相同的前 9 位编码；同一分类分项工程为了区分不同的部位、质量、材料、规格等，划分出多个清单项目时，无论这些清单项目编排位置相隔多远，都要在相同的前 9 位编码之后，按清单项目出现的先后次序，自 001 起不间断、不重复、不颠倒地顺序编制 10～12 位自编码；不同分类工程中的不同分项工程子目应按照主次原则或实际需要，在工程量清单中以主要分类分项工程列项计价，次要分类分项工程的费用摊入主要分类分项工程有效工程量单价中。

(5) 项目名称。应以《浙江省水利工程工程量清单计价办法》(2012 年) 中附录 A 和附录 B 的项目名称并结合招标工程的实际情况确定。

(6) 计量单位。计量单位以《浙江省水利工程工程量清单计价办法》(2012 年) 中附录 A 和附录 B 中规定的单位确定。

(7) 工程数量。

① 工程数量应按附录 A 和附录 B 中规定的工程量计算规则和相关条款说明计算。

② 工程数量的有效位数应遵守下列规定。

a. 以“m”“m^2”“m^3”“kg”“个”“项”“根”“块”“台”“组”“面”“只”“孔”“束”“套”为单位的，一般应取整数。

b. 以“t”“km”为单位的，应保留小数点后三位数字。

(8) 主要技术条款编码。主要技术条款编码应按招标文件中相应技术条款的编码填写。

五、措施项目清单

措施项目清单为完成工程项目施工，发生于该工程施工前和施工过程中招标人不要求列示工程量的施工项目。

(1) 措施项目清单，应根据招标工程的具体情况，参照表 8-3 项目列项计算。

(2) 编制措施项目清单，出现表8-3中未列项目时，编制人可根据招标工程规模、涵盖的内容等具体情况进行补充。

(3) 措施项目中可以计算工程量的项目清单宜采用分类分项工程量清单的方式编制，不能计算工程量的项目清单，以“项”为计量单位。

表8-3 措施项目一览表

序号	项目名称
1	施工导流工程
2	施工交通工程
3	施工场外供电工程
4	施工房屋建筑工程
5	其他临时工程
…	…

六、其他项目清单

其他项目为完成工程施工，发生于该工程施工过程中招标人要求计列的费用项目。

(1) 其他项目清单，应根据拟建工程的具体情况，参照表8-4项目列项计算。

(2) 编制其他项目清单，出现表8-4中未列项目时，编制人可根据招标工程具体情况进行补充。

表8-4 其他项目一览表

序号	项目名称
1	安全施工费
2	保险费
3	预留金
…	…

七、零星工作项目清单

零星工作项目清单（或称“计日工”），为完成招标人提出的零星工作项目所需的人工、材料、机械单价。

零星工作项目清单编制人应根据招标工程具体情况，对工程实施过程中可能发生的变更或新增的零星项目，列出人工、材料（按名称和型号规格）、机械（按名称和型号规格）计量单位，并随工程量清单发至投标人，零星工作项目清单的单价由投标人填报。

任务三　水利工程工程量清单计价

一、工程量清单计价一般规定

(1) 实行工程量清单计价招标投标的水利工程，其招标控制价、投标报价的编制，合同价款的确定与调整，工程价款的结算，均应按本计价办法执行。

(2) 招标文件中的工程量清单标明的工程量是投标报价的共同基础，完工结算的工程量按合同约定应予计量的工程量确定。

(3) 工程量清单计价应包括按招标文件规定完成工程量清单所列项目的全部费用，包括分类分项工程费、措施项目费和其他项目费。

(4) 分类分项工程量清单计价应采用工程单价计价。

$$\text{分类分项工程费}=\sum(\text{清单工程量}\times\text{工程单价})$$

(5) 分类分项工程量清单的工程单价，应根据本计价办法规定的工程单价组成内容，按招标文件、图纸、附录 A 和附录 B 中的“主要工作内容”确定。除围垦工程土石方填筑的设计(永久)沉降量计入工程量外，其余工程的超挖、超填工程量，施工附加量，加工、运输损耗量等所消耗的人工、材料和机械费用，均应摊入相应有效工程量的工程单价之内。

(6) 措施项目清单的金额，应根据招标文件的要求及工程的施工方案，按措施项目清单中所列项目计量单位计价。可以计算工程量的措施项目，应按分类分项工程量清单的方式采用工程单价计价。

(7) 其他项目清单应按下列规定确定。

① 安全施工费应按相关规定计算，不得作为竞争性费用。

② 保险费按相关规定确定。

③ 预留金由招标人按估算金额确定

(8) 零星工作项目费应根据“零星工作项目清单”由投标人确定。

微课
招标控制价

二、招标控制价

(1) 全部使用国有资金投资或国有资金投资为主的水利工程建设项目应实行工程量清单招标，并应编制招标控制价。招标控制价超过批准的概算时，招标人应将其报原概算部门审核。投标人的投标报价高于招标控制价的，其投标应予以拒绝。

(2) 招标控制价应由具有编制能力的招标人，或受其委托具有相应资质的单位进行编制。

(3) 招标控制价应根据下列依据编制。

① 国家或浙江省水行政主管部门颁发的计价依据和办法。

② 工程设计文件及相关资料。

③ 招标文件中工程量清单及有关要求。

④ 与项目相关的标准、规范、技术资料。

⑤ 工程所在地的市场价格。

⑥ 施工现场情况、工程特点及常规施工方案。

⑦ 其他相关资料。

微课
投标报价

三、投标报价

(1) 投标报价由投标人自主确定，但不得低于成本。

(2) 投标人应按招标人提供的工程量清单填报价格。填写的项目编码、项目名称、项目特征、计量单位、工程量必须与招标人提供的一致。

(3) 按照招标文件的规定,根据招标项目涵盖的内容,投标人一般应编制以下基础单价,作为编制分类分项工程单价的依据。

① 人工预算单价。

② 主要材料预算价格。

③ 电、风、水预算价格。

④ 砂石料单价。

⑤ 块石、料石单价。

⑥ 混凝土配合比材料费。

⑦ 施工机械台班费。

(4) 投标价应根据招标文件中工程量清单和有关要求、施工现场情况以及拟定的施工方案,依据企业定额或其他定额,按市场价格进行编制。

(5) 工程量清单的合同结算工程量,除另有约定外,应按本计价办法及合同文件约定的有效工程量进行计算,合同履行过程中需要变更工程单价时,按本计价办法和合同约定的变更处理程序办理。

四、工程量清单格式

(1) 工程量清单应采用统一格式。

(2) 工程量清单格式应由以下 11 项内容组成。

① 封面。

② 填表须知。

③ 总说明。

④ 工程量清单汇总表。

⑤ 建筑工程分类分项工程量清单。

⑥ 机电设备及安装工程分类分项工程量清单。

⑦ 金属结构设备及安装工程分类分项工程量清单。

⑧ 措施项目清单。

⑨ 其他项目清单。

⑩ 零星工作项目清单。

⑪ 其他辅助表格:a. 招标人供应材料价格表;b. 招标人提供施工设施表。

(3) 工程量清单格式的填写应符合下列规定。

① 工程量清单应由招标人编制。

② 填表须知除本计价办法内容,招标人可根据具体情况进行补充。

③ 总说明填写:a. 招标工程概况;b. 工程招标范围;c. 招标人供应的材料、施工设施简要说明;d. 工程量清单计价说明,招标人可根据具体情况进行补充和修改;e. 其他需要说明。

(4) 分类分项工程量清单填写。

项目编码,按本计价办法规定填写。本计价办法附录 A 和附录 B 中项目编码以×××表示十至十二位由编制人自 001 起顺序编码。

项目名称，根据招标项目规模和范围、附录 A 和附录 B 的项目名称，参照行业有关规定，并结合工程实际情况设置。

项目主要特征，根据附录 A 和附录 B 的项目主要特征，并结合工程实际情况设置。

计量单位的选用和工程量的计算应符合本计价办法附录 A 和附录 B 的规定。

主要技术条款编码，按招标文件中相应技术条款的编码填写。

分类分项工程量清单填写时，项目划分的依据是《浙江省水利水电工程设计概(预)算编制规定》(2018 年)中的项目划分表。

(5) 措施项目清单填写。按招标文件确定的措施项目名称填写。凡能列出工程数量并按单价结算的措施项目，均应按分类分项工程量清单方法计列；其余项目以每一项措施项目为单位，按项计列。

(6) 其他项目清单填写。按招标文件确定的其他项目名称、金额填写。

(7) 零星工作项目清单填写。

① 名称及规格型号，人工按工日、材料按名称和规格型号、机械按名称和规格型号分别填写。

② 计量单位，人工以工日，材料以 t、m^3 等，机械以台(艘)班，分别填写。

(8) 招标人供应材料价格表填写。以表中材料名称、型号规格、计量单位和供应价填写，并在供应条件和备注栏内说明材料供应的边界条件。

(9) 招标人提供施工设施表填写。按表中项目名称、计量单位和数量填写，并在备注栏内说明对投标人使用施工设施的要求。

五、工程量清单计价格式

(1) 工程量清单计价应采用统一格式，填写工程量清单报价表。

(2) 工程量清单计价格式由下列内容组成。

① 封面。

② 投标总价。

③ 工程量清单计价汇总表。

④ 建筑工程分类分项工程量清单计价表。

⑤ 机电设备及安装工程分类分项工程量清单计价表。

⑥ 金属结构设备及安装工程分类分项工程量清单计价表。

⑦ 措施项目清单计价表。

⑧ 其他项目清单计价表。

⑨ 零星工作项目计价表。

⑩ 工程量清单单价组合表。

⑪ 电、风、水、砂石基础单价汇总表。

⑫ 混凝土、砂浆配合比材料费表。

⑬ 招标人供应材料价格汇总表。

⑭ 主要材料预算价格汇总表。

⑮ 施工机械台班费汇总表。

⑯ 总价项目分类分项工程分解表。

⑰ 建筑安装工程单价计算表。

⑱ 电、风、水、砂石单价计算表。

(3) 工程量清单计价格式的填写应符合下列规定。

① 工程量清单计价内容应由投标人填写。

② 投标人不得随意增加、删除或涂改招标人提供的工程量清单的内容。

③ 工程量清单计价格式所有要求盖章、签字的地方,必须由规定的单位和人员盖章、签字。

④ 投标总价应按工程量清单计价汇总表合计金额填写。

⑤ 工程量清单计价汇总表填写。表中项目名称按招标人提供的招标项目工程量清单汇总表中的相应名称填写,并按相应项目合计金额填写。

⑥ 分类分项工程量清单计价表填写。a. 表中的序号、项目编码、项目名称、项目主要特征、计量单位、工程数量、主要技术条款编码,按招标人提供的分类分项工程量清单中的相应内容填写。b. 表中列明的所有需要填写的单价和合价,投标人均应填写;未填写的单价和合价,视为此项费用已包含在工程量清单的其他单价和合价中。

⑦ 措施项目清单计价表填写。表中的序号、项目名称按招标人提供的措施项目清单中相应内容填写,并填写相应措施项目的金额和合计金额。

⑧ 其他项目清单计价表填写。表中的序号、项目名称按招标人提供的其他项目清单中相应内容填写。

⑨ 零星工作项目清单计价表填写。表中的序号、人工、材料、机械的名称、型号规格及计量单位,按招标人提供的零星工作项目清单中相应内容填写,并填写相应项目单价。

⑩ 辅助表格填写。a. 工程量清单单价组合表,根据工程单价组合内容,按相应的单价序号、名称、单位、单价填写;b. 电、风、水、砂石基础单价汇总表,按基础单价分析计算成果的相应内容、价格填写。自行开采砂石料单价应附相应的分析计算书;c. 混凝土(砂浆)配合比材料费表,按表中混凝土和水泥强度等级、级配、水灰比、相应材料用量、单价和补差填写;d. 招标人供应材料价格汇总表,按招标人供应的材料名称、型号规格、计量单位和供应价填写,并填写经分析计算后的相应材料预算价格;e. 主要材料预算价格汇总表,按表中的序号、材料名称、型号规格、计量单位和预算价和补差填写,并填写经分析计算后的相应材料预算价格;f. 施工机械台班费汇总表,按表中的序号、机械名称、型号规格、一类费用和二类费用、合计、补差填写;g. 建筑安装工程单价计算表,按表中的施工方法、序号、名称、计量单位、数量、单价、合价填写,填写的人工、材料和机械等基础价格,必须与基础单价汇总表、主要材料预算价格汇总表、混凝土(砂浆)配合比材料费表及施工机械台班费汇总表中的单价和补差相一致。凡投标金额小于投标总报价 0.05% 及以下的工程项目,投标人可不编报工程单价计算表;h. 电、风、水、砂石单价计算按照施工组织设计确定的施工方案、供应方式、相应价格,采用计算书的形式表述。

(4) 总价项目一般不再分设分类分项工程项目,若招标人要求投标人填写总价项目分类分项工程分解表,其表式同分类分项工程量清单计价表。

(5) 工程量清单计价格式应随招标文件发至投标人。

六、案例分析

【例 8-1】 某河道工程需填筑 3 万 m^3 的碎石（三类工程）。施工组织方案：采用 1.5 m^3 装载机配 74 kW 推土机，铺设厚度为 1 m。

问题：试编制该碎石垫层的工程量清单。

解题思路：查《浙江省水利工程工程量清单计价办法》（2012 年），确定碎石垫层属于附录 A 建筑工程中的第 3 分类项目，土石方填筑工程，1～9 项对应的项目编码为 500103016，后三位由编制人确定为 001，将对应内容填入表 8-5。

表 8-5　分类分项工程量清单

序号	项目编码	项目名称	项目特征	计量单位	工程数量
1	500103016001	碎石垫层	1.5 m^3 装载机配 74 kW 推土机，厚度 1 m	m^3	30 000

思考与计算题

一、思考题

1. 水利工程工程量清单计价办法应遵守哪些原则？
2. 分类分项工程量清单的组成内容？
3. 措施项目清单包括哪些内容？
4. 如何确定分类分项工程量清单的项目名称？

二、计算题

某大坝基础处理需固结灌浆 150 m。施工方案：采用 80 型潜孔钻钻孔（岩石级别Ⅸ），自下而上，单孔灌浆，吸水率为 5 Lu。试编制该大坝基础固结灌浆的工程量清单，填表 8-6 中。

表 8-6　分类分项工程量清单

序号	项目编码	项目名称	项目特征	计量单位	工程数量

项目九

水利水电工程招标与投标

学习要求

熟悉水利水电工程招标程序；掌握水利水电工程施工投标文件的内容。

学习目标

1. 了解工程招标的作用；熟悉工程招标的程序。
2. 掌握水利水电工程投标文件的内容，能根据工程情况应用投标技巧。

技能目标

知道水利水电工程招标程序；能根据工程情况进行水利水电工程施工投标的决策。

任务一 概 述

一、工程建设项目招标投标的基本概念

工程建设招标投标是目前国内外广泛采用的，比较成熟的而且科学合理的工程承发包方式。工程招标是建设单位对拟建的建设工程项目通过法定的程序和方法吸引承包单位进行公平竞争，并从中选择条件优越者来完成建设工程任务的行为。工程投标是指投标人根据招标人的招标条件，在规定的期限内，递交投标文件的形式争取承包工程项目的过程。

为了加强对工程招标投标的管理，1999 年 8 月 30 日第九届全国人民代表大会常

务委员会第十一次审议通过了《中华人民共和国招标投标法》(以下简称《招标投标法》),2000 年 1 月 1 日正式施行。2017 年 12 月 27 日第十二届全国人民代表大会常务委员会第三十一次会议通过了《关于修改〈中华人民共和国招标投标法〉、〈中华人民共和国计量法〉的决定》修正。2011 年 11 月 30 日国务院第 183 次常务会议通过《中华人民共和国招标投标法实施条例》,自 2012 年 2 月 1 日起施行,2019 年 3 月 2 日根据《国务院关于修改部分行政法规的决定》进行第三次修订。2001 年 10 月 29 日水利部令第 14 号令发布《水利工程建设项目招标投标管理规定》,自 2002 年 1 月 1 日起施行。

水利工程建设项目的勘察设计、施工、监理、重要设备及材料采购等招标投标行为,必须符合《招标投标法》《中华人民共和国招标投标法实施条例》《水利工程建设项目招标投标管理规定》等法律法规。

《水利工程建设项目招标投标管理规定》规定符合下列具体范围并达到规模标准之一的水利工程建设项目必须进行招标。

(一) 具体范围

(1) 关系社会公共利益、公共安全的防洪、排涝、灌溉、水力发电、引(供)水、滩涂治理、水土保持、水资源保护等水利工程建设项目。

(2) 使用国有资金投资或者国家融资的水利工程建设项目。

(3) 使用国际组织或者外国政府贷款、援助资金的水利工程建设项目。

(二) 规模标准

(1) 施工单项合同估算价在 400 万元人民币以上的。

(2) 重要设备、材料等货物的采购,单项合同估算价在 200 万元人民币以上的。

(3) 勘察设计、监理等服务的采购,单项合同估算价在 100 万元人民币以上的。

同一项目中可以合并进行的勘察、设计、施工、监理以及与工程建设有关的重要设备、材料等的采购,合同估算价合计达到前款规定标准的,必须招标。

招标投标活动应当遵循公开、公平、公正和诚实信用的原则。

二、招标方式

根据《招标投标法》规定,招标分为公开招标和邀请招标。

(一) 公开招标

公开招标是指招标人以招标公告的方式邀请不特定的法人或者其他组织投标。依法必须进行招标的项目的招标公告,应当通过国家指定的报刊、信息网络或者其他媒介发布。招标公告应当载明招标人的名称和地址、招标项目的性质、数量、实施地点和时间以及获取招标文件的办法等事项。

国有资金占控股或者主导地位的依法必须进行招标的项目,应当公开招标。

(二) 邀请招标

邀请招标是指招标人以投标邀请书的方式邀请特定的法人或者其他组织投标。非国有资金(含民营、私营、外商投资)投资或非国有资金投资占控股或占主导地位且关系社会公共利益、公众安全的建设项目可以邀请招标,但招标人要求公开招标的可以公开招标。国有资金占控股或者主导地位的依法必须进行招标的项目在以下情况可以邀请招标。

(1) 技术复杂、有特殊要求或者受自然环境限制,只有少量潜在投标人可供选择。

(2) 采用公开招标方式的费用占项目合同金额的比例过大。

三、工程项目建设招标的种类

工程项目建设招标分为全过程招标、勘察设计招标、工程施工招标等几种类型。

(一) 全过程招标

建设项目全过程招标贯穿工程建设的全过程,从项目建议书开始,包括可行性研究报告、勘察设计、设备材料询价与采购、工程施工、生产准备、投料试车,直到竣工投产、交付使用全面实行招标。

(二) 勘察设计招标

建设工程勘察设计招标是指招标人通过招标的方式选择工程项目勘察设计工作的承包商。

(三) 工程施工招标

建设工程施工招标,是指招标人以招标的方式选择项目施工承包商。工程施工招标,可将整个工程作为一个整体一次发包,或把工程分解成若干单项工程、单位工程或特殊工程进行发包。

(四) 材料、设备采购招标

材料、设备采购招标是招标人就拟购买的材料设备以招标的方式从中选择条件优越者购买其材料设备的法律行为。

(五) 监理招标

监理招标是招标人以招标的方式择优选择工程监理单位的法律行为。

四、招标的组织形式

招标分为招标人自行组织招标和招标人委托招标代理机构代理招标两种组织形式。

(一) 自行招标

具有编制招标文件和组织评标能力的招标人,自行办理招标事宜,组织招标投标活动。

(二) 委托招标

招标人自行选择具有相应资质的招标代理机构,委托其办理招标事宜,开展招标投标活动;不具有编制招标文件和组织评标能力的招标人,必须委托具有相应资质的招标代理机构办理招标事宜。

任务二 水利水电工程施工招标

一、工程项目施工招标的条件

(1) 初步设计已经批准。

(2) 建设资金来源已落实,年度投资计划已经安排。

（3）监理单位已确定。

（4）具有能满足招标要求的设计文件，已与设计单位签订适应施工进度要求的图纸交付合同或协议。

（5）有关建设项目永久征地、临时征地和移民搬迁的实施、安置工作已经落实或已有明确安排。

二、工程施工招标的程序

（一）招标工作程序（图 9-1）

（1）招标前，按项目管理权限向水行政主管部门提交招标报告备案。报告具体内容应当包括招标已具备的条件、招标方式、分标方案、招标计划安排、投标人资质（资格）条件、评标方法、评标委员会组建方案以及开标、评标的工作具体安排等。

（2）编制招标文件。

（3）发布招标信息（招标公告或投标邀请书）。公开招标应当在国家发展和改革委员会指定的媒介如《中国日报》《中国经济导报》《中国建设报》、中国采购与招标网之一发布招标公告，其中大型水利工程以及国家重点项目、中央项目、地方重点项目应在《中国水利报》上发表招标公告。招标公告发布至发售资格预审文件（招标文件）一般不少于 10 日。

（4）发售资格预审文件。招标人可以对已发出的资格预审文件进行必要的澄清或者修改。澄清或者修改的内容可能影响资格预审申请文件或者投标文件编制的，招标人应当在提交资格预审申请文件截止时间至少 3 日前，潜在投标人或者其他利害关系人对资格预审文件有异议的，应当在提交资格预审申请文件截止时间 2 日前提出。

（5）按规定日期接受潜在投标人编制的资格预审文件。

（6）组织对潜在投标人资格预审文件进行审核。

（7）向资格预审合格的潜在投标人发售招标文件。

（8）组织购买招标文件的潜在投标人现场踏勘。

（9）招标人可以对已发出的招标文件进行必要的澄清或者修改。招标人应当投标截止时间至少 15 日前，以书面形式通知所有获取资格预审文件或者招标文件的潜在投标人；不足 15 日的，招标人应当顺延投标文件的截止时间。对招标文件有异议的，应当在投标截止时间 10 日前提出。招标人应当自收到异议之日起 3 日内做出答复；做出答复前，应当暂停招标投标活动。

（10）组织成立评标委员会，并在中标结果确定前保密。

（11）在规定时间和地点，接受符合招标文件要求的投标文件。

（12）组织开标评标会。

（13）在评标委员会推荐的中标候选人中，确定中标人。

（14）向水行政主管部门提交招标投标情况的书面总结报告。

（15）发中标通知书，并将中标结果通知所有投标人。

（16）进行合同谈判，并与中标人订立书面合同。

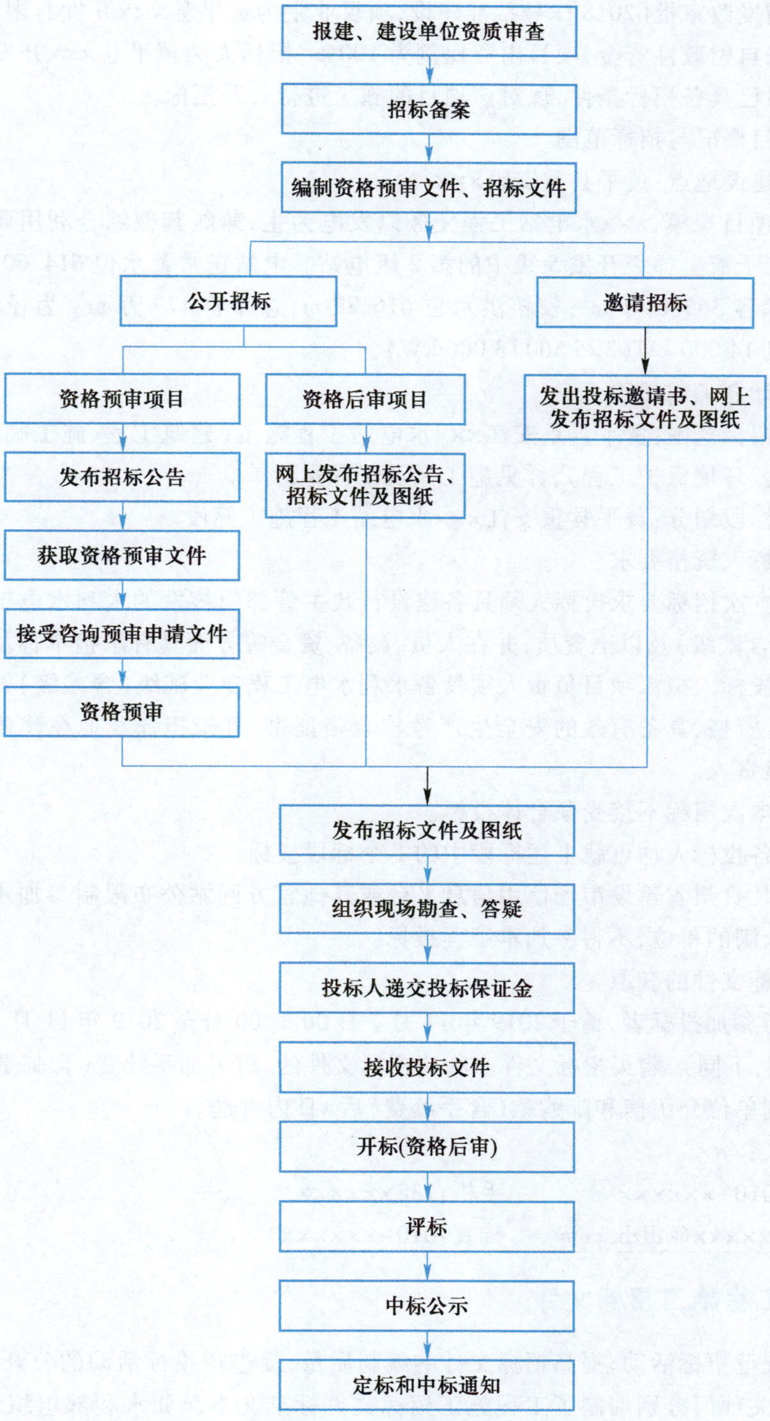

图 9-1　招标的流程

（二）招标公告的实例

黄平县重安江××水电站工程施工招标公告

1　招标条件

本招标项目黄平县重安江××水电站工程施工标段已由黔东南州发展和改革委员

会以黔东南发改审批[2018]×号批准建设，项目业主为黄平县×××开发有限责任公司，建设资金来自财政性资金，项目出资比例为100%，招标人为黄平县×××开发有限责任公司。项目已具备招标条件，现对该项目的施工进行公开招标。

2 项目概况与招标范围

2.1 建设地点：黄平县重安镇×××

2.2 项目规模：×××水电站工程任务以发电为主，兼顾其他综合利用要求。该电站为重安江干流上梯级开发5级中的第2级电站。电站正常蓄水位614.60 m，正常蓄水位以下库容365.0万m^3；校核洪水位616.77 m，总库容479万m^3，为径流式电站。电站总装机14 000 kW(2×5 500+3 000 kW)。

2.3 计划工期：960天。

2.4 招标范围：黄平县重安江×××水电站工程施工（建筑工程、施工临时工程、水土保持工程、环境保护工程），详见施工图及工程量清单。

2.5 标段划分：黄平县重安江×××水电站工程施工标段。

3 投标人资格要求

3.1 本次招标要求投标人须具备建设行政主管部门核发的水利水电工程施工总承包贰级（含贰级）及以上资质，并在人员、设备、资金等方面具有承担本标段施工的能力。其中，投标人拟派项目负责人须具备水利水电工程专业贰级（含贰级）及以上注册建造师执业资格，具备有效的安全生产考核合格证书，且未担任其他在建建设工程项目的项目负责人。

3.2 本次招标不接受联合体投标。

3.3 各投标人均可就上述标段中的1个标段投标。

3.4 凡贵州省建设市场信用信息平台或其他官方网站公布限制参加水利工程投标且期限未满的单位，不得参加本工程投标。

4 招标文件的获取

凡有意参加投标者，请于2019年11月7日00时00分至2019年11月12日00时00分（北京，下同），购买招标文件。邮购招标文件的，需另加手续费（含邮费）×元。招标人在收到单位介绍信和邮购款（含手续费）后×日内寄送。

联系人：×××

电话：010-××××××　　　　手机：138××××××

邮箱：×××××@dlzb.com　　　　传真：010-××××××

三、工程施工招标文件

为了规范招标活动，提高招标文件的编制质量，促进招投标活动的公开、公平和公正，国家有关部门分别编制了工程施工招标文件标准文本。如水利部组织编制了《水利水电工程标准施工招标资格预审文件》(2009年)和《水利水电工程标准施工招标文件》(2009年)及《水利水电工程标准施工招标文件补充文本》(2015年)。

1. 招标公告及投标邀请函

(1) 招标公告相关内容详见本章招标公告的实例。

(2) 投标邀请函分已进行资格预审和未进行资格预审两种格式。

2. 投标人须知

投标人须知是对投标人投标时注意事项的书面阐述和告知。投标人须知包括两个部分:第一部分是投标须知前附表,第二部分是投标须知正文,主要内容包括对总则、招标文件、投标文件、开标、评标、授予合同等方面的说明和要求。

3. 评标办法

评标办法分为经评审最低投标价法和综合评标法。

4. 合同条款及格式

合同条款分为通用合同条款和专用合同条款两部分。合同条款是招标人与中标人签订合同的基础。一方面要求投标人充分了解合同义务和应该承担的风险,以便在编制投标文件时加以考虑,另一方面允许投标人在投标文件中以及合同谈判时提出不同意见。合同格式包括合同协议书格式、履约担保格式、预付款担保格式。

5. 合同附件格式

合同附件包括合同协议书、履约担保、预付款担保函。

6. 工程量清单

工程量清单根据招标文件中包括的、有合同约束力的图纸以及有关工程量清单的国家标准、行业标准、合同条款中约定的工程量计算规则编制,是投标人投标报价的共同基础。它由封面、总说明、分部分项工程量清单、措施项目清单、其他项目清单、规费及税金项目清单组成。

7. 图纸

图纸是招标文件的重要组成部分,是投标人在拟定施工方案、确定施工方法、提出替代方案、确定工程量清单和计算投标报价不可缺少的资料。施工图纸由招标人委托建筑设计院进行设计,并负责设计文件的交底。

8. 技术标准和要求

技术标准和要求是制定施工技术措施的依据,也是检验工程质量的标准和进行工程管理的依据,招标人应根据建设工程的特点,自行决定具体的编写内容和格式。

9. 投标文件格式

投标文件包括投标函部分、授权委托书、投标保证金、已标价工程量清单、技术部分、资格审查资料等。

任务三　水利水电工程施工投标

工程施工投标是指投标人(或承包人)根据所掌握的信息按照招标人的要求,参与投标竞争,以获得建设工程承包权的经济活动。工程施工投标是建筑施工企业参与建筑市场竞争,凭借本企业技术、经验、信誉及投标策略获得工程项目施工任务的过程。

一、工程施工投标程序

工程项目施工投标一般要经过图 9-2 所示的几个步骤。

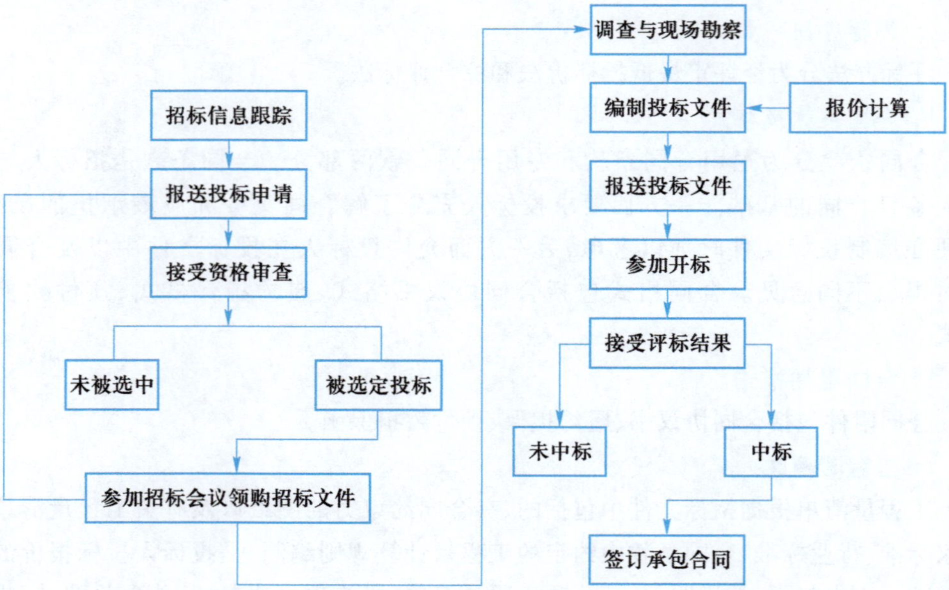

图 9-2 工程施工投标程序

二、工程施工投标文件

投标文件由投标函部分、商务部分、技术部分和资信部分 4 个部分组成。

(一) 投标函部分

投标函部分包括投标函及投标函附录、法定代表人身份证明、授权委托书、联合体协议书、投标保证金(可以是现金)、银行保函或保险公司保函等、招标文件要求投标人提交的其他投标资料。

投 标 函

__________(招标人名称):

1. 我方已仔细研究了______________(项目名称)______________标段施工招标文件的全部内容,愿意以人民币(大写)__________元(¥__________)的投标总报价,工期______日历天,按合同约定实施和完成承包工程,修补工程中的任何缺陷,工程质量达到__________。

2. 我方承诺在投标有效期内不修改、撤销投标文件。

3. 随同本投标函提交投标保证金一份,金额为人民币(大写)______________元(¥__________)。

4. 如我方中标:

(1) 我方承诺在收到中标通知书后,在中标通知书规定的期限内与你方签订合同。

(2) 随同本投标函递交的投标函附录属于合同文件的组成部分。

(3) 我方承诺按照招标文件规定向你方递交履约担保。

(4) 我方承诺在合同约定的期限内完成并移交全部合同工程。

5. 我方在此声明，所递交的投标文件及有关资料内容完整、真实和准确，且不存在第二章“投标人须知”第 1.4.3 项规定的任何一种情形。

6. ________________（其他补充说明）。

投标人：________________（盖单位章）
法定代表人或其委托代理人：__________（签字）
地址：
网址：
电话：
传真：
邮政编码：
________年________月________日

投标函附录

序号	项目内容	合同条款号	约定内容	备注
1	履约保证金 银行保函 履约担保书金额		合同价款的(　　)% 合同价款的(　　)%	
2	施工准备时间		签订合同后的(　　)天	
3	误期违约金额		(　　)元/天	
4	误期赔偿费限额		合同价款的(　　)%	
5	提前工期奖		(　　)元/天	
6	施工总工期		(　　)日历天	
7	质量标准			
8	工期质量		(　　)元	
9	预付款金额		合同价款的(　　)%	
10	预付款保函金额		合同价款的(　　)%	
11	进度款付款时间		签发月付款凭证后(　　)天	
12	竣工结算款付款时间		签发竣工结算付款凭证后(　　)天	
13	保修期		依据保修书约定的期限	

法定代表人身份证明

投标人名称：

单位性质：

地址：

成立时间：________年________月________日

经营期限：

姓名：______ 性别：______年龄：______职务：

系____________________（投标人名称）的法定代表人。

特此证明。

投标人：____________________（盖单位章）

________年________月________日

授权委托书

本人________（姓名）系________（投标人名称）的法定代表人，现委托________（姓名）为我方代理人。代理人根据授权，以我方名义签署、澄清、说明、补正、递交、撤回、修改________（项目名称）________标段施工投标文件、签订合同和处理有关事宜，其法律后果由我方承担。

委托期限：

代理人无转委托权。

附：法定代表人身份证明

投标人：____________________（盖单位章）

法定代表人：____________________（签字）

身份证号码：

委托代理人：____________________（签字）

身份证号码：

________年________月________日

联合体协议书

__________（所有成员单位名称）自愿组成________（联合体名称）联合体，共同参加__________（项目名称）________标段施工投标。现就联合体投标事宜订立如下协议。

1. ________（某成员单位名称）为________（联合体名称）牵头人。

2. 联合体牵头人合法代表联合体各成员负责本招标项目投标文件编制和合同谈判活动，并代表联合体提交和接收相关的资料、信息及指示，并处理与之有关的一切事务，负责合同实施阶段的主办、组织和协调工作。

3. 联合体将严格按照招标文件的各项要求，递交投标文件，履行合同，并对外承担连带责任。

4. 联合体各成员单位内部的职责分工如下：________________。

5. 本协议书自签署之日起生效，合同履行完毕后自动失效。

6. 本协议书一式________份，联合体成员和招标人各执一份。

注：本协议书由委托代理人签字的，应附法定代表人签字的授权委托书。

牵头人名称：______________________（盖单位章）
法定代表人或其委托代理人：____________（签字）
成员一名称：______________________（盖单位章）
法定代表人或其委托代理人：____________（签字）
成员二名称：______________________（盖单位章）
法定代表人或其委托代理人：____________（签字）
______年______月______日

投标保证金

________________（招标人名称）：

鉴于________（投标人名称）（以下称“投标人”）于______年______月______日参加（项目名称）______标段施工的投标，（担保人名称，以下简称“我方”）无条件地、不可撤销地保证：投标人在规定的投标文件有效期内撤销或修改其投标文件的，或者投标人在收到中标通知书后无正当理由拒签合同或拒交规定履约担保的，我方承担保证责任。收到你方书面通知后，在7日内无条件向你方支付人民币（大写）________元。

本保函在投标有效期内保持有效。要求我方承担保证责任的通知应在投标有效期内送达我方。

担保人名称：__________________（盖单位章）
法定代表人或其委托代理人：________（签字）
地址：
邮政编码：
电话：
传真：
______年______月______日

（二）商务部分

商务部分主要包括投标报价说明、投标报价汇总表、已标价的工程量清单。工程量清单报价表中所填入的综合单价和合价均包括人工费、材料费、机械费、管理费、利润、税金以及风险金等全部费用。工程量清单报价表的每一单项均应填写单价和合价，对没有填写单价和合价的项目费用，视为已包括在工程量清单的其他单价和合价之中。商务标是投标文件的重要组成部分，也是工程合同价款确定，合同价款的调整方式、结算等重要依据。

（三）技术部分

技术部分包括施工组织设计、项目管理机构配备情况、拟分包项目情况等。其中施工组织设计的编制应采用文字并结合图表形式说明施工方法；拟投入本标段的主要施工设备情况、拟配备本标段的试验和检测仪器设备情况、劳动力计划等；结合工程特点提出切实可行的工程质量、安全生产、文明施工、工程进度、技术组织措施，同时应对关键工序、复杂环节重点提出相应技术措施，如冬雨季施工技术、减少噪声、降低环境污染、地下管线及其他地上地下设施的保护加固措施等。

（四）资信部分

资信部分包括：投标人基本情况表（附营业执照、资质证书、取费证、税务登记证、管理体系认证等）；近三年工程营业额数据表；近年财务状况表；近年完成的类似项目情况表；正在施工和新承接的项目情况表；近年发生的诉讼及仲裁情况（附无安全质量事故证明）及其他获奖情况。

三、工程施工投标文件的编制方法

1. 投标文件编制的准备工作

投标人在工程项目施工投标文件编制前，应该做好下面工作。

(1) 及时组建投标工作领导班子，确定该项目施工投标文件的编制人员。

(2) 投标人应收集与投标文件编制有关的政策文件和资料，如现行的各种定额、费用标准、政策性调价文件及各类标准图等。

(3) 投标人应认真阅读和仔细研究工程项目施工招标文件中的各项规定和要求，如认真阅读投标须知、投标书和投标书附件的编制内容，尤其是要仔细阅读研究其合同条款、技术标准、质量要求和价格条件等内容，以明确上述的具体规定和要求，从而增强编制内容的针对性、合理性和完整性。

(4) 投标人应根据施工图纸、设计说明、技术规范和计算规则，对工程量清单表中的各分类分项工程的内容和数量进行认真的审查。若发现内容、数量有误时，应在收到工程项目招标文件 7 日内，用书面形式通报给招标人，以利于工程量的调整和报价计算的准确。

2. 投标文件的编制

投标文件的编制内容和步骤如下。

(1) 投标文件编制人员根据工程项目的施工招标文件、工程技术规范等，结合工程项目现场施工条件编制施工规划，包括施工方法、施工技术措施、施工进度计划和各项物资、人工需要量计划。

(2) 投标文件编制人员根据现行的各种定额及企业自身条件及市场竞争情况、政策性调价文件、设计图纸、技术规范、工程量清单等计算工料单价或综合单价编制投标报价书，并确定其工程总报价。

(3) 投标文件编制人员根据招标文件的规定与要求，认真做好投标书、投标书附件、投标辅助资料表等投标文件的填写编制工作，并办理投标保证金。

(4) 投标文件编制人员在投标文件全部编制完成后，应认真核对、整理和装订成册，再按照招标文件的要求进行密封和标志，并在规定的截止时间报给招标人。

3. 投标报价书的编制

投标报价书编制程序：

(1) 研究并吃透招标文件精神。

(2) 复核工程量。在总价承包合同中尤为重要。

(3) 熟悉施工组织设计。

(4) 根据招标文件格式及填写要求，进行标价计算。在进行标价计算时，要根据报价策略做出各个报价方案，以供决策。

(5) 投标决策，确定最终报价。

(6) 编制投标书。

四、工程施工投标报价策略

工程施工投标策略是指承包商在投标竞争中采用的规避风险、提高中标概率的措施和技巧。它贯穿于投标竞争的始终，是一种参与竞标的方式和手段，内容十分丰富。投标人能否中标，不仅取决于竞争者的经济实力和技术水平，而且还取决于竞争策略是否正确和投标报价的技巧运用是否得当。通常情况下，其他条件相同，报价最低的往往获胜。但是，这不是绝对的，有的报价并不高，但由于提不出有利于招标单位的合理建议，不会运用投标报价的技巧和策略，得不到招标单位的信任而未能中标。

（一）投标报价的目的确定

由于投标单位的经营能力和条件不同，出于不同目的的需要，对同一招标项目，可以有不同的选择。

(1) 生存型。投标报价是以克服企业生存危机为目标，争取中标，可以不考虑种种利益原则。

(2) 补偿型。投标报价是以补偿企业任务不足，以追求边际效益为目标。

(3) 开发型。投标报价是以开拓市场，积累经验，向后续投标项目发展为目标，投标带有开发性，以资金、技术投入为手段，进行技术经验储备，树立新的市场形象，以便争得后续投标的效益。

(4) 竞争型。投标报价是以竞争为手段，以低盈利为目标，报价是在精确计算报价成本的基础上，充分估价各个竞争对手的报价目标，以有竞争力的报价达到中标的目的。

(5) 盈利型。自身优势明显，投标单位以实现最佳盈利为目标，对效益无吸引力的项目热情不高，对盈利大的项目充满自信，也不太注重对竞争对手的动机分析和对策研究。

不同投标报价目标的选择是依据一定的条件进行分析决定的。竞争性投标报价目标是投标单位追求的普遍形式。

（二）投标人报价策略

1. 不平衡报价

不平衡报价是指一个工程项目总报价基本确定后，通过调整内部各个项目的报价，以期既不提高总报价，不影响中标，又能在结算时得到更理想的经济效益。一般可以考虑在以下几个方面采用不平衡报价。

（1）前高后低。能够早日结算的费用，例如土石方工程、基础工程可以适当提高报价，以利于资金周转，提高资金时间价值。后期工程项目如设备安装、装饰工程等的报价可以适当降低。但是这种方法对竣工后一次结算的工程不适用。

（2）预计工程量增加的项目提高单价。工程量有可能增加的项目单价可适当提高，反之则适当降低。这种方法是用于按工程量清单报价、按实际完成工程量结算工程款的招标工程。工程量有可能增减的情形主要有：校核工程量清单时发现的实际工程量将增减的项目；图纸内容不明确或有错误，修改后工程量将增减的项目；暂定工程中预计要实施（或不实施）的项目所包含的分类分项工程等。

（3）工程内容说明不清的报低价。可以在工程实施阶段再寻求提高单价的机会。

（4）综合单价中的人、机价格，提高报价。有时招标文件要求投标人对工程量大的项目报“综合单价分析表”，投标时可将单价分析表中的人工费和机械费报高，材料费报低，今后在对补充项目报价时，可以参考选用综合单价分析表中较高的人工费和机械费，而材料则往往采用市场价，因此可以获得较高的收益。

应用不平衡报价法的注意事项：注意避免各项目的报价过高或过低，否则有可能失去中标机会。不平衡报价法见表9-1。

表9-1 不平衡报价法

序号	信息类型	变动趋势	不平衡结果
1	资金收入的时间	早	单价高
		晚	单价低
2	清单工程量不准确	增加	单价高
		减少	单价低
3	报价图纸不明确	增加工程量	单价高
		减少工程量	单价低
4	暂定工程	自己承包的可能性高	单价高
		自己承包的可能性低	单价低
5	单价组成分析表	人工费和机械费	单价高
		材料费	单价低

2. 多方案报价法

多方案报价法是投标人针对招标文件中的某些不足，提出有利于业主的替代方案（又称备选方案），用合理化建议吸引业主争取中标的一种投标技巧。对于一些招标文件，如果发现工程范围不是很明确，条款不清楚或技术规范要求过于苛刻时，则要在充分估计风险的基础上，按多方案报价法处理，即按原招标文件报一个价，然后再提出如某某条款做某些变动，降价可降低多少，由此可报出一个较低的价。这样可以降低总价，吸引招标人。但是，如果招标文件明确表示不接受替代方案时，应放弃采用多方案报价法。

（1）增加建议方案法。有时招标文件中规定，可以提一个建议方案，即可以修改原设计方案，提出投标者的方案。投标人应抓住机会，组织一批有经验的设计和施工的专业人员，对原招标文件的设计和施工方案仔细研究，提出更为合理的方案以吸引招标人，促成自己的方案中标。这种新建议方案可以降低总造价或是缩短工期，或使工程运用更为合理。但注意对原方案一定也要报价。

增加建议方案时，不要将方案写得太具体，要保留方案的关键技术，防止业主将此方案交给其他承包商。同时要强调的是，建议方案一定要比较成熟，或过去有这方面的实践经验。因为投标时间往往较短，如果仅为中标而匆忙提出一些没有把握的建议方案，可能引起很多后患。

(2) 突然降价法。报价是一件保密性很强的工作，但是对手往往通过各种渠道、手段来刺探情况，因此在报价时可以采取迷惑对方的手法。即先按一般情况报价或表现出自己对该工程兴趣不大，到快投标截止时，再突然降价。如鲁布革水电站引水系统工程突然降价，取得最低标，为以后中标打下基础。采用这种方法时，一定要在准备投标报价的过程中考虑好降价的幅度，在临近投标截止日期前，根据情报信息与分析判断，再做最后决策。如果由于采用突然降价法而中标，因为开标只降总价，在签订合同后，可采用不平衡报价的思想调整工程量表内的各项单价或价格，以期取得更高的效益。

(3) 许诺优惠条件。投标报价附带优惠条件是一种行之有效的手段，招标人评标时，除主要考虑报价和技术方案外，还要分析别的条件，如工期、支付条件等。所以在投标时主动提出提前竣工、低息贷款、赠给施工设备、免费转让新技术或某种技术专利、代为培训人员等，均是吸引招标人、利于中标的辅助手段。

(4) 先亏后盈法。有的承包商，为了打进某一地区，依靠国家、某财团和自身的雄厚资本实力，而采取一种不惜代价，只求中标的低价报价方案。应用这种手法的承包商必须有较好的资信条件，并且提出的实施方案也先进可行，同时要加强对公司情况的宣传，否则即使标价低，业主也不一定选中。如果其他承包商遇到这种情况，不一定和这类承包商硬拼，而努力争第二、三标，再依靠自己的经验和信誉争取中标。

投标技巧是投标人在长期的投标实践中，逐步积累的投标竞争取胜的经验，在国内外的建筑市场上，经常运用的投标技巧还有很多，投标人应用时，一要注意项目所在地国家法律法规是否允许使用；二要根据招标项目的特点选用；三要坚持贯彻诚实信用的原则，否则只能获得短期利益，还有可能损害自己的声誉。

思考与计算题

1. 施工招标应具备什么条件？
2. 施工招标的程序是什么？
3. 工程施工投标的程序和工作内容是什么？
4. 什么是投标报价的策略？
5. 工程施工投标文件的组成有哪些？
6. 工程项目施工投标文件的编制要点是什么？

项目十

软件编制水利水电工程造价

学习要求

掌握水利水电工程造价软件的特点。

学习目标

1. 熟悉水利水电工程造件软件的安装过程。
2. 掌握水利水电概估算工程的软件编制流程及功能。
3. 掌握水利水电招投标工程的软件编制流程及功能。
4. 掌握水利水电工程的预算审计审核流程及功能。

技能目标

1. 能根据工程资料，进行工程的项目划分，并运用工程软件计算工程概估算造价。

2. 能根据工程资料，进行工程的项目划分，并运用工程软件计算工程投标造价。

3. 能根据工程资料，运用工程软件完成工程预算审核操作。

水利水电工程造价编制是一项烦琐的工作，计算工作量大，传统的手算速度慢，工效低，而且容易出错，不适应当前经济建设的快速发展的需要。尤其是工程项目招投标以来，发包方和承包方均应及时准确地计算出标底和报价，计算机的应用越来越显得重要。应用计算机编制工程概预算和标底，不但运算速度快、精度高，而且还可以进行文本处理，是当前乃至今后工程造价实现现代化管理的重要手段。

本节主要介绍涌金水利计价软件，它是浙江省水利厅水利定额站委托杭州品茗工程造价软件公司编制的水利计价软件。

任务一　工程造价软件的开发和安装

一、水利计价软件的开发

涌金水利计价软件是根据《浙江省水利水电工程设计概(预)算编制规定》(2018年)、《浙江省水利水电建筑工程预算定额》(2010年)、《浙江省水利水电建筑工程预算定额》(2010年)、《浙江省水利水电工程施工机械台班费定额》(2010年)、《浙江省水利工程造价计价依据》(2010年)补充规定(一)的通知(浙水建[2013]81号)、《浙江省水利厅关于水利工程营业税改增值税后计价依据调整的通知》(浙水建[2016]14号)、浙江省水利厅《关于重新调整水利工程计价依据增值税率的通知》(浙水建[2019]4号)、《浙江省水利工程工程量清单计价办法》(2012年)等编制依据开发的。该软件可编制水利水电工程投资估算、设计概算、工程标底、投标报价和用于水利水电工程投资审查等。

微课
软件下载及卸载

二、软件安装和卸载

(一) 运行环境

硬件环境:

推荐配置并非最低要求。

CPU:Pentium4　1.8 GHz 或更高。

内存:512 M。

硬盘:500 MB 可用硬盘空间。

显示模式:VGA、SVGA、TVGA 等彩色显示器,分辨率 1 024×768,24 位真彩。

其他要求:各种针式、喷墨和激光打印机。

软件环境:简体中文版 Windows 2010、简体中文版 Windows XP。

(二) 安装

(1) 通过品茗网站(www. pmzaojia. com)下载软件安装程序或直接从光盘安装。

(2) 安装完成后,插入加密锁,加密锁驱动程序会自动安装。加密锁上的指示灯不再闪烁表示驱动程序安装成功。

(三) 卸载

从 Windows 操作系统的“开始”菜单中找到“设置”→“控制面板”,双击“添加/删除”程序,系统出现“添加/删除程序”属性窗口,在“添加/删除程序”列表中找到品茗软件,双击或单击按钮进行添加/删除。弹出软件卸载窗口。卸载完成后,出现完成界面,单击“完成”按钮。

微课
新建工程模板

任务二　工程造价软件的功能与使用

下面从 5 个方面学习涌金水利计价软件操作。

一、新建项目

（一）选择模板

打开软件，单击菜单栏中的“文件”→“新建项目”选项，弹出“新建”窗口，如图 10-1 所示。

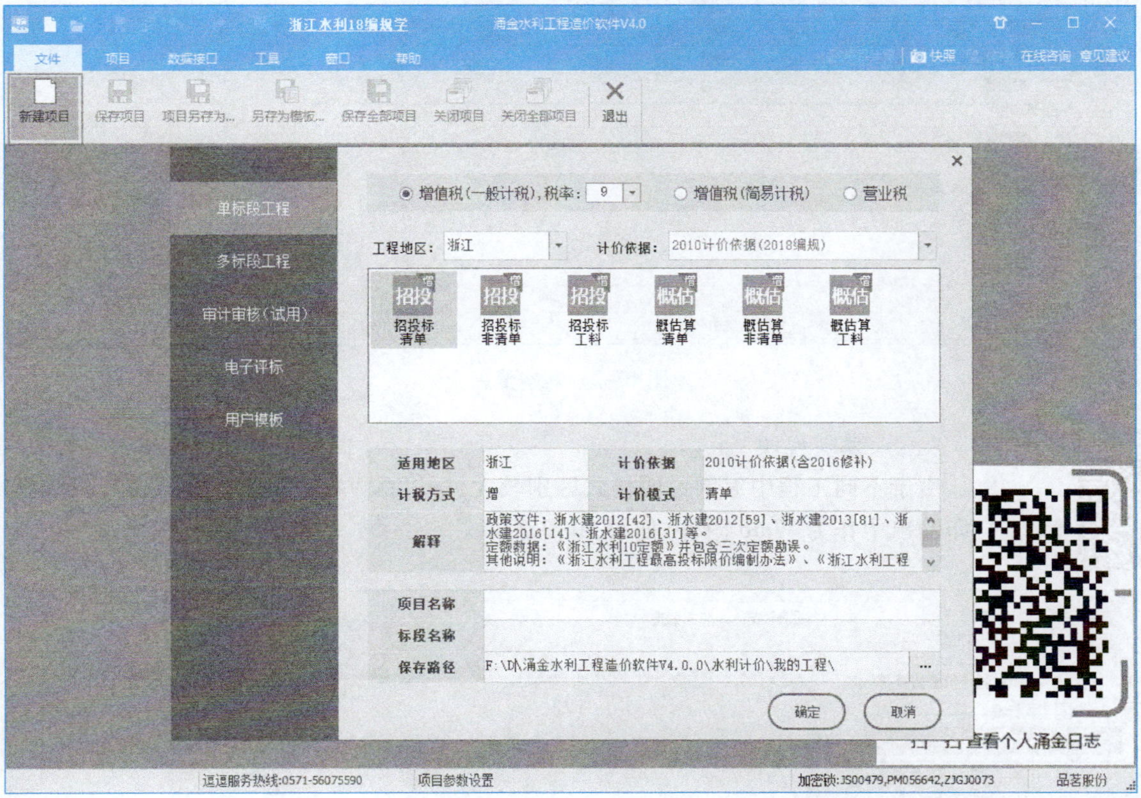

图 10-1　新建项目

“新建”窗口中包含以下内容。

(1) 单标段工程指单独一个水利工程项目。

(2) 多标段工程指多个单标段工程集合形成一个整体项目。

(3) 审计审核指对工程预算进行审计及审核时使用。

(4) 电子评标指用于电子化招投标项目使用。

(5) 用户模板指根据不同地区用户需求所指定的模板或用户为方便后期编制所另存的模板。

（二）基本信息

在“项目属性”→“基本信息”中输入相应的工程信息，工程名称会根据新建时所输入的名称自动填充。对于“工程性质”“工程类别”“预算类型”“措施费”这四项，需要根据实际工程的要求进行选择，该选项决定了工程的费率，如图 10-2 所示。

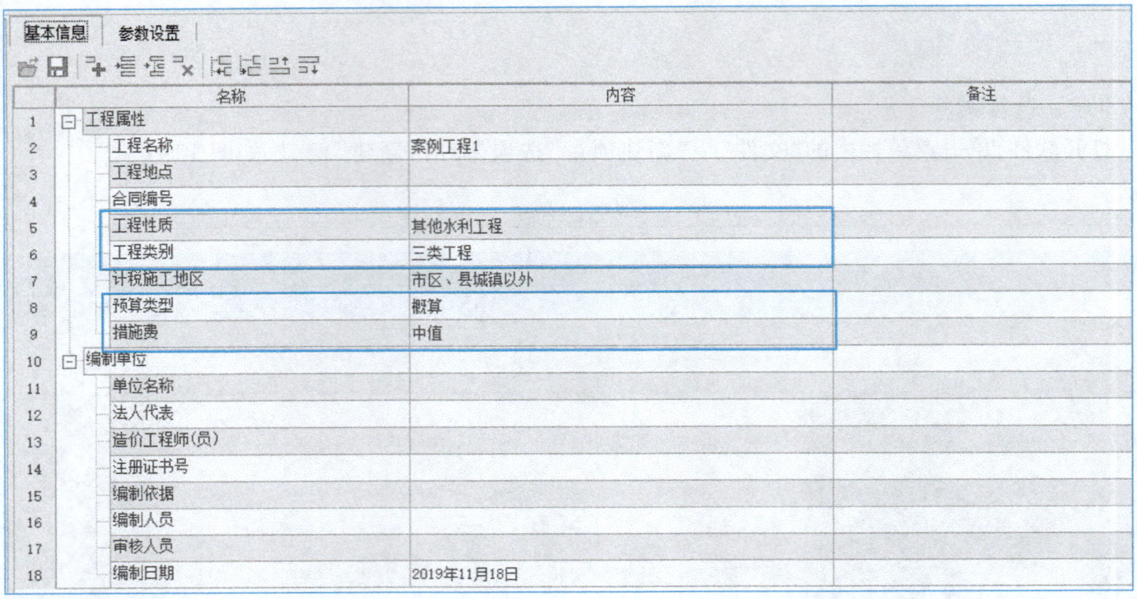

图 10-2 基本信息

微课
编制说明

（三）编制说明

由于不同工程中编制说明格式区别较大，所以在 V4.0 版本之后，编制说明均移至打印输出中作为 Word 附件，如图 10-3 所示。

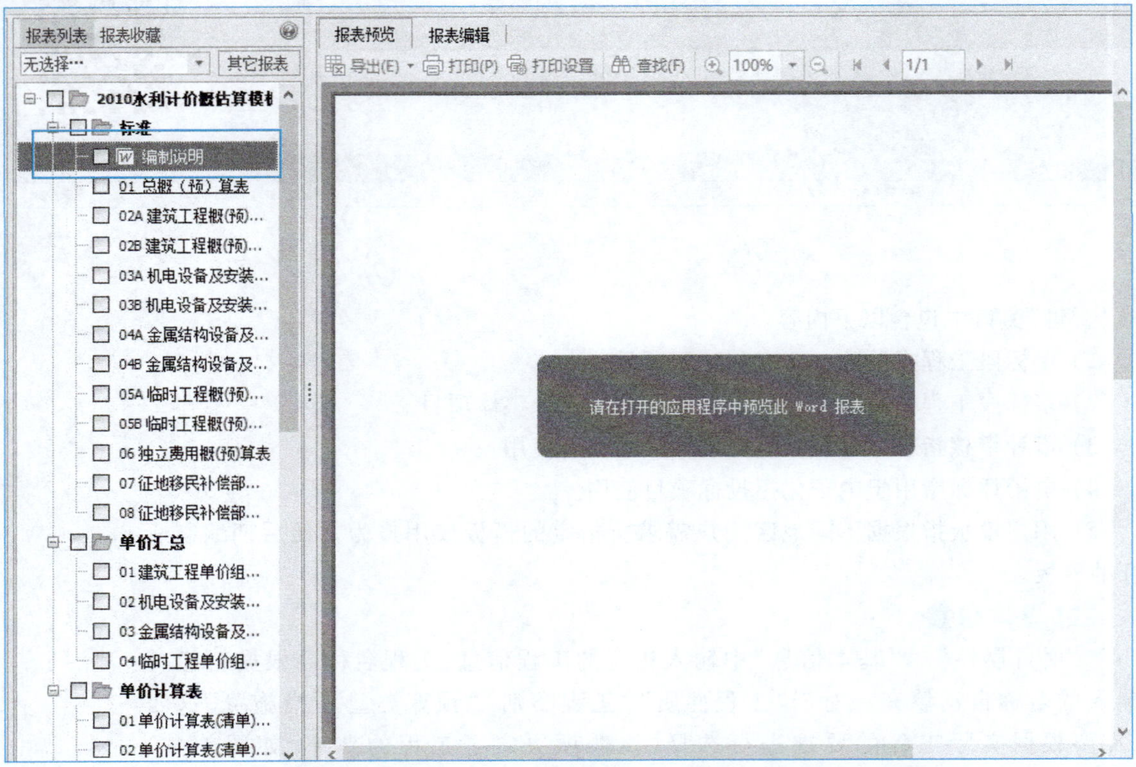

图 10-3 编制说明

（四）费率设置

费率设置模块主要用于设置工程税费，如措施费、规费、企业管理费、税金、利润。

由于在“基本信息”中已经设置过工程的“工程性质”“工程类别”“计税施工地区”，所以在该界面可以不用设置。当然，如果需要调整，可逐项进行设置，如图 10-4 所示。

工程取费类别　　税率：

	名称	A：措施费	B：管理费	C：规费	D：利润	E：税金	F：定额阶段系数
1	标题	措施费	管理费	规费	利润	税金	定额阶段系数
2	一类工程						
3	一类土方工程	3.5	6.5	4	7	9	1.03
4	一类石方工程	3.5	9	4	7	9	1.03
5	一类堆砌石工程(抛石)	3.5	9	4	7	9	1.03
6	一类堆砌石工程(其它)	3.5	9	4	7	9	1.03
7	一类混凝土工程	3.5	8.5	4	7	9	1.03
8	一类钢筋制安工程	3.5	5.1	2.4	7	9	1.03
9	一类基础处理工程	3.5	8	4	7	9	1.03
10	一类安装工程(安装费)	3.5	50	25	7	9	1.03
11	一类安装工程(设备制作)	3.5	50	25	7	9	1.03
12	二类工程						
23	三类工程						
35	砂石备料	3.5	5	3.5	5	9	1.03
36	临时工程	3.5	5	3.5	5	9	1.03
37	其他工程	3.5	5	3.5	5	9	1.03
38	安装费						
39	设备费						
40	运杂费						
41	不计税费						1.03
42	不计税费(安装费)						1.03
43	不计税费(设备制作)						1.03

图 10-4　费率设置

二、基础数据

微课
基础数据整理

基础数据中包括材料、电、风、水、机械台班、机械组班、砂石料、配合比及中间单价，正确填写、计算基础数据中的价格，是提高编制质量的关键。

（一）材料单价

软件中的材料价格录入界面如图 10-5 所示。

（二）机械台班单价

机械台班单价界面共分为 3 个模块：机械分类、机械列表及机械组成，如图 10-6 所示。

机械组成中二类费用的价格应该在“材料单价”中进行相应的调整。

机械组班的添加，可分为 3 个步骤。

① 在“机械组班”节点单击插入行，并输入“名称”、“单位”“型号规格”等。

② 在下面的“机械组成”中单击“增加人材机”按钮，插入相应的机械台班。

③ 调整“含量”列实际使用机械台班的数量，单击项目计算（或按 F5 键），即可完成机械组班的添加，如图 10-7 所示。

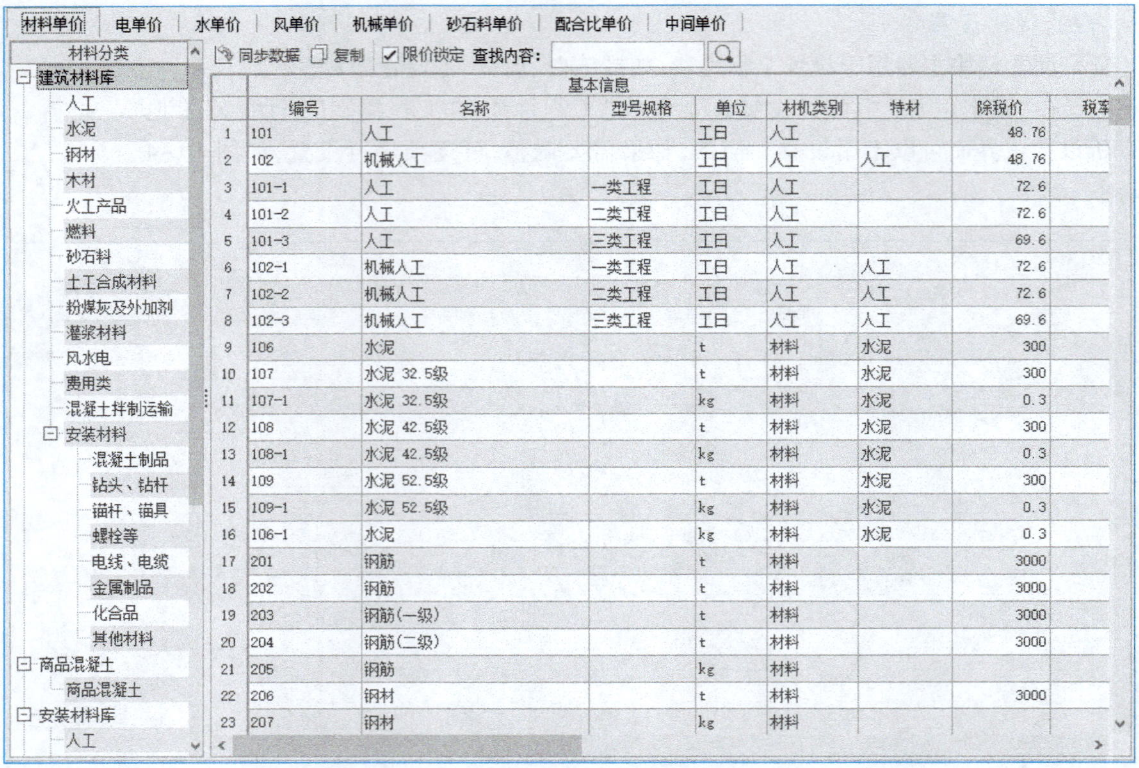

	编号	名称	型号规格	单位	材机类别	特材	除税价	税率
1	101	人工		工日	人工		48.76	
2	102	机械人工		工日	人工	人工	48.76	
3	101-1	人工	一类工程	工日	人工		72.6	
4	101-2	人工	二类工程	工日	人工		72.6	
5	101-3	人工	三类工程	工日	人工		69.6	
6	102-1	机械人工	一类工程	工日	人工	人工	72.6	
7	102-2	机械人工	二类工程	工日	人工	人工	72.6	
8	102-3	机械人工	三类工程	工日	人工	人工	69.6	
9	106	水泥		t	材料	水泥	300	
10	107	水泥 32.5级		t	材料	水泥	300	
11	107-1	水泥 32.5级		kg	材料	水泥	0.3	
12	108	水泥 42.5级		t	材料	水泥	300	
13	108-1	水泥 42.5级		kg	材料	水泥	0.3	
14	109	水泥 52.5级		t	材料	水泥	300	
15	109-1	水泥 52.5级		kg	材料	水泥	0.3	
16	106-1	水泥		kg	材料	水泥	0.3	
17	201	钢筋		t	材料		3000	
18	202	钢筋		t	材料		3000	
19	203	钢筋(一级)		t	材料		3000	
20	204	钢筋(二级)		t	材料		3000	
21	205	钢筋		kg	材料			
22	206	钢材		t	材料		3000	
23	207	钢材		kg	材料			

图 10-5　材料单价

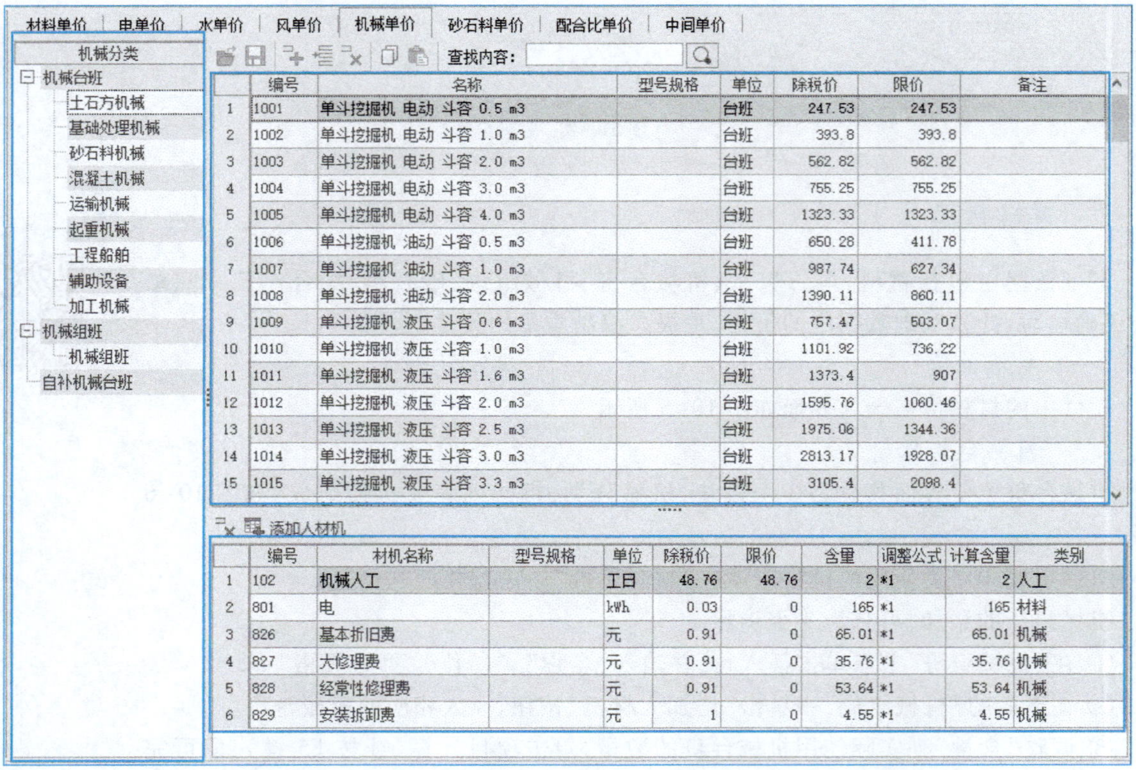

	编号	名称	型号规格	单位	除税价	限价	备注
1	1001	单斗挖掘机 电动 斗容 0.5 m3		台班	247.53	247.53	
2	1002	单斗挖掘机 电动 斗容 1.0 m3		台班	393.8	393.8	
3	1003	单斗挖掘机 电动 斗容 2.0 m3		台班	562.82	562.82	
4	1004	单斗挖掘机 电动 斗容 3.0 m3		台班	755.25	755.25	
5	1005	单斗挖掘机 电动 斗容 4.0 m3		台班	1323.33	1323.33	
6	1006	单斗挖掘机 油动 斗容 0.5 m3		台班	650.28	411.78	
7	1007	单斗挖掘机 油动 斗容 1.0 m3		台班	987.74	627.34	
8	1008	单斗挖掘机 油动 斗容 2.0 m3		台班	1390.11	860.11	
9	1009	单斗挖掘机 液压 斗容 0.6 m3		台班	757.47	503.07	
10	1010	单斗挖掘机 液压 斗容 1.0 m3		台班	1101.92	736.22	
11	1011	单斗挖掘机 液压 斗容 1.6 m3		台班	1373.4	907	
12	1012	单斗挖掘机 液压 斗容 2.0 m3		台班	1595.76	1060.46	
13	1013	单斗挖掘机 液压 斗容 2.5 m3		台班	1975.06	1344.36	
14	1014	单斗挖掘机 液压 斗容 3.0 m3		台班	2813.17	1928.07	
15	1015	单斗挖掘机 液压 斗容 3.3 m3		台班	3105.4	2098.4	

	编号	材料名称	型号规格	单位	除税价	限价	含量	调整公式	计算含量	类别
1	102	机械人工		工日	48.76	48.76	2	*1	2	人工
2	801	电		kWh	0.03	0	165	*1	165	材料
3	826	基本折旧费		元	0.91	0	65.01	*1	65.01	机械
4	827	大修理费		元	0.91	0	35.76	*1	35.76	机械
5	828	经常性修理费		元	0.91	0	53.64	*1	53.64	机械
6	829	安装拆卸费		元	1	0	4.55	*1	4.55	机械

图 10-6　机械单价界面

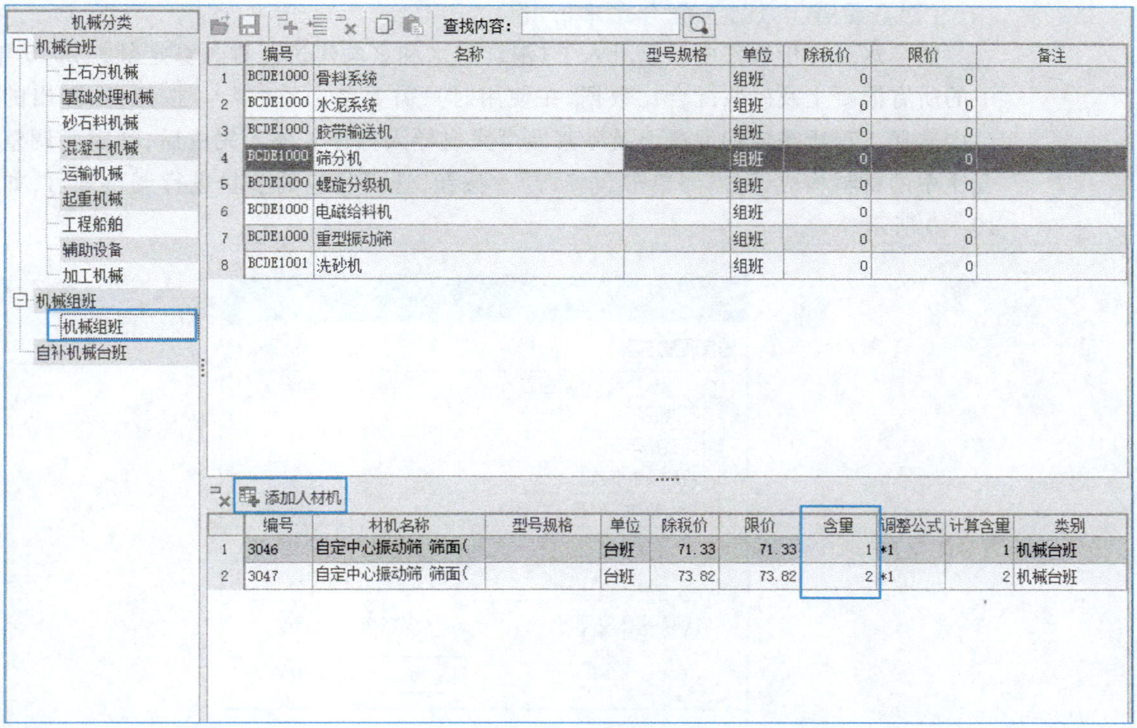

图 10-7　机械组班操作

（三）砂石料单价

砂石料工序单价列表见图 10-8，砂石料单价组成见图 10-9。

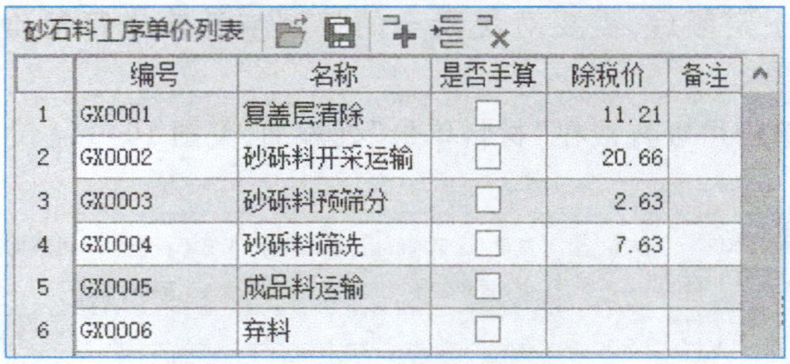

图 10-8　砂石料工序单价列表

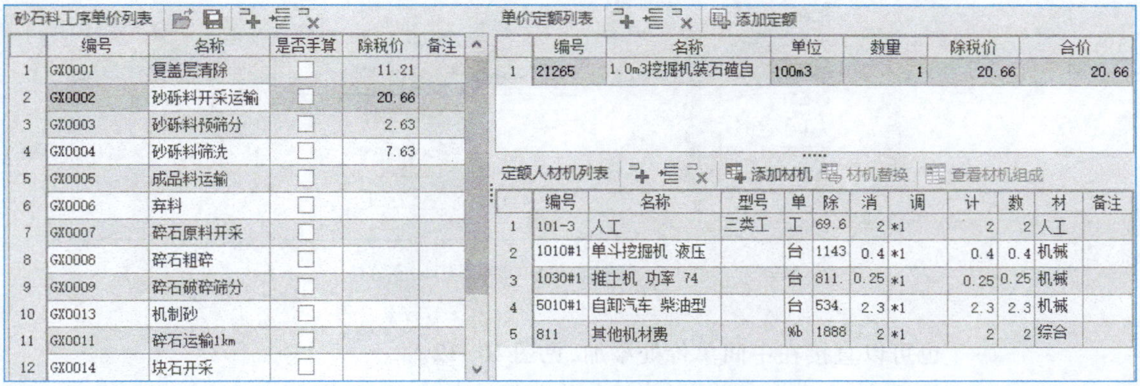

图 10-9　砂石料工序单价组成

（四）混凝土及砂浆配合比单价

涌金水利计价软件中现已录入了《浙江省水利水电建筑工程预算定额》(2010 年）中的所有混凝土及砂浆配合比数据，在使用时只需要单击 导入配合比 按钮，在弹出的窗口中选择工程所需要的混凝土及砂浆即可完成导入操作。导入完成后，如需要调整配合比中的材料构成，则需要单击 配合比调整 按钮，选择相应的项目进行调整即可，如图 10-10 所示。

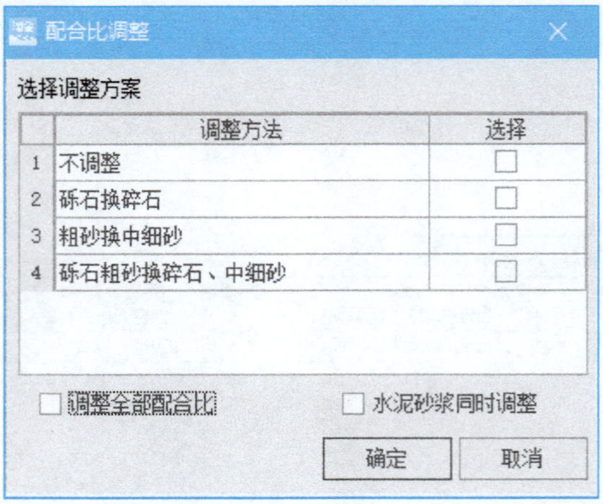

图 10-10　配合比调整

（五）中间单价

在水利工程中，涉及混凝土的定额均需要进行混凝土的拌制或运输，所以在套用混凝土定额后，需要对混凝土的拌制与运输进行组价，这里就需要用到中间单价。

中间单价可以直接在“材料单价”处添加，见图 10-11。

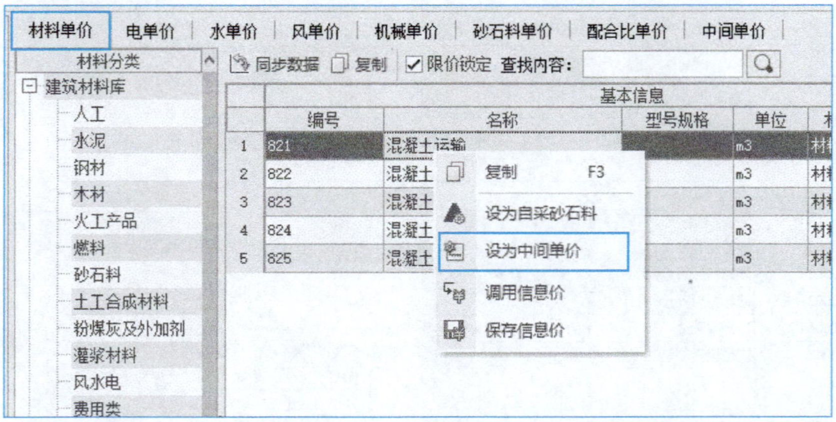

图 10-11　设定为中间单价

也可以直接在中间单价处添加，见图 10-12。

然后，点击右上菜单栏的“添加定额”，套取定额，见图 10-13。

单价列表

	编号	名称	单	除	限价	类别
1	821	混凝土运输	m3	16.63	9.61	
2	824	混凝土拌制	m3	28.54	20.73	

图 10-12　添加中间单价

单价定额列表　添加定额

	编号	名称	单位	数量	除税价	限价	单价合计	限价合计
1	40336	拌和机拌制混凝	100m3	1	28.54	20.73	28.54	20.73

图 10-13　中间单价添加定额

三、分部分项工程

软件分部分项模块分为四大部分：建筑工程、机电设备及安装工程、金属结构设备及安装工程、施工临时工程（《浙江省水利水电工程量清单计价办法(2012)》中，“施工临时工程”命名为“措施项目”）。

（一）建筑工程概算

1. 编制方法

建筑工程(包括临时工程)概算通常采用以下几种方法来计算其投资。

(1) 单价法。软件中只要在定额行插入相应的定额即可，见图 10-14。

类别	序号	编号	名称	单位	单价引用	系数	计算公式	工程量	单价	合价	取费类别	涌潮系数
清	3.1.2	500103001001	粘土填筑	m3		1	250	250	29.78	7445		
定		10492	1.6m3挖掘机挖装自卸汽车运土 III类土	100m3		1	1	1	1955.07	1955.07	一类土方工	不计入
定		10678	振动碾压实土料 土料干密度≤	100m3		1	1	1	1022.74	1022.74	一类土方工	不计入

图 10-14　单价法

(2) 指标法。软件中，需要将“类别”列中的“项”或“清”改成“费”，当然也可以将“定”改成“费”，在“计算公式”列输入相应的工程量，在“单价”列输入相应的单价，按 Enter 按钮，即可完成操作，见图 10-15。

类别	序号	编号	名称	单位	单价引用	系数	计算公式	工程量	单价	合价	取费类别	涌潮系数
清	2.12	500114010015	节制闸	处		1	20	20	880	17600		
费			节制闸	处		1	1	1	880	880		

图 10-15　指标法

(3) 百分率法。由于百分率法是要取工程投资作为计算基数，所以要在计算公式中填入相应的变量。

首先需要将“类别”列中的“项”或“清”改成“费”，接着单击“计算公式”单元格中的 ... 按钮，在弹出的窗口中使用鼠标右键选择 插入基数 选项，在弹出的窗口中选择相应的投资范围及类型，单击“确定”按钮后会自动生成相应的变量。最后在“工程量”单元格中输入实际的百分率，即可完成操作，见图 10-16。

2. 主体工程建筑工程概算

用户可以采用单价法、指标法、百分率法相结合的方式对工程进行组价操作。

部	五	其他施工临时工程		1				843599.58
费		其他施工临时工程	%	1	建筑工程合计+机电安装费合计+金结安装费合计+当前清单合计[扣减当前行]	5	16871991.55	843599.58

图 10-16 计算基础的选取

软件中细部结构具体操作步骤如下。

(1) 在“类别”为“项”或“清”行，单击“计算公式”中的 … 按钮，在弹出的窗口中使用鼠标右键选择插入基数，弹出新的窗口，选择参与计算的“项”或“清”行，见图 10-17。

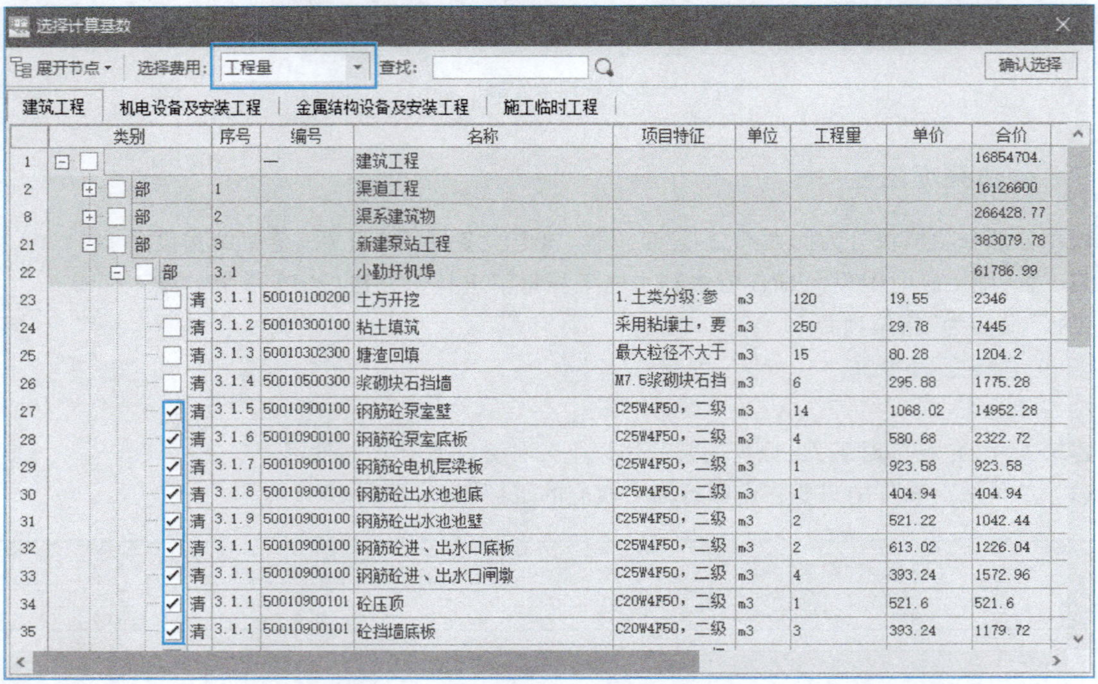

	类别	序号	编号	名称	项目特征	单位	工程量	单价	合价
1			一	建筑工程					16854704.
2	部	1		渠道工程					16126600
8	部	2		渠系建筑物					266428.77
21	部	3		新建泵站工程					383079.78
22	部	3.1		小勤圩机埠					61786.99
23	清	3.1.1	50010100200	土方开挖	1.土类分级:参	m3	120	19.55	2346
24	清	3.1.2	50010300100	粘土填筑	采用粘壤土，要	m3	250	29.78	7445
25	清	3.1.3	50010302300	塘渣回填	最大粒径不大于	m3	15	80.28	1204.2
26	清	3.1.4	50010500300	浆砌块石挡墙	M7.5浆砌块石挡	m3	6	295.88	1775.28
27	清	3.1.5	50010900100	钢筋砼泵室壁	C25W4F50，二级	m3	14	1068.02	14952.28
28	清	3.1.6	50010900100	钢筋砼泵室底板	C25W4F50，二级	m3	4	580.68	2322.72
29	清	3.1.7	50010900100	钢筋砼电机层梁板	C25W4F50，二级	m3	1	923.58	923.58
30	清	3.1.8	50010900100	钢筋砼出水池池底	C25W4F50，二级	m3	1	404.94	404.94
31	清	3.1.9	50010900100	钢筋砼出水池池壁	C25W4F50，二级	m3	2	521.22	1042.44
32	清	3.1.1	50010900100	钢筋砼进、出水口底板	C25W4F50，二级	m3	2	613.02	1226.04
33	清	3.1.1	50010900100	钢筋砼进、出水口闸墩	C25W4F50，二级	m3	4	393.24	1572.96
34	清	3.1.1	50010900101	砼压顶	C20W4F50，二级	m3	1	521.6	521.6
35	清	3.1.1	50010900101	砼挡墙底板	C20W4F50，二级	m3	3	393.24	1179.72

图 10-17 选择计算基数

(2) 在下面定额行插入相应的细部结构，见图 10-18。

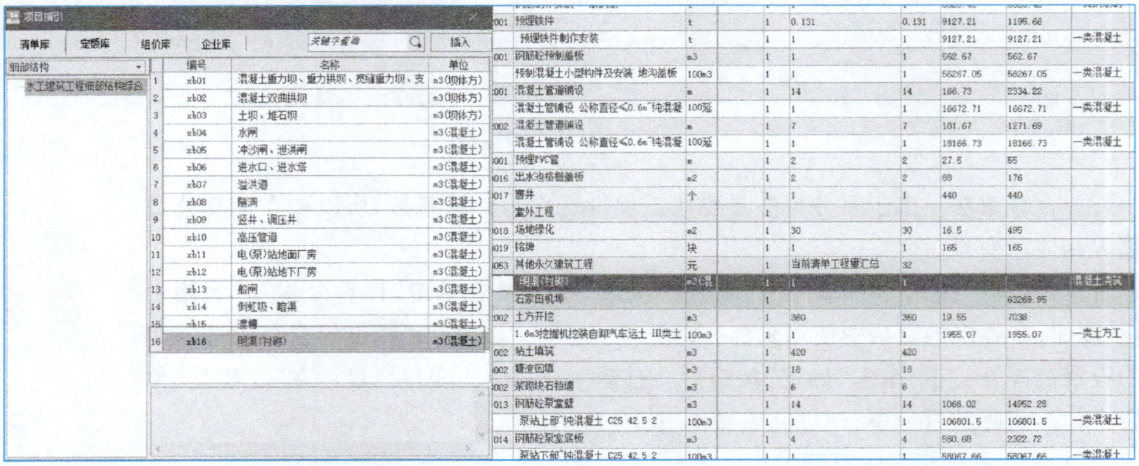

图 10-18 增加细部结构

这些综合指标是仅指直接工程费，计算综合单价时需计列措施费、间接费、利润、税金等各项费用。

（二）机电设备及安装工程概算

安装工程费按设备数量乘以安装单价进行计算。在概算阶段，主要设备的安装费可用安装费率计算，如图 10-19 所示。

类别	序号	编号	名称	单位	项目特征	单价引用	系数	计算公式	工程量	安装费	设备费	安装费合计	设备费合计	取费类别
部	一		水轮发电机组安装工程				1					2760000	35707500	
清	1	500201001001	水轮机设备	台	1.型号、规格:		1	4	4		4220000		16880000	
清	2	500201004001	调速器及油压装置设备	台	1.型号、规格:		1	4	4		300000		1200000	
清	3	500201004002	调速器及油压装置设备	套	1.型号、规格:		1	4	4		250000		1000000	
清	4	500201005001	发电机设备	台	1.型号、规格:		1	4	4		3555000		14220000	
清	5	500201008001	励磁系统设备	套	1.型号规格:		1	4	4		300000		1200000	
费			运杂费	元			1	当前清单设备费合计[1:5]	0.035		34500000		1207500	运杂费
费			安装费	元			1	当前清单设备费合计[1:5]	0.08	34500000		2760000		安装费

图 10-19　安装费界面

（三）施工临时工程概算

1. 单价法

导流工程、施工支洞等项目，投资大，设计深度能满足提出具体工程量的要求，采用同主体建筑工程的工作量乘以单价的方法计算投资。

下面以围堰工程举例（图 10-20），具体操作可参考建筑工程操作方法。

类别	序号	编号	名称	单位	项目特征	单价引用	系数	计算公式	工程量	单价	合价	取费类别	涌潮系数
	四		措施项目				1				19593185.23		
部	一		施工导流工程				1				16961687.6		
部	1.1		一期右岸厂房围堰				1				15433954.18		
清	1	500101002002	一般土方开挖	m3	1.土类分级：围		1	158172	158172	16.76	2650962.72		
定		10521	2.0m3挖掘机挖装自卸汽车运土 Ⅳ类土	100m3			1	1	1	1675.58	1675.58	三类土方工	不计入
清	2	500103001002	土方填筑	m3	1.土类分级及含		1	139142	139142	8.38	1166009.96		
定		10684	拖拉机压实土料 土料干密度≤	100m3			1	1	1	838.09	838.09	三类土方工	不计入
清	3	500103010002	石料抛填	m3	1.运距：500m		1	9345	9345	142.32	1329980.4		
定		30164	装载机装自卸汽车运抛块石 2m3装载机	100m3			1	1	1	12062.27	12062.27	三类石方工	不计入
定		30184	抛石表面整理 表面机械整理	100m2			1	1	1	2169.46	2169.46	三类石方工	不计入
清	4	500103014002	土工合成材料铺设	m3	1.材料性能：两		1	7676	7676	27.79	213316.04		
定		10757	土工膜铺设 斜铺边坡1:2.0	100m2			1	1	1	2779.13	2779.13	三类土方工	不计入
清	5	500103016004	砂石垫层	m3	1.材料：碎石		1	2009	2009	142.39	286061.51		
定		30002	人工铺筑砂石垫层 碎石垫层平面	100m3			1	1	1	14239.39	14239.39	三类石方工	不计入
清	6	500108002001	高压喷射灌浆	m2	1.地层类别：砂		1	10505	10505	884.43	9290937.15		
定		60146	钻机钻土坝(堤)灌浆孔 泥浆固壁钻进	100m			1	1.25	1.25	15253.25	19066.56	三类基础处	不计入
定		60140	高压摆喷灌浆 地层类别 砾石	100m			1	1.25	1.25	55500.75	69375.94	三类基础处	不计入
清	7	500109001021	普通混凝土	m3	1.部位及类型:		1	238	238	533.5	126973		
定		40142	基础、垫层及压顶 压顶~纯混凝土 C25	100m3			1	1	1	53350.48	53350.48	三类混凝土	不计入
清	8	500109010001	混凝土凿除	m3	1.凿除部位及断		1	3990	3990	92.66	369713.4		
定		30193	混凝土拆除 机械拆除无筋	100m3			1	0.5	0.5	13682.35	6841.18	三类石方工	不计入
定		21294	2.0m3挖掘机装石碴自卸汽车运输 露天	100m3			1	1	1	2425.2	2425.2	三类石方工	不计入

图 10-20　临时工程单价法

2. 指标法

对于投资较大，但在初步设计阶段尚难以提供详细的三级项目工程量的项目，如交通工程、仓库、场外供电线路［指施工场外现有电网向施工现场供电的 10 kV 及以上等级的供电线路工程及变配电设施（场内除外）］、通信等，可按工程量乘以指标（元/km、元/m^2、元/座等）的方法编制，见图 10-21。

软件中针对办公、生活及文化福利建筑中施工单位用房的计算，可在“施工单位用房”行单击 … 按钮，然后在弹出的窗口中填入相应的数值即可，见图 10-22。

部	三		施工排水				1	1			300000
费	18		施工排水	项			1	1	1	300000	300000
部	四		施工交通工程				1	1			200000
费	19		新建施工道路	km			1	1	1	200000	200000
部	五		施工供电工程				1	1			200000
费	20		10kV输电线路	km			1	1	1	100000	100000
费	21		变压器1000kvA	台			1	1	1	100000	100000
部	六		混凝土生产系统				1	1			800000
费	22		混凝土生产系统	项			1	1	1	800000	800000

图 10-21 临时工程指标法

施工单位用房

计算参数表

施工单位用房 : I=(A*U*P/(N*L))*K1*K2*K3

序号	变量	名称	数值
1	A	建筑安装工作量	
2	U	人均建筑面积综合指标	
3	P	单位造价指标	
4	N	施工年限	
5	L	全员劳动生产率	
6	K1	施工高峰人数调整系数	
7	K2	室外工程系数	
8	K3	单位造价指标调整系数	

确定 取消

图 10-22 办公、生活及文化福利建筑中施工单位用房

3. 百分率法

软件中对于百分率法的操作方法类似于安装工程中的安装费的操作，如图 10-23 所示。

部	八		其他施工临时工程				1	0.5%			41497.63
费	25		其他施工临时工程	项			1	建筑工程合计+机电安装费合计+金结安装费合计+当前清单合计	0.005	151398341.01	41497.63

图 10-23 其他临时工程

中间计算公式可以单击 … 按钮，在弹出的窗口中进行选择，工程量中填写费率值。

四、工程汇总

工程汇总用于显示工程最后的总造价，在这里用户可以不进行任何修改操作，如图 10-24 所示。

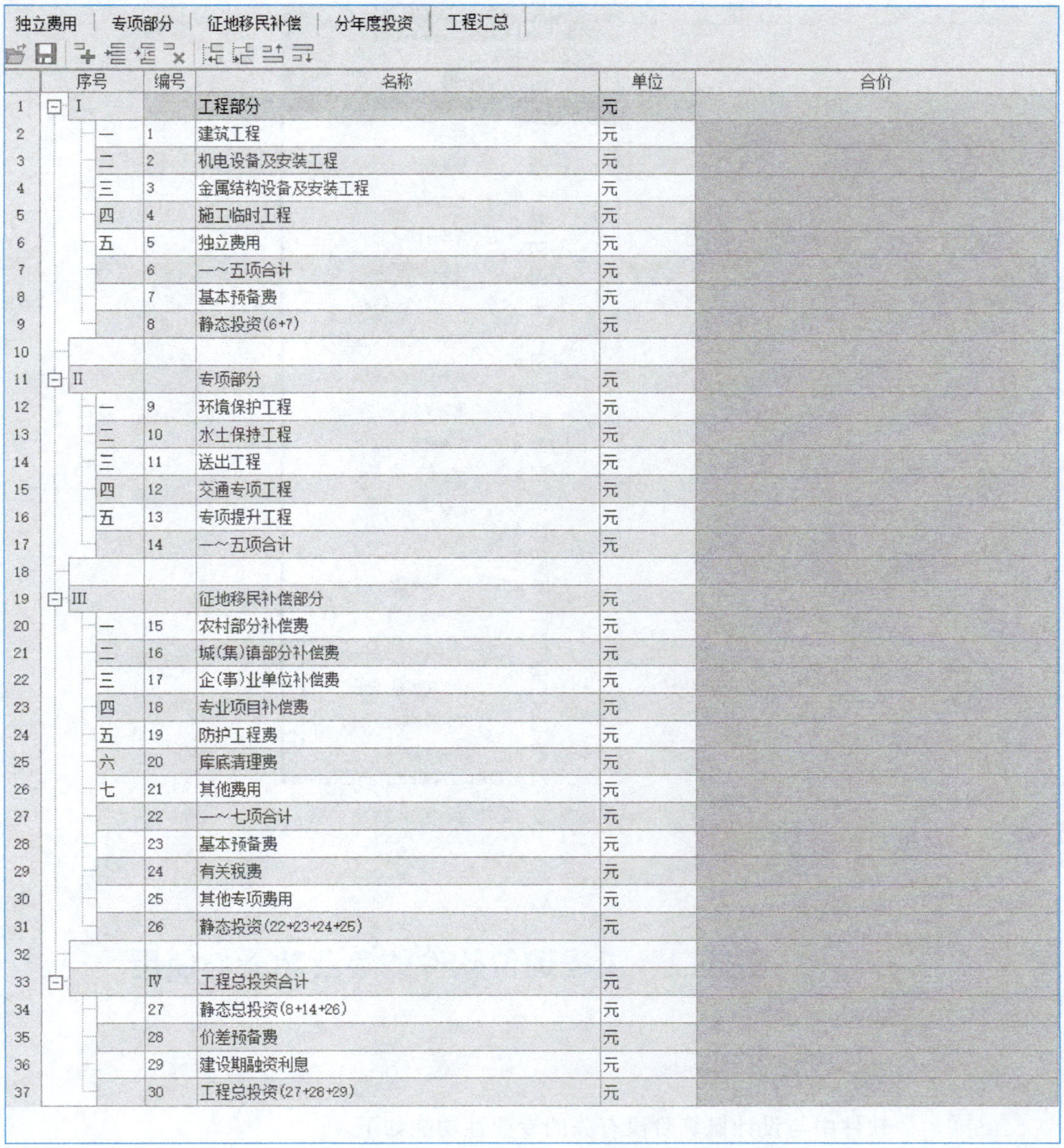

	序号	编号	名称	单位	合价
1	I		工程部分	元	
2	一	1	建筑工程	元	
3	二	2	机电设备及安装工程	元	
4	三	3	金属结构设备及安装工程	元	
5	四	4	施工临时工程	元	
6	五	5	独立费用	元	
7		6	一~五项合计	元	
8		7	基本预备费	元	
9		8	静态投资(6+7)	元	
10					
11	II		专项部分	元	
12	一	9	环境保护工程	元	
13	二	10	水土保持工程	元	
14	三	11	送出工程	元	
15	四	12	交通专项工程	元	
16	五	13	专项提升工程	元	
17		14	一~五项合计	元	
18					
19	III		征地移民补偿部分	元	
20	一	15	农村部分补偿费	元	
21	二	16	城(集)镇部分补偿费	元	
22	三	17	企(事)业单位补偿费	元	
23	四	18	专业项目补偿费	元	
24	五	19	防护工程费	元	
25	六	20	库底清理费	元	
26	七	21	其他费用	元	
27		22	一~七项合计	元	
28		23	基本预备费	元	
29		24	有关税费	元	
30		25	其他专项费用	元	
31		26	静态投资(22+23+24+25)	元	
32					
33		IV	工程总投资合计	元	
34		27	静态总投资(8+14+26)	元	
35		28	价差预备费	元	
36		29	建设期融资利息	元	
37		30	工程总投资(27+28+29)	元	

图 10-24　工程汇总

五、打印输出

微课
打印输出

（一）报表输出

勾选需要的表格，使用鼠标右键选择“勾选报表批量打印”“勾选报表导出 Excel”等选项进行报表输出操作，如图 10-25 所示。

（二）报表另存

当要修改已有的报表时，可能要把当前报表先另存。另存模式有 2 个：一个是单一报表的另存，另一个是全部报表的另存。如果是修改单张报表，那么，就要对单一报表进行另存。

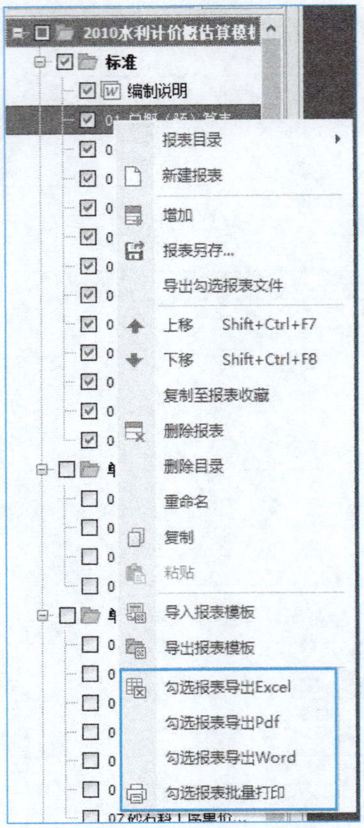

图 10-25 报表输出

任务三 工程造价软件的专业功能与使用

一、设计概算阶段

软件中与设计概算阶段有关的专业性功能如下。

（一）独立费用的使用

独立费用由建设管理费、生产准备费、科研勘察设计费和其他 4 项组成。软件已根据《浙江省水利水电工程设计概（预）算编制规定》（2018 年）要求对该模块建立公式引用关系，只需填写相应参数，即可完成操作。

（1）建设管理费，如图 10-26 所示。

（2）生产准备费，如图 10-27 所示。

（3）科研勘察设计费，如图 10-28 所示。

（4）其他，如图 10-29 所示。

注意：施工监理服务收费基价、前期勘测收费基准价、设计服务收费基价等低于下限值，可以在“项目属性”→“参数设置”→独立费用项目参数”中填写，单位为%。

一	建设管理费	元	
1	建设单位开办费	元	开办费费用标准×建设单位定员
1.1	开办费费用标准	元	
1.2	建设单位定员	人	
2	建设单位人员费	元	费用指标(元/人年)×定员人数×费用计算期(年)
2.1	费用指标	元/人年	
2.2	定员人数	人	建设单位定员
2.3	费用计算期	年	
3	建设管理经常费	元	(建设单位开办费+建设单位人员费)*费率
	建设管理经常费费率	%	
4	建设监理费	元	建设监理费
4.1	工程建设监理费	元	监理费收费基价×工程类型调整系数×工程复杂程度调整系数
4.1.1	监理费收费基价	元	
4.1.2	工程类型调整系数		
4.1.3	工程复杂程度调整系数		
4.2	爆破安全监理费	元	炸药用量×每吨炸药爆破安全监理费
4.2.1	炸药用量	元	炸药用量
4.2.2	每吨炸药爆破安全监理费	元	
5	经济技术服务费	元	一～四项投资合计×经济技术服务费用指标
5.1	经济技术服务费用指标	%	

图 10-26　建设管理费

二	生产准备费	元	
1	生产及管理单位提前进厂费	元	一～四项建筑安装工程投资×生产及管理单位提前进厂费费率
1.1	生产及管理单位提前进厂费费率	%	
2	生产职工培训费	元	一～四项建筑安装工程投资×生产职工培训费费率
2.1	生产职工培训费费率	%	
3	管理用具购置费	元	一～四项建筑安装工程投资×管理用具购置费费率
3.1	管理用具购置费费率	%	
4	工器具及生产家具购置费	元	设备费×工器具及生产家具购置费费率
4.1	工器具及生产家具购置费费率	%	

图 10-27　生产准备费

三	科研勘察设计费	元	
1	科学研究试验费	元	一～四项建筑安装工程投资×科学研究试验费费率
1.1	科学研究试验费费率	%	
2	前期勘察设计费	元	前期勘测费+前期设计费
2.1	前期勘察费	元	前期勘察费收费基价×专业调整系数×综合调整系数×BIM调整系数
2.1.1	收费基价	元	
2.1.2	专业调整系数		
2.1.3	综合调整系数		
2.1.4	BIM调整系数		1
2.2	前期设计费	元	前期勘察费×前期勘察费比例×BIM调整系数
2.2.1	前期勘察费比例	%	
2.2.2	BIM调整系数	立米	1
3	工程勘察设计费	元	工程勘察费+工程设计费
3.1	勘察费	元	工程勘察费收费基价×专业调整系数×综合调整系数×BIM调整系数
3.1.1	收费基价	元	
3.1.2	专业调整系数		
3.1.3	综合调整系数		
3.1.4	BIM调整系数		1
3.2	设计费	元	工程设计费收费基价×专业调整系数×综合调整系数×BIM调整系数
3.2.1	收费基价	元	
3.2.2	专业调整系数		
3.2.3	综合调整系数		
3.2.4	BIM调整系数		1

图 10-28　科研勘察费

（二）分年度投资及建设期利息

分年度投资模块用于处理、显示工程的资金流量及预备费、建设期贷款利息的计算，如图 10-30 所示。

四	其他	元	
1	工程质量检测费	元	一~四项建筑安装工程投资×工程质量检测费费率
1.1	工程质量检测费费率	%	
2	安全文明施工费	元	一~四项建筑安装工程投资×安全施工费费率
2.1	安全文明施工费费率	%	
3	工程保险费	元	一~四项投资合计×工程保险费费率
3.1	工程保险费费率	%	
4	其他税费	元	

图 10-29 其他费用

独立费用 | 征地和环境部分 | 分年度投资 | 工程汇总

	基本信息					第1年		第2年		第3年	
	序号	名称	单位	计算基础或基数	合价	投资比...	投资金额	投资比...	投资金额	投资比...	投资金额
1	I	工程部分									
2	一	工程部分投资合计		JZBF.HJ+JDBF.AZHJ+JDBF.SBHJ+							
3	1	建筑工程		JZBF.HJ							
4	2	机电设备及安装工程		JDBF.AZHJ+JDBF.SBHJ							
5	3	金属结构设备及安装工程		JSBF.AZHJ+JSBF.SBHJ							
6	4	施工临时工程		LSBF.HJ							
7	5	独立费用		DLFY							
8	二	预备费小计									
9	1	基本预备费		输入数值或百分率							
10	2	价差预备费									
11	三	送出工程		输入数值							
12	四	建设期融资利息									
13											
14	II	征地和环境部分									
15	一	征地和环境部分投资合计									
16	1	水库征地补偿和移民安置投资(不		Z1-SF							
17	2	工程建设征地补偿和移民安置投资		Z2							
18	3	水土保持工程		Z3							
19	4	环境保护工程		Z4							
20	二	预备费小计									
21	1	基本预备费		输入数值或百分率							
22	2	价差预备费									
23	三	有关税费		SF							
24	四	建设期融资利息									

参数设置：建筑工期(年) 3 生成表格 年物价指数(%) 4 资金比例(%) 20 建设期贷款利率(%) 6

图 10-30 分年度投资及建设期利息计算

(1) 在界面下端参数设置中输入“建设工期”“年物价指数”“资金比例”“建设期贷款利率”。

(2) 在灰色底色的单元格中输入分年的投资比例。

(3) 基本预备费录入有两种方法。

① 输入基本预备费，将“单位”置空，在“计算基础或基数”中输入总和。

② 将“单位”选择为“%”，在“计算基础或基数”中输入百分率。

(4) “送出工程”的填写。

(5) 最后单击项目计算(或按 F5 键)完成计算操作。

二、投标报价阶段

(一) 锁定清单

利用软件进行投标报价时，推荐优先进行清单锁定。由于编制投标工程是针对招标清单进行组价响应，所以不能更改招标清单内容，清单锁定功能就是针对招标清单进行锁定，无法随意修改，如图 10-31 所示。

图 10-31　锁定清单

（二）快速组价

编制水利工程报价时，往往会遇到许多相同清单，如对每一条相同清单均进行组价，一来会造成编制效率低下，二来在调整组价方案时往往会有所疏忽造成遗漏。快速组价方面的功能则是针对相同的清单建立引用关系，以至于只用修改一条清单，其所有清单均一并修改。

单价引用：用户可以对相同的清单或者相同组价的清单建立引用关系，当只对第一条清单进行套价，之后的清单不需要重复进行套价操作时，均可引用第一条清单的价格。该操作会将引用的清单所消耗的人材机统计进入工料机中。

（1）手输引用。用户在“单价引用”列输入第一条清单的序号，即可建立单价引用关系，如图 10-32 所示。

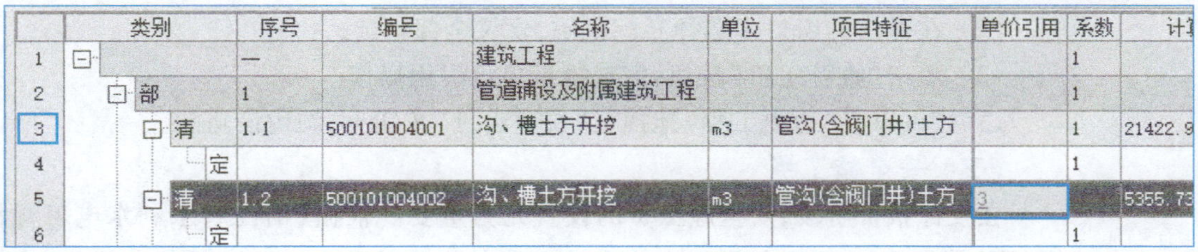

图 10-32　手输引用

（2）勾选引用。选中第二条清单，使用鼠标右键选择“添加引用”选项，在弹出的窗口中，双击第一条清单，也可建立单价引用关系，如图 10-33 所示。

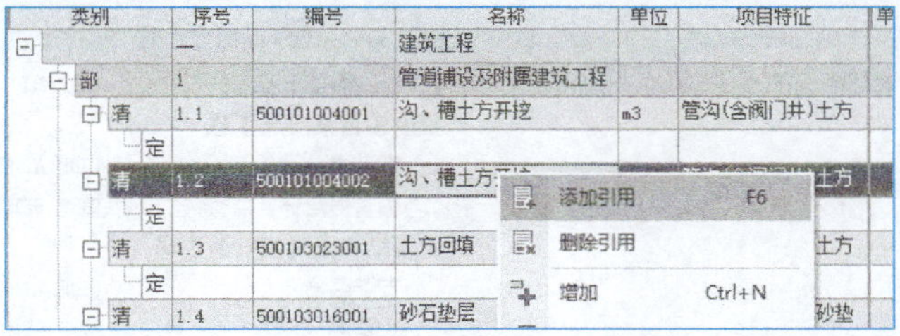

图 10-33　勾选引用

（三）当前工程组价

如果工程中存在较多清单相同的情况，可以使用“单价工程组价”功能，该功能可以理解为“自动批量”单价引用，如图 10-34 所示。

（1）单击“快速组价”→“利用当前工程组价”选项。

（2）在弹出的窗口中选择匹配范围，建议全部勾选。

（3）单击“推荐组价”按钮，完成批量单价引用操作。

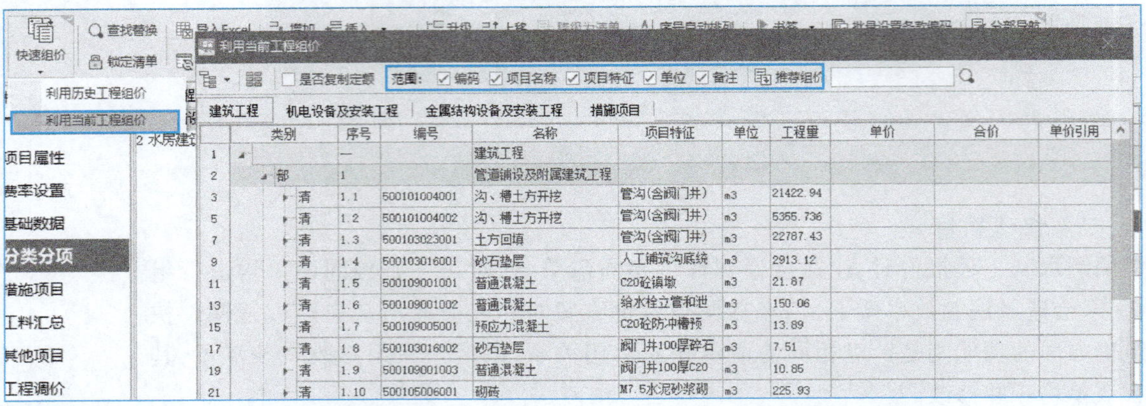

图 10-34 自动批量引用

（四）历史工程组价

历史工程组价是根据匹配规则将历史工程中的组价复制至当前工程中，该功能复制的是定额，而区别于当前工程组价的是建立引用关系。

（1）单击“快速组价”→“利用历史工程组价”选项。

（2）在弹出的窗口中选择匹配范围，建议全部勾选；

（3）单击“推荐组价”按钮，完成批量单价引用操作。

注意：可以将“历史工程”拖拽至“快速组价”按钮上，调用该功能。

（五）安全施工费

在投标报价阶段，安全施工费的设置尤为重要。根据《浙江省水利水电工程设计概（预）算编制》（2018 年）要求，安全施工费其取费基数为一至四部分合价（不含设备费）乘以相应的费率。

在软件中可以单击“数量”列中的公式编辑器，双击即可插入取费基数，如图 10-35 所示。

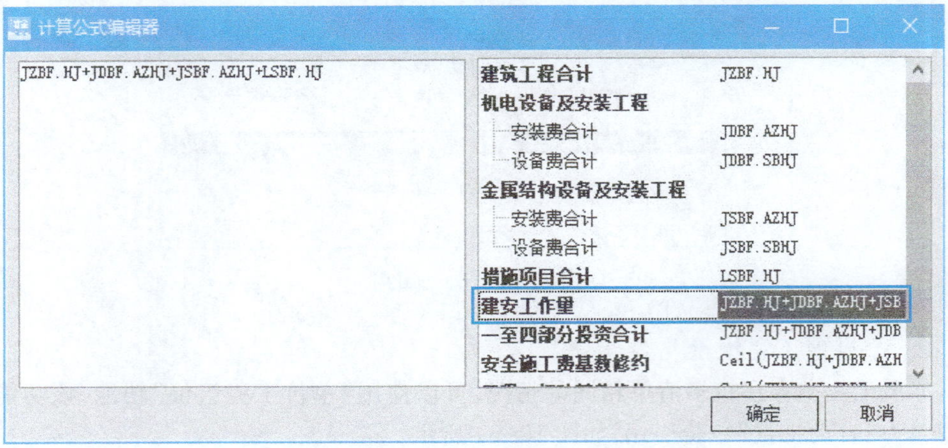

图 10-35 安全施工费计算

三、工程审计审核

工程审计审核功能在水利工程招标预算审核以及工程结算时使用。该模块可以实现送审与审计两部分无缝衔接对比显示，界面更为直观，在结果输出方面实现了核增、核减等信息的显示。

功能入口为新建工程窗口，选择审计审核，打开需要进行审核的工程，即可进入该功能，如图 10-36 所示。

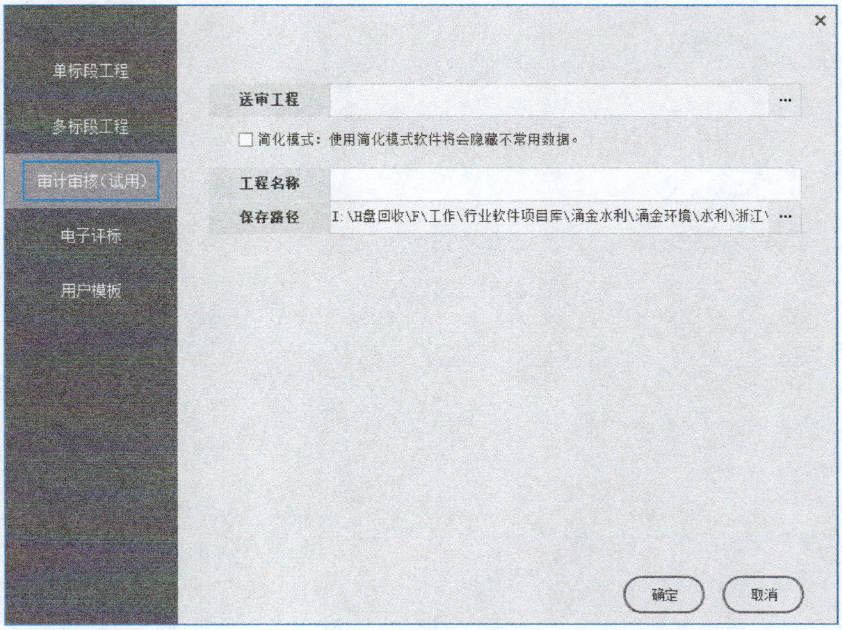

图 10-36 工程审计审核

参考文献

[1] 浙江省水利厅,浙江省水利水电勘测设计院.浙江省水利水电建筑工程预算定额[S].杭州:杭州出版社,2010.

[2] 浙江省水利厅,浙江省水利水电勘测设计院.浙江省水利水电安装工程预算定额[S].杭州:杭州出版社,2010.

[3] 浙江省水利厅,浙江省水利水电勘测设计院.浙江省水利水电工程施工机械台班费定额[S].杭州:杭州出版社,2010.

[4] 浙江省水利厅,浙江省水利工程工程量清单计价办法[S].杭州:杭州出版社,2012.

[5] 浙江省水利厅,浙江省发展和改革委员会,浙江省财政厅.浙江省水利水电设计概(算)编制规定(2018 年)[S].北京:中国水利水电出版社,2018.

[6] 梁建林.水利水电工程造价与招投标[M].郑州:黄河水利出版社,2009.

[7] 曾瑜,厉莎.水利水电工程造价与实务[M].北京:中国电力出版社,2016.

[8] 何俊,张海娥,李学明,等.水利工程造价[M].郑州:黄河水利出版社,2016.

[9] 张梦宇,曾伟敏,吕桂军,等.水利工程造价与招投标[M].北京:中国水利水电出版社,2017.

郑重声明

高等教育出版社依法对本书享有专有出版权。任何未经许可的复制、销售行为均违反《中华人民共和国著作权法》，其行为人将承担相应的民事责任和行政责任；构成犯罪的，将被依法追究刑事责任。为了维护市场秩序，保护读者的合法权益，避免读者误用盗版书造成不良后果，我社将配合行政执法部门和司法机关对违法犯罪的单位和个人进行严厉打击。社会各界人士如发现上述侵权行为，希望及时举报，我社将奖励举报有功人员。

反盗版举报电话　(010)58581999　58582371

反盗版举报邮箱　dd@hep.com.cn

通信地址　北京市西城区德外大街4号　高等教育出版社法律事务部

邮政编码　100120

读者意见反馈

为收集对教材的意见建议，进一步完善教材编写并做好服务工作，读者可将对本教材的意见建议通过如下渠道反馈至我社。

咨询电话　400-810-0598

反馈邮箱　gjdzfwb@pub.hep.cn

通信地址　北京市朝阳区惠新东街4号富盛大厦1座

高等教育出版社总编辑办公室

邮政编码　100029

防伪查询说明（适用于封底贴有防伪标的图书）

用户购书后刮开封底防伪涂层，使用手机微信等软件扫描二维码，会跳转至防伪查询网页，获得所购图书详细信息。

防伪客服电话　(010)58582300